本书系 2020 年度教育部哲学社会科学研究后期资助项目(编号:20JHQ081)最终成果,中国博士后基金特别资助项目(项目编号:2019T120676)的阶段性成果。

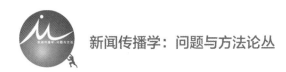

新闻传播学：问题与方法论丛

网事绵延
社会记忆视角下的中国互联网历史

吴世文◎著

The Duration
of Internet Stories

Research on
Chinese Internet Histories from
the Perspective of Social Memory

中国社会科学出版社

图书在版编目（CIP）数据

网事绵延：社会记忆视角下的中国互联网历史/吴世文著．
—北京：中国社会科学出版社，2022.6
ISBN 978-7-5227-0383-1

Ⅰ.①网…　Ⅱ.①吴…　Ⅲ.①互联网络—历史—研究—中国
Ⅳ.①TP393.4-092

中国版本图书馆 CIP 数据核字（2022）第 109995 号

出 版 人	赵剑英
责任编辑	喻　苗
责任校对	胡新芳
责任印制	王　超

出　　版	中国社会科学出版社
社　　址	北京鼓楼西大街甲 158 号
邮　　编	100720
网　　址	http://www.csspw.cn
发 行 部	010-84083685
门 市 部	010-84029450
经　　销	新华书店及其他书店

印　　刷	北京明恒达印务有限公司
装　　订	廊坊市广阳区广增装订厂
版　　次	2022 年 6 月第 1 版
印　　次	2022 年 6 月第 1 次印刷

开　　本	710×1000　1/16
印　　张	16.75
字　　数	252 千字
定　　价	89.00 元

凡购买中国社会科学出版社图书，如有质量问题请与本社营销中心联系调换
电话:010-84083683

"新闻传播学:问题与方法"
丛书编委会

主 编: 单 波

委 员 (以姓氏拼音为序):

胡正荣 黄 旦 吕尚彬

强月新 石义彬 唐绪军

吴 飞 姚 曦 喻国明

总　序

　　面向人类传播智慧，寻找传播创新路径，是一个不断沉思的过程，也是一个显现交流如何可能的过程。我们出版这套丛书，为的是在沉思中推动中国新闻传播学的发展。

　　"人是理性的动物"，这让人百感交集的话语，人类由此认识一切，进入沉思，也由此远离自然家园。细究下来，亚里士多德是用"logos"来表达"理性"的，其本义乃话语、表述，换一种译法就是"人是能说话的动物"。事实上，西方人心目中的理性体现为人的语言能力，它是人最基本的抽象能力或符号化能力。这样看来，被学术群体非常看重的"理性"（logos）其实也是现代传播学的重要思想源头，只不过现代传播学并不把语言符号能力推向抽象的逻辑，而是还原到日常交流实践。可叹的是，理性试图"附着"于现代新闻传播学，"照亮"人的日常交流实践，但"传播的偏向""交流的无奈"那种挥之不去的"黑暗"始终嘲笑着理性，似乎在说，有语言能力的人试图通过技术理性设计确定性的交流，却越来越远离人与人的交流，当他回过头来寻找交流的心灵时，得到的只不过是对日常交流的怀疑与想象性的超越。

　　哈贝马斯的回应有些特别，他提出用交往理性（communicative rationality）打破传统理性的单一维度（即知识维度），走向主体间的相互理解与表达，强调隐含在人类言语结构中并由所有能言者共享的理性。在中国和西方之间，这种基于主体间性的理性又如何可能呢？法国汉学家弗朗索瓦·于连提供的是"迂回"的方法，即回到中国话语之中，体验思想在异域中漂流的感觉，体验中国思想与欧洲思想的分离，以致找不到共同的范围和框架，无法归类，由此产生"思想的震颤"，探究那些隐含的偏见和被隐藏的欧洲理性的选择，并借此从中国这一异域出发，确切地把握欧洲思想未曾涉及的领域，迂回绕行到西方思想的原发处重新开启。一百多年来，我们也无数次"迂回"到欧洲话语之中，产生"思想的震颤"。比如"迂回"到西方的"理性"中，发现与中国人讲的"理"（天理、天道）和"性"（天性、心性）完全不同，中国人的天理、天道是不用语言的，是要靠"反身而诚"体会的，而西方人通过语言发展出所谓理性。可是，如何重新开启中国思想以及内含其中的传播思想？如何使之成为可理解与表达的主体间性传播智慧？这依然是一个未被破解的问题。

尽管与西方传播学的相遇是中国传媒改革与传播思想解放的重要事件，但如果仅仅是一种理论旅行，即如萨义德（Edward Said）所说，观念和理论从这个人向那个人、从一个情境向另一个情境、从此时向彼时旅行，那意义似乎是有限的，顶多只能说成一种生活事实，一种开放传播活动的条件。迂回到理论一词的拉丁语"theōria"，其动词词根"theōreein"的意思是"观看""观察"，据说在古希腊语境中，"theory"特指一种旅行和观察实践。对于中国传播学人来说，在习惯了体悟、反省的思考之后，还能拥有一种"观看""观察"的理论姿态，也就有可能找到抗拒在思想中失明的解毒剂。可问题是，迂回到这种理论姿态之后，我们又陷入"南方理论"之惑：一方面，知识生产被中心和边缘的不平等结构塑造，习惯于以西方为中心去解读边缘的经验与数据；另一方面，边缘的知识生产强化反抗性，基于其特定的文化、宗教、语言、历史经验或身份的片段，形成马赛克式的认识，每一块都有权利要求自身的有效性，又很难被视作普适的解释或成为主导性叙述，亦无法形成可交流的理论空间。

在中国，这种"南方理论"之惑表现为"体用"之惑。长期以来，"体用论"的"幽灵"缠绕着我们，排除保守与激进的论争，"体"所呈现的概念化思维（本体、实质、原则等），"用"所表达的功用化思维（运用、功能、使用等）都阻碍了我们面对理论创新本身。李泽厚对"体""用"的新解似乎为我们打开了思路。在他看来，

"学"不能作为"体"，"体"应该指社会存在的本体，即人民大众的衣食住行、日常生活，因为这才是社会生存、延续、发展的根本，"学"不过是在这个根本基础上生长出来的思想、学说或意识形态，"用"的关键在于"转换性的创造"。显然，这是对传统体用观的超越，是走向新闻传播理论创新的关键所在。

面向人类传播实践的"体"，其基础性工作就是理论祛魅，以文化持有者的内部视角理解新闻传播学理论诞生的社会经验与知识脉络，辨析那些产生于西方社会和文化中的理论、思想能否帮助我们理解、解释和预测非西方社会。中国新闻传播研究面临的最大问题是几乎完全将自己的生活经验和社会体验放置在割裂的、专门化的西方理论体系当中，既缺少在自身经验内部寻求关联和统一解释的努力，也缺少将西方理论还原到其自身历史语境下的意识。

第一种表现就是"以西学为体"，错误地将西方概念和理论视为放之四海而皆准的原则，忽视西方知识也是一种"地方性知识"，将西方理论抽象化、神圣化，乃至成为空洞的概念，研究主体遂成为理论的搬运工。其实，更重要的是，"迂回"概念、知识背后的西方经验与社会语境，进而形成理解与对话。

第二种表现是理论工具化。在了解、引进"西学"的过程中，自然会发生判断、选择、修正的问题，这时便产生了"中用"，即如何适应、运用在中国的各种实际情况中。理论工具化，即"西学"被中国本有的体系所同化，将理论从原语境抽离出，模糊并销蚀掉那些与中国本体不相容的部分，以服务于某种现实需要。这往往出现在那些表现相同而实际差别极其复杂的传播现象中。中国在引进议程设置理论之后，迅速将其与"舆论引导"联系在一起，因为"议程设置理论告诉我们，议程设置不仅能告诉受众关注什么，而且还能引导受众思考什么，这对舆论引导有重大意义"。在中国，正确的舆论导向不仅是媒体的报道方针之一，也是政府对媒介的首选要求。麦库姆斯原本讨论的是"大众传播过程中一个持续的不经意的副产品"，其所涉及的是在一个开放、多元和竞争的社会中，各种利益集团如何通过传播媒介间接、曲折地影响公众的认知，被改造成了对态度或意见改变的影响，为自上而下的主观追求提供理论外套。这种工具性的使用遗失了理论的反思性，也失去了与西方理论对话的可能性。

在中国，传统政治、文化附着的"体"虽然已经日趋模糊，但它的许多知识体系、价值观念、结构关系仍然存在，并成为巨大的习惯力量。因此，在引进具有现代性意味的传播观念时，人们以焦虑的心态面对西方话语霸权，提出"传播学本土化"，却又走进了中国传播研究的"中学"误区，即以中学为体，推广其用。例如，余也鲁先生提出本土化研究三步走原则，"中国的文化遗产里面有相当丰富的知识的积累，可以供我们从中找到一些通则，归纳成为一些原则，这是第一个阶段；然后把这些原则当作假设，在现在的社会中去实验、去找寻、去调查，看看它们是不是有效，这是第二个阶段，如果有效，而且有普遍的有效性……我们就可以建立一个通用的理论。这种理论不断地产生，不但可以指导我们今后在中国国内政策的推行和媒介的活动，同时可以丰富现在世界上已经有的关于传学的知识。我想，外国人会很欣赏这些东西的。这是第三个阶段"。余先生用心良苦，却不自觉地忽略了日常交流实践的本体。面对中国的传播思想资源，新体用观的思考方式是，既不全盘继承，也不全盘抛弃，而是在新的社会存在的本体基础上，用新的本体意识来对传统积淀或文化心理结构进行渗透。重在思考传播之于人（有传统文化心理结构的中国人）及社会（作为交流关系而存在的人）意味着什么，传播是否可能以及如何可能。

从新体用观的角度看，新媒介通过改变传播方式而改变了社会存在，包括个体观念、日常行为方式、人与物的关系、人与社会的关系，我们必须通过认识新技术所创造的新的社会本体，才会反思传统传播观念，例如人们头脑中不同观念的重要性如何因媒介的变化而变化；如何通过传播建构关系、重建社群感；如何以交流的方式保障人类作为命运共同体的普适性价值，以及这些观念、行为方式和社会关系如何强化新媒介的某种偏向。

支撑新体用观的核心东西在于植根于日常交流实践的问题意识，即面向关于交流的焦虑。彼得斯（John Durham Peters）用"speaking into air"（交流的无奈或对空言说）的焦虑串起西方传播思想，把西方传播思想还原到各种时空中的关于交流的焦虑，这样一来，就创造了一种与西方传播思想对话的可能性。和其他焦虑一样，关于交流的焦虑既可以激发采取行动的意愿，也可以酝酿出无力感。焦虑的两面性也蕴含在思想之中，一方面激发人的好奇心，面向现实的问题；另一方面又表现为徒劳无果的烦躁不安，困于问题的矛盾性与复杂性。按照彼得斯的总结，"二战"以后的传播学有两种话语占据主导地位，即技术话语和治疗话语。前者顺着技术理性的逻辑去为媒介发展编制程序，制造自己所需要的媒介环境和媒介奇观，而且要通过媒介影响他人，制造媒介化社会更为精细的控制机制；后者倾向于假定，良好的交流具有治疗人的异化、无根、飘零、冷漠等病症的价值，或者，消解人的意义与价值迷失，必须厘清交流的价值，必须对峙交流过程中的权力支配关系。由此我们可以理解西方关于交流的焦虑及其问题，反观我们对于交流的焦虑，面向我们的现实问题，创造一个相互学习思考和交流新闻传播理论问题的进程，建构一个新闻传播理论探讨的空间，以容纳更多的声音和更广泛深入的议程。

当然，新闻传播问题不仅仅是一种焦虑，它逐步清晰化为某种问题意识，表现为特定的传媒发展与交流空间产生的特殊困难，传播主体间、传播主体与目标之间需要克服的障碍以及需要面对的矛盾与冲突，新闻传播的确定性与不确定性之间的张力。这样我们才有可能面对中国新闻传播的真问题，使反思性成为变革中国新闻传播的共同尺度，进而获得与西方新闻传播学对话的基础。与此同时，问题意识成为我们生命的一部分，它建构我们的学术想象力，使我们走出传播经验的建构与被建构的迷宫。

这样的问题意识类似于日本学者沟口雄三所说的"以中国为方法，以世界为目的"，其更为具体的含义在于：让自我沉入中国新闻传播语境，感知中国新闻传播的困难、障碍、矛盾、冲突、张力，通过比较来理解中国新闻传播实践的独特性，进一步充实我们对于世界新闻传播图景的多元性的认识，同时，以世界为目的，创造出基于对话、交流的新闻传播图景。问题与方法紧密相关，这种思维方法更恰当地回应了中国新闻传播问题的特殊性和普遍性、连续性和跳跃性、自生性和外来性。在这里，方法在本质上表现为一种思维路径，面向中国社会历史语境中的新闻传播实践，"悬隔"原来习以为常的西方新闻传播学"概念""前见"，不让它们干扰我们对中国新闻传播实践的观察与理解；同时参与到新闻传播实践之中，在人与人的交流关系中领会新闻、传媒、融媒体的意义。

理论的生命力在于是否根植于人类的苦恼，是否有可能转化为剖析现实的媒介。传播学的苦恼就是"交流如何可能"，植根于这种苦恼，我们就可以触及日常交流实践这一"体"，以中国为方法，面向人类传播智慧，使其"用"贯通于创造性转化过程。由此，传播学才有可能恢复对于交流的想象：用实践智慧统领"人与媒介、社会"的关系，既关注媒介化社会交往的真实性，构建媒介化社会交往的一般规则，同时又把一般规则运用于日常生活中，提供对于人类交流的认知与修正机制。

在苦恼中沉思，在沉思中恢复对于交流的想象，这就是我们的使命。

是为序。

单　波

武汉大学媒体发展研究中心主任、长江学者

2017 年冬于珞珈山

目　　录

图表目录

互联网历史研究的脉络、理路与反思

互联网与中国社会之间的相互建构，是当下重要的媒介景观，也是当代史的丰富图景。这一过程形塑当下的"复杂中国"，也赋予了互联网以"中国气质"。从20世纪90年代中后期在中国大众化使用以来，互联网介入、转换、重构了社会交往，也书写着网友与互联网的交往。这些交往过程形塑网友的经历、体验与情感，构成了当下的生活世界，是网友的一段生命史，亦是一部社会史。这也是互联网历史。不过，"身在此山中"的我们，也许并没有意识到每个网民都在见证、参与互联网的历史。可以先来看几则逸事：

第一则逸事与"失败的"互联网企业有关。"中国人离信息高速公路有多远？向北1500米——瀛海威时空。"这是1996年"瀛海威时空"在中关村南大门立起的广告牌，一时风光无两。此举被认为是在中国率先发起了互联网的"启蒙运动"，"瀛海威 = 网络 = Internet"，是当时不少人对于互联网的理解。"瀛海威时空"的创始人张树新，被称为"中国互联网教母"。诞生于1995年的瀛海威，比中国电信的ChinaNet还早两年"出世"，后来的网易创始人丁磊的个人BBS就挂在瀛海威网站上。不过，瀛海威因为经营问题，一直命途多舛，1996年被收购，1997年出现大面积亏损，1998年张树新辞职，2004年10月19日被工商部门吊销执照……瀛海威是中国互联网的"先烈"，其身上嵌着不少中国互联网历史的碎片。为了纪念瀛海威，网友建立了追悼它的网站"https：//www.oihw.com/"，简洁的纪念网站顶端置放着瀛海威当年的Logo，以及当年的广告词"坐地日行八万里，纵横时空瀛海威"。纪念网站一直活跃着，例如，网友"GW N/A"在2021年3月22日发帖，"传奇，竟然还留了一个网页在这"。①

第二则逸事与网络论坛中引起广泛关注的帖文有关。1997年10月31日，中国国家足球队在主场以2∶3负于卡塔尔足球队，这也是中国队再次在世预赛中输给对手。两天后，球迷"老榕"在"新浪网"的前身"四通利方"的"体育沙龙"论坛发表《大连金州不相信眼泪》一文。"我9岁的儿子是这样的痴迷足球，从不错过'十强赛'的每一场电视，对积分表倒背如流。"文章这样开头，以"打开离别了几天的电脑，我突然心如刀绞！儿子，我不该带你去看这场球的"结尾。此文出人意料地一夜之间传遍网络，《南方周末》等媒体也纷纷转载，成为"中国第一足球博文"，"老榕"名动四方。据"体育沙龙"论坛当时的版主陈彤（后来的新浪网总编辑）回忆，《大连金州没有眼泪》发帖后，体育沙龙的访问量达到了平时的数十倍。

第三则故事与普通人的网络写作以及网络成名有关。1999年阳春三月，"天涯社区"悄然诞生于素有"天涯海角"之称的海口。创始人刑明给自己取了"968"的网络ID，发布的第一个帖子是关于三只股票的分析，回复只有十多个，发帖时间是"1999年3月21日"。不过，后来天涯社区这块"互联网江湖"的热闹超出了不少人的想象，它给了许多普通人以表达和展现才华的机会。这些普通人在天涯社区指点江山，激扬文字，成为一批又一批的"网红"。一时间，天涯社区出现了不少"民间历史学家、草根娱乐侦探、出租屋外交家"，会集了"三教九流无数奇人"。② 2006年3月，ID名为"就是这样吗"的网友在历史板块"煮酒论坛"发布了《明朝那些事儿》。"就是这样吗"当年在现实生活中是一名27岁的海关公务员，是一名业余的历史爱好者。后来，他把ID名改成了"当年明月"。出人意料的是，《明朝那些事儿》被众网友追捧，一时洛阳纸贵，很多人才知道"当年明

---

① 网友"GW N/A"于2021年3月22日的发帖。参见https：//www.oihw.com/，2021年6月9日浏览。

② 《互联网30年挖坟记：天涯社区的水，比微博深一百倍》，网易号，2017年12月5日，http：//dy.163.com/v2/article/detail/D4T03U3V051285EO.html，最后浏览日期：2019年3月15日。

月"的真名是石悦（1979 年出生于湖北武汉，原是广东顺德海关的一名公务员）。与石悦不同，另外一些人的网络"成名"方式更具戏剧性。例如，"犀利哥"靠《秒杀宇内究极华丽第一极品路人帅哥！帅到刺瞎你的狗眼！求亲们人肉详细资料》的帖子"被动"走红，他的继任者是"上海流浪大师"与"窃格瓦拉"。

第四则逸事与消逝的网站有关。2003 年 7 月 15 日，文化先锋网被关停，"文化先锋网治丧委员会"于 2003 年 7 月 19 日发布的一则《文化先锋网讣告》写道："杰出的网络文化先锋，忠诚的文化资讯提供者，广大中国网民的忠实朋友，伟大的思想网站、文化网站、新闻革命网站，文化先锋网，因患喉疾，于 2003 年 7 月 15 日北京时间上午 9 时突然昏迷，经各方人士奔走抢救无效，不幸去世，终年 2 岁零 4 个月。……互联网文化先锋精神永垂不朽！"① "讣告"模仿现实中发布的公众人物的讣告的口吻，读来并不陌生，但不乏幽默，令人触动又没有悲伤之情。2003 年 11 月 30 日，《文化先锋网给各位网友的致敬信》写道："由于种种原因，文化先锋网在前一段时间暂时关闭。几个月来，差不多每天有许多热心的网友以各种方式表示关切，不少网友甚至撰写了许多感人至深的纪念文章，表达了对文化先锋网的厚爱，这一切都给予我们莫大的精神鼓舞。"② "文化先锋网"由现同济大学人文学院朱大可教授、张闳教授于 2001 年主持创办，因吸纳"《大话西游》式"的反讽元素而名噪一时，深受一批年轻人的欢迎。自此次被关停后，文化先锋网反复"开关"多次，最终被关闭，成为"消逝的网站"。

第五则逸事与"复活"死去的网络社区有关。2017 年 3 月 23 日，运营了 18 年的"搜狐社区"发布公告，"终于还是走到这一天，1999—2017，我们携手并肩写下的光辉荣耀犹如昨日依旧映在眼前。因搜狐集团业务发展需要，我们万分不舍却又不得不遗憾地通知大家，

① 《文化先锋网讣告》，2003 年 7 月 19 日，天涯论坛，http：//BBS. tianya. cn/post-no06 - 1251 - 1. shtml，最后浏览日期：2019 年 3 月 15 日。

② 《文化先锋网给各位网友的致敬信》，天涯论坛，2003 年 11 月 30 日，http：//bbs. tianya. cn/post-news - 12674 - 1. shtml，最后浏览日期：2021 年 5 月 10 日。

搜狐社区将于 2017 年 4 月 20 日正式停止服务"。① 公告来得并不突然，但还是引起了不少网友的感伤。有网友自发组织众筹，希望"复活"搜狐社区。3 月 29 日发出的众筹帖《再建家园——让我们，一起共建家园》写道："当网易社区关闭时，没有人站出来，当猫扑社区搬走时，没有人站出来，当凤凰社区关闭时，还是没有人站出来。当搜狐社区要关闭时，我希望，你，和我一起站出来。"② "夜无边"和"江南"等发起者呼吁大家一起"站出来"，催生了一起"网络事件"。据刺猬公社的报道，"不到一小时就达到众筹目标"。③

这几则逸事，与互联网企业史、网络文化史、网民互联网使用史、普通网民的网络成名史、消逝的网站的历史等有关，构成了互联网历史的不同侧面。不过，它们跟很多其他的互联网故事或者互联网事件一样，并不为大多数人所知晓，并且存在被忘却的危险。究其原因，主要是因为我们对于互联网历史关注不够。当这几则故事被书写出来的时候，我们不难发现它们所呈现的中国互联网历史的丰富性与复杂性。

互联网历史是媒介历史与互联网研究的重要命题。书写历史从来都是为了更好地理解当下和走向未来，其必要性和重要性自不待言。在很大程度上，媒介的历史也是个人的、社会的与时代的历史。书写互联网历史的意义，不仅因为互联网历史重要，而且因为互联网是媒介、传播、文化以及技术动态变化的中心，其历史反映了社会变迁及特定社会丰富而复杂的历史，是一部"社会史"。在中国，改革开放已走过 40 余年，互联网作为影响历史—社会转型的重要变量，已然渗透社会、政治、经济、文化、军事与安全的各个方面，产生了多维度的、立体化的、深刻的影响。那么，中国互联网何以发展至今？产生

---

① 《与 BBS 时代告别！搜狐社区下月停止服务》，2017 年 3 月 24 日，中关村在线，https：//baijiahao.baidu.com/s？id=1562732594219318&wfr=spider&for=pc，最后浏览日期：2021 年 6 月 9 日。

② 《搜狐社区关闭，网友众筹再建 BBS，不到一小时就达到众筹目标，但 BBS 时代确实过去了》，2017 年 3 月 29 日，刺猬公社，https：//www.sohu.com/a/130857907_141927，最后浏览日期：2019 年 2 月 25 日。

③ 《搜狐社区关闭，网友众筹再建 BBS，不到一小时就达到众筹目标，但 BBS 时代确实过去了》，2017 年 3 月 29 日，刺猬公社，https：//www.sohu.com/a/130857907_141927，最后浏览日期：2019 年 2 月 25 日。

了何种社会效应？中国互联网与政治、社会、文化、网民的互动有何历史过程？中国互联网的发展过程有何经验教训，如何看待其发展趋势？这些重要而迫切的问题，都是互联网历史研究①的题中之义。

　　互联网历史研究具有不可忽视的价值。从宏观层面讲，媒介的历史也是个人、社会和时代的历史，它能够勾连起私人体验与公共生活，其意义超越了人们日常习惯性的媒介使用。② 从微观层面讲，互联网历史映射着技术与社会实践的发展，而这些技术和社会实践的融合，创造了基于互联网的网络世界。③ 艾瑞克·梅耶尔（Eric T. Meyer）等人认为，互联网已经渗透了日常生活与学术实践的许多方面，并发展成为一部强大的现代知识机器（knowledge machine），而互联网历史研究是这一"知识机器"的构成部分。④ 互联网的快速发展是当下社会急剧变迁的动因之一，为了在一个不确定性的时代追寻确定性，人们产生了认识互联网历史的需求。托马斯（Thomas）等人提出，随着各国和全球组织更加明确地关注互联网治理，对互联网历史的诉求似乎显得比其未来的发展更为重要。⑤

　　不过，学界对互联网历史的关注还远远不够。因此，持续关注互联网历史问题的意大利学者布鲁格（Brügger）呼吁，互联网历史需要引起网络研究者的重视，而未来的历史学家理解当下的时代，也必须研究互联网历史。⑥⑦ 当前的互联网历史研究在全球尚处于开拓阶段，

---

　　① 一些学者倾向于使用"互联网历史学"（Internet Historiography）的概念，指的是有关互联网历史的知识、理论与方法论。它区别于数字史学与信息史学（参见王旭东《信息史学建构的跨学科探索》，《中国社会科学》2019 年第 7 期），旨在研究互联网自身的历史及其与社会互动的历史。

　　② 方惠、刘海龙：《2018 年中国的传播学研究》，《国际新闻界》2019 年第 1 期。

　　③ Haigh, T., Russell, A. L., & Dutton, W. H., "Histories of the Internet: Introducing the Special Issue of Information and Culture," *Information & Culture*, Vol. 50, No. 2, 2015, pp. 143 – 159.

　　④ Meyer, E. T., Schroeder, R., & Cowls, J., "The net as a knowledge machine: How the Internet became embedded in research," *New Media & Society*, Vol. 18, No. 7, 2016, pp. 1159 – 1189.

　　⑤ Haigh, T., Russell, A. L., & Dutton, W. H., "Histories of the Internet: Introducing the Special Issue of Information and Culture," *Information & Culture*, Vol. 50, No. 2, 2015, pp. 143 – 159.

　　⑥ Brügger, N., "Website history and the website as an object of study," *New Media & Society*, Vol. 11, No. 1 & 2, 2009, pp. 115 – 132.

　　⑦ Brügger, N., "Australian Internet Histories, Past, Present and Future: An Afterword," *Media International Australia*, 143 (theme issue: Internet Histories), Brisbane 2012, pp. 159 – 165.

发展缓慢。总体观之，既有研究存在国家与地区之间的研究进展不平衡，欧美中心主义倾向严重等问题。国内零散的互联网历史研究多关注技术史与企业史，对互联网的社会史与文化史几无涉猎。这导致难以窥见互联网历史的全貌，更无从谈起回应互联网发展的"历史命题"。因此，到了需要对中国互联网历史投以更多关注的时刻，尤其需要开展互联网的社会史与文化史研究。

一　互联网历史研究的兴起与发展

严格说来，互联网历史并不是全新的研究话题。自20世纪90年代互联网快速发展以来，学者们陆续关注其历史。[①②] 但是，相关研究发展缓慢。个中原因，一则是因为互联网的历史（"正史"）并不长，从1969年的阿帕网算起也不过50余年的时间。二则是因为研究者的意识不够，并没有有意识地保存网络档案和进行研究，而且既有的不少研究具有以北美和欧洲为中心的倾向，导致其他区域的互联网历史被忽略。[③]

在早期互联网历史研究中，出现过一些偏差或曰"神话"，即认为互联网历史是一个线性的成功故事，[④] 互联网（Internet）的首字母被大写，人们将更加美好的世界的建立托付于革命性的技术进步。[⑤] 威尔曼（Wellman）将这个阶段称为互联网研究的"第一个时代"（也即"狂热的时代"），学者们称赞互联网是平等的、开放的、全球性

---

① Brügger, N. , "Website history and the website as an object of study," *New Media & Society*, Vol. 11, No. 1& 2, 2009, pp. 115 – 132.

② Brügger, N. , "Australian Internet Histories, Past, Present and Future: An Afterword," *Media International Australia*, 143 (theme issue: Internet Histories), Brisbane 2012, pp. 159 – 165.

③ Goggin, G. , & McLelland, M. , "Introduction: Global Coordinates of Internet Histories," In: Goggin, G. , & McLelland, M. (eds.), *The Routledge Companion to Global Internet Histories*, London: Routledge, 2017, pp. 1 – 20.

④ Russell, A. L. , "*Histories of Networking vs. the History of the Internet*," SIGCIS 2012 Workshop, 2012.

⑤ Curran, J. , Fenton, N. , & Freedman, D. , *Misunderstanding the Internet*, New York: Routledge, 2012, pp. 34 – 67.

的，认为互联网"将带来一个新的启蒙以改变世界"。① 随着研究的深入，有研究者注意到，这种单一的线性史观有其缺陷。安德鲁·卢塞尔（Andrew L. Russell）阐述了"网络的历史"（history of Networking）和"互联网历史"（history of internet）的区别，认为后一概念带有"辉格主义"和"目的论"的色彩。因此，他提出包括数据网络（Data network）发展、无线传输发展的"网络的历史"概念，希望以此来颠覆以美国为中心、必胜主义和目的论为主线的线性历史叙事。② 托马斯·哈伊（Thomas Haigh）等人也持此主张，他们指出，随着我们对互联网的理解越来越深入，互联网发展的早期技术与实践也越来越广，"互联网的历史再也不能以一种单一的叙事方式呈现"。③

近年来，有关互联网历史的研究增多，学界开展的组织专题、举办会议、出版杂志、编辑书稿等活动活跃了研究氛围。例如，2015年，互联网历史研究专题"Histories of the Internet"在 *Information & Culture* 上刊登。④ 2016 年，全球互联网历史研究手册《计算机化的媒体》（*Computerized media*）面世，《互联网历史：数字技术、文化与社会》（*Internet Histories：Digital Technology，Culture and Society*）杂志创刊，帕洛克·伯格斯（Paloque-Berges）和德里斯科尔（Driscoll）组织了《"404 找不到"的历史：互联网历史和记忆研究的挑战》研讨会。⑤ 2017 年，《作为历史的网站》（*The Web as History：Using Web Archives to Understand the Past and the Present*），⑥《劳特利奇全球互联网研

---

① Wellman，B.，"The three ages of internet studies：ten，five and zero years ago，" *New Media & Society*，Vol. 6，No. 1，2004，pp. 123 – 129.

② Russell，A. L.，"*Histories of Networking vs. the History of the Internet*，" SIGCIS 2012 Workshop，2012.

③ Haigh，T.，Russell，A. L.，& Dutton，W. H.，"Histories of the Internet：Introducing the Special Issue of Information and Culture，" *Information & Culture*，Vol. 50，No. 2，2015，pp. 143 – 159.

④ Haigh，T.，Russell，A. L.，& Dutton，W. H.，"Histories of the Internet：Introducing the Special Issue of Information and Culture，" *Information & Culture*，Vol. 50，No. 2，2015，pp. 143 – 159.

⑤ Association of Internet Researchers：*404 History Not Found：Challenges in Internet History and Memory Studies*，2016，http：// aoir. org/ aoir2016/ preconference-workshops/#history，2019/3/10.

⑥ Brügger，N.，& Schroeder，R.，*The Web as History：Using Web Archives to Understand the Past and the Present*，London：UCL Press，2017.

究手册》（*The Routledge Companion to Global Internet Histories*）① 编辑出版。2019 年，荷兰阿姆斯特丹大学举办学术会议 "The Web that Was：Archives，Traces，Reflections"，等等。不难发现，互联网历史研究引起了学界越来越多的关注，呈现蓬勃发展的态势。2020 年，*Internet Histories：Digital Technology，Culture and Society* 杂志发起了专题 "Dead and Dying Platforms：The Poetics，Politics，and Perils of Internet History"。2021 年，《中国网络传播研究》（第 17 辑）组织了专题 "互联网的历史分析"。

综上可见，互联网历史研究正在获得学界越来越多的关注与认同。究其原因，在客观层面，主要是因为互联网持续渗透社会的方方面面，成为 "变化的中心"，其历史即是一部 "社会史"。未来的人们了解当下的时代，绕不开对互联网历史的研究，②③ 而当下也需要保存和研究互联网历史。在主观层面，主要是研究者们探索和考察互联网历史的意识提升。

（一）国外互联网历史研究的发展动态

从国际学界对互联网历史的研究动态上看，自 20 世纪 90 年代互联网快速发展以来，国际学界陆续关注其历史，研究起步较早。但是，此后的相关研究发展缓慢。国外的互联网历史研究，呈现如下特征。

第一，长期以来，相关研究主要集中在以英语为母语的世界，具有以北美和欧洲为中心的特征。④ 这主要是因为，互联网的工作语言以英语为主，而且互联网起源于美国并基于美国主导的国际规则在全

① Goggin，G.，& McLelland，M.，*The Routledge Companion to Global Internet Histories*，New York：Routledge，2017.

② Brügger，N.，"Website history and the website as an object of study," *New Media & Society*，Vol. 11，No. 1& 2，2009，pp. 115 – 132.

③ Brügger，N.，"Australian Internet Histories，Past，Present and Future：An Afterword," *Media International Australia*，143（theme issue：Internet Histories），Brisbane 2012，pp. 159 – 165.

④ Goggin，G.，& McLelland，M.，"Introduction：Global Coordinates of Internet Histories," In：Goggin，G.，& McLelland，M.（eds.），*The Routledge Companion to Global Internet Histories*，London：Routledge，2017，pp. 1 – 20.

球扩散（日本和法国例外，它们在 20 世纪 80 年代确立了各自的网络规则）。这些原因带有"宿命的性质"。当然，"全球北方"和"全球南方"互联网使用的不平衡，也加剧了历史研究的不平衡。

第二，当下的互联网历史研究呈现两个新的趋势：一是"全球化"趋势，二是"地方化"（"在地化"）趋势。以欧美为中心的互联网历史研究，显然不能适应互联网的全球发展。通过学界的反思与推动，当前的互联网历史研究出现了转向：从美国中心主义向多元的、全球的互联网历史转向。受这一趋势的影响，地方性的互联网历史研究呈现发展态势，不少容易被忽视或者不易被研究的国家或地区陆续被研究者关注。例如，朝鲜、以色列、土耳其等国家或地区的互联网的发展历程，乃至特立尼达拉岛（Trinidad）的社交媒体,[①] 中国台湾地区的 BBS 使用及其文化[②]等都进入了互联网历史研究者的视野，丰富了互联网历史研究。

第三，互联网历史的研究视域不断拓宽。一方面，部分研究者开始关注阿帕网（ARPA NET）之外的互联网历史。例如，坎贝尔（Campbell）和加西亚（Garcia）采用量化的方法探究了 20 世纪 50 年代末到 90 年代初"差异化"的网络发展，揭示了为建立这些网络而进行的投资、网络覆盖的地点数、主机数量以及用户数量等，描述了一幅"非阿帕网"的互联网历史。[③] 此外，"暗网"[④] 也进入了研究者的视野。罗伯特·盖尔（Robert Gehl）利用博尔斯塔夫（Boellstorff）主张的"第二人生民族志"（ethnography of Second Life）的方法，观察暗网社交（DWSN）成员在线的交互行为和暗网的站点架构，以此分

---

① Sinanan, J., *Social Media in Trinidad*, London：UCL Press，2017.

② Li, S., Lin, Y., & Hou, G., A Brief History of the Taiwanese Internet：The BBS Culture. In：Goggin, G., & McLelland, M. eds., *The Routledge Companion to Global Internet Histories*, London：Routledge，2017，pp. 182–196.

③ Campbell, M., & Garcia, D., "The history of the internet：the missing narratives," *Journal of Information Technology*, Vol. 28, No. 1, 2013, pp. 18–33.

④ "暗网"（亦被称作"不可见网"或"隐藏网"）是指那些储存在网络数据库里，不能通过超链接访问，而需要通过动态网页技术访问的资源集合，它们不属于那些可以被标准搜索引擎索引的"表面网络"。

析暗网中的权力/自由关系。①

另一方面，巴鲁恩（Bahroun）主张互联网历史研究不应当过度偏向技术，而忽视了其社会意义。巴鲁恩使用符号学的方法研究了互联网"书写"（Writing）的历史，揭示出计算机书写（computerrized writing）被程序语言所规制，计算机设备已经发展到预测、规定甚至禁止媒体的日常写作的地步。因此，巴鲁恩呼吁将计算机化媒体的历史与政治经济的互动方式结合起来，"重写"互联网历史。② 迈克尔·斯蒂文森（Michael Stevenson）通过研究 Mondo 杂志和连线（Wired）杂志兴起的历史，利用场域理论阐释了网络文化和"新媒体信念"（belief in the new media）如何提出并被合法化的。Stevenson 侧重分析了互联网产生的社会经济与文化语境，以此说明人们对互联网的讨论、辩论、思潮与信念，都可以是互联网历史研究的对象。③ 这些语境化的历史分析与多维解读，为互联网历史研究提供了新的方向与滋养。

第四，全球比较研究与合作研究越来越受到重视。2017 年出版的《劳特利奇全球互联网研究手册》主张互联网历史研究去欧美中心化，着眼于全球开展比较研究与合作研究。④ 布鲁格在 2016 年指出，互联网历史在今天有了某种程度的"发酵"（ferment in the field），"共享的理论和方法、研究假设正在跨国研究人员的合作中出现"。⑤ 不难发现，比较研究与合作研究是新的趋势。

总之，在国际学界，互联网历史研究正在引起越来越多的研究者关注，其重要性和价值得到了凸显，研究发展缓慢的现状有所改变。

---

① Gehl, R. W. , "Power/Freedom on the Dark Web: A Digital Ethnography of the Dark Web Social Network," *Social Science Electronic Publishing*, Vol. 18, No. 7, 2014, pp. 1219 – 1235.

② Bahroun, A. , "Rewriting the history of computerized media in China, 1990s-today," *Interactions Studies in Communication & Culture*, Vol. 7, No. 3, 2016, pp. 327 – 343.

③ Stevenson, M. , "The cybercultural moment and the new media field," *New Media & Society*, Vol. 18, No. 7, 2016, pp. 1088 – 1102.

④ Goggin, G. , & McLelland, M. , "Introduction: Global Coordinates of Internet Histories," In: Goggin, G. , & McLelland, M. (eds.), *The Routledge Companion to Global Internet Histories*, London: Routledge, 2017, pp. 1 – 20.

⑤ Brügger, N. , "Introduction: The Web's first 25 years," *New Media & Society*, Vol. 18, No. 7, 2016, pp. 1059 – 1065.

在互联网快速发展以及互联网研究勃发的当下，国外的互联网历史研究呈现蓬勃发展的态势。而全球互联网历史研究正在发生的转向，比如关注地方性的互联网使用过程，以及注重比较研究与合作研究等，预示着互联网历史研究新的进路。

（二）我国互联网历史研究的发展动态

从我国对互联网历史的研究动态上看，与国外相比，我国互联网历史研究起步较晚，发展更为缓慢。总体来看，既有研究呈现如下特点：第一，注重探讨具体的互联网应用形态的历史。例如，胡泳关注电子邮件组、BBS 论坛、聊天室、博客等的历史；[①] 刘华芹探究了 BBS 的代表"天涯论坛"的历史，对早期的论坛帖文进行了收集与分析；[②] 刘津揭示了博客的特质与生态。[③] 第二，注重历史节点研究。例如，彭兰系统分析了中国互联网"第一个十年"（1994—2003）的历史，[④] 方兴东等阐述了中国互联网 25 年（1994—2019）的演变过程。[⑤] 有研究以报告的形式总结中国互联网二十年的发展历程，概括了网络技术、设施和服务的发展历史。[⑥] 还有研究基于十年（1994 年至 2003 年）与二十年（1994 年至 2013 年）的历史节点，探讨中国互联网的具体变化。例如，内容管理变化[⑦]、新闻政策变迁[⑧]等。另有研究立足于 20 年的历史节点，分析中国互联网发展过程中的商业创新、制度创新和文化创新，[⑨] 以及互联网与社会相互交织、相互影响的关系。[⑩] 还有研

---

① 胡泳：《众声喧哗：网络时代的个人表达与公共讨论》，广西师范大学出版社 2008 年版。

② 刘华芹：《天涯虚拟社区：互联网上基于文本的社会互动研究》，民族出版社 2005 年版。

③ 刘津：《博客传播》，清华大学出版社 2008 年版。

④ 彭兰：《中国网络媒体的第一个十年》，清华大学出版社 2005 年版。

⑤ 方兴东、陈帅、钟祥铭：《中国互联网 25 年》，《现代传播》2019 年第 4 期。

⑥ 刘璐、潘玉：《中国互联网二十年发展历程回顾》，《新媒体与社会》2015 年第 2 期。

⑦ 周俊、毛湛文、任惟：《筑坝与通渠：中国互联网内容管理二十年（1994—2013）》，《新闻界》2014 年第 5 期。

⑧ 武志勇、赵蓓红：《二十年来的中国互联网新闻政策变迁》，《现代传播》2016 年第 2 期。

⑨ 方兴东、潘可武、李志敏、张静：《中国互联网 20 年：三次浪潮和三大创新》，《新闻记者》2014 年第 4 期。

⑩ 苏涛、彭兰：《技术载动社会：中国互联网接入二十年》，《南京邮电大学学报》（社会科学版）2014 年第 3 期。

究通过划分中国网络社会的发展阶段，认为网络社会呈现时空扩展的特点。① 第三，注重研究互联网创业史和"成功的"互联网企业家。例如，吴晓波撰写了《腾讯传：1998—2016 中国互联网公司进化论》。② 第四，海外研究者的研究具有特色，并对国内的研究产生了促进作用。例如，华人学者周永明独辟蹊径，通过考察国人在 19 世纪使用电报参与政治的方式，阐释中国网络政治的历史，为中国的互联网政治参与研究提供了纵深的视角。③ 杨国斌在其力作《连线力：中国网民在行动》（The Power of the Internet in China：Citizen Activism Online）一书中，详细阐述了中国网络社区的发展历史以及人们对网络社区的不同想象（"自由"、"家园"和"武侠"等）。④ 而于海清从总体上揭示了人们对中国互联网的想象，它们分别是"江湖""战场""操场"。⑤ 杨国斌后来在 2015 年进一步指出，我们如果以微博为界，可以把中国互联网的历史分为前微博时代、微博时代和后微博时代三个阶段。⑥ 同时，他主张迈向中国"深度互联网研究"（deep internet studies），指出中国的互联网研究应当注重历史性，重视描述人的经验，实现理论与描述、浅描与深描的平衡。⑦ 此外，邰子学从历史角度探讨了互联网对中国公民社会的影响，⑧ 韩乐分析了微博对公共事件的历史记忆。⑨ 另有不少非华裔学者的研究，例如 Negro 探讨了互联

---

① 刘少杰：《中国网络社会的发展历程与时空扩展》，《江苏社会科学》2018 年第 6 期。

② 吴晓波：《腾讯传：1998—2016 中国互联网公司进化论》，浙江大学出版社 2017 年版。

③ ［美］周永明：《中国网络政治的历史考察：电报与清末时政》，商务印书馆 2013 年版。

④ Yang, G., The Power of The Internet in China：Citizen Activism online, New York：Columbia University Press, 2009.

⑤ Yu, H., "Social Imaginaries of the Internet in China," In Gerard Goggin & Mark McLelland, The Routledge Companion to Global Internet Histories, London：Routledge, 2017, pp. 244–255.

⑥ Yang, G., "Introduction：Deep approaches to China's contested Internet," In Guobin Yang ed., China's contested Internet, Copenhagen：NIAS Press, 2015.

⑦ 杨国斌：《中国互联网的深度研究》，《新闻与传播评论》2017 年第 1 期。

⑧ Tai, Z., The Internet in China：Cyberspace and Civil Society, New York：Routledge, 2016.

⑨ Han, E. L., Micro-blogging Memories：Weibo and Collective Remembering in Contemporary China, New York：Palgrave Macmillan, 2016.

网与中国公民社会的演变过程，① 等等。由于理论与方法层面的优势，海外研究提供了理解中国互联网历史的新视角与新洞见，对推动中国互联网历史研究不乏裨益。但是，一些研究受到了史料接近性与语境契合性的限制。

总之，相较于中国互联网的快速发展，互联网历史研究显得远远不够。现有的研究失之于零散，存在如下问题：一是部分研究受到了"社会达尔文主义"与线性历史观的影响，常常采用编年史的逻辑展开，缺少通史的思维。二是过于倚重技术史、事件史和商业史，忽视了对网民/人的研究。三是研究主题较为狭窄，对互联网政治史、互联网社会史、互联网文化史的探讨尚未打开。四是缺少比较研究，研究视野受到限制。因此，Gabriele Balbi 与陈昌凤、吴静提出，需要"召唤（新的）中国媒介历史"，而"新的中国媒介史"，应当包括对计算机、互联网和手机历史的研究。②

对于中国来说，从切近的节点上看，如果从 1994 年中国全功能接入国际互联网算起，2019 年是中国互联网的 25 周年。如果以 1969 年诞生的阿帕网为起点，2019 年是国际互联网发展 50 周年。这使互联网历史研究在当下具有了"周年纪念"的意味，亦具有不可忽视的现实意义。因此，到了必须研究中国互联网历史的时刻。

二　互联网历史的研究主题与研究范畴

源于互联网历史及其与社会互动的历史的丰富性与复杂性，互联网历史研究拥有丰富的主题。高根和麦克利兰认为，互联网历史研究的主题包括，"考察互联网在特定的地域和一定的人群之中是如何发展起来的，剖析有关互联网的叙事、神话和隐喻，对于'次要的'和替代性质的互联网历史（histories of internet）投以关注，探究跨越不同语言与文化群落的互联网历史，关注具有不同的人口统计学特征的

---

① Negro, G., *The Internet in China*: *From Infrastructure to a Nascent Civil Society Cham*, Switzerland: Palgrave Macmillan, 2017.

② Balbi, G., Chen, C., & Wu, J., "Plea for a (new) Chinese media history," *Interactions*: *Studies in Communication & Culture*, Vol. 7, No. 3, 2016, pp. 239 – 246.

人群使用互联网的历史，研究'全球南方'（global south）和'全球北方'（global north）的互联网历史，探讨孕育互联网技术的历史，分析预料之外的网络流通和交换的历史，等等。"① 他们是在比较研究和全球合作的层面提出这些研究议题的，因而这些议题可以成为互联网历史研究的"全球议题"。

从层次上讲，互联网历史可以分为宏观层面、中观层面与微观层面的历史。宏观层面包括互联网与社会互动的历史，中观层面指向互联网企业史等，微观层面囊括网民的互联网使用过程及其体验、情感与文化的历史（即"经验的历史"）。

从范畴上讲，互联网历史包括互联网技术发展史、互联网应用发展史（例如网站的历史、社交媒体的历史）、互联网商业（企业）发展史、互联网社会史、互联网文化史与互联网政治史等。它们构成了互联网历史的研究内容和研究领域。

互联网自身的历史以及互联网与社会互动的历史这两大主题，在不少时候是融合的。以有关网站的研究为例，我们可以瞥见一隅。关于网站自身变迁的历史过程，有研究探讨英国大学的网络域名（web domain）在 1996—2010 年间的变动以及连接情况，② 以及丹麦网络域名（the. dk）于 2005—2015 年的历史变迁图景。③ 关于网络社会的历史，Dougherty 利用保存的网络档案研究网络亚文化（如伊斯兰的朋克亚文化"Tapwacore"）的历史。④ 关于网站与社会互动的历史，研究

① Goggin, G., & McLelland, M., "Introduction: Global Coordinates of Internet Histories," In Goggin, G., & McLelland, M. (eds.), *The Routledge Companion to Global Internet Histories*, London: Routledge, 2017, p. 18.

② Hale, S. A., Yasseri, T., Cowls, J., Meyer, E. T., Schroeder, R. & Margetts, H., "Mapping the UK webspace: fifteen years of British universities on the web," WebSci' 14 Proceedings of the 2014 ACM conference on Web science, 2014, pp. 62 – 70.

③ Brügger, N., Laursen, D., & Nielsen, J., "Exploring the domain names of the Danish web." In Brügger, N., & Schroeder, R. (eds.), *The Web as History: Using Web Archives to Understand the Past and the Present*, London: UCL Press, 2017, pp. 62 – 80.

④ Dougherty, M. "'Taqwacore is Dead. Long Live Taqwacore' or punk's not dead?: Studying the online evolution of theIslamic punkscene." In Brügger, N., & Schroeder, R. (eds.), *The Web as History: Using Web Archives to Understand the Past and the Present*, London: UCL Press, 2017, pp. 204 – 219.

者关注网站与社会、商业、政策和技术等的互动过程。例如，Cowls
和 Bright 以 BBC 新闻网站的超链接为例，基于"互联网档案"（inter-
net archive）的历史数据，研究 BBC 新闻网站与不同国家网站之间
"超链接"的变动历史与模式发现，人口稠密的与有冲突或战争发生
的国家的"超链接"更多，获得了更高水平的新闻报道，而互联网普
及率高和用英语作为官方或主要语言的国家更有可能被 BBC 新闻网站
链接。①

　　网站的演变是文化与社会变迁的产物，亦是文化与社会变迁的表
征。网站的使用反映了现实中的政治、文化与语言的边界，我们可以
透过网站了解社会与文化的变迁过程。② 例如，网站可以用来追踪单
个报道、一份报纸或整个信息系统的演变历史，报纸网站的演变历史
以及它与其他网站的连接情况可以反映报纸变迁的历史。③ Ackland 等
人发现，网站之间的"超链接网络"以及网站的文本内容可以用来发
掘 2005—2015 年间澳大利亚关于堕胎争论的演变历史。④ 这种分析路
径引起了不少研究者的兴趣。英国艺术与人文域名大数据项目（Big
UK Domain Data for the Arts and Humanities，BUDDAH）保存了 1996—
2013 年的英国网页，研究人员正在运用该网络档案研究披头士文化、
残障人群的互联网使用，以及英国公司使用互联网的历史、军事网站
的发展历史等问题。⑤

---

① Cowls, J., & Bright, J., "International hyperlinks in online news media," In Brügger, N., & Schroeder, R. (eds.), *The Web as History*: *Using Web Archives to Understand the Past and the Present*, London: UCL Press, 2017, pp. 101 – 116.

② Brügger, N., & Schroeder, R., *The Web as History*: *Using Web Archives to Understand the Past and the Present*, London: UCL Press, 2017.

③ Weber, M. S., "The tumultuous history of news on the web," In Brügger, N., & Schroeder, R. (eds.), *The Web as History*: *Using Web Archives to Understand the Past and the Present*, London: UCL Press, 2017, pp. 83 – 100.

④ Ackland, R. & Evans, A., "Using the web to examine the evolution of the abortion debate in Australia 2005 – 2015," In Brügger, N., & Schroeder, R. (eds.), *The Web as History*: *Using Web Archives to Understand the Past and the Present*, London: UCL Press, 2017, pp. 159 – 189.

⑤ Cowls, J., "Cultures of the UK web," In Brügger, N., & Schroeder, R. (eds.), *The Web as History*: *Using Web Archives to Understand the Past and the Present*, London: UCL Press, 2017, pp. 220 – 237.

如果说上述研究考察的是"显在的"或"被凸显的"网站历史，那么，还有不少网站的历史正在消逝或被遗忘、被遮蔽。在线社区GeoCities 的"死亡"，导致建于其上的成千上万的网站消逝。① 在中国，2014 年上半年网站数量比 2013 年底减少了 47 万个。② 而丹麦网络域名的丢失，则意味着网站的增长因域名的丢失而变得更加复杂。③ 消逝的网站有成为历史"盲区"的危险，对其研究带有抢救性质，是网站历史研究需要直面的问题。安科尔森（Ankerson）指出，书写网站历史需要解决"易消逝的媒介"（ephemeral media）带来的挑战，④ 吴世文和杨国斌从媒介记忆角度阐述了网民对中国消逝的网站的记忆。⑤

在互联网历史具体的研究维度上，研究者可以考察观念取向的互联网历史、实践取向的互联网历史、技术取向⑥的互联网历史、协议取向的互联网历史、制度取向的互联网历史、效率取向的互联网历史、物质（性）取向的互联网历史，等等。这意味着，互联网历史研究可以从观念史、使用史、技术史、制度史、事件史等多种路径切入。

总之，互联网历史研究不仅应当关注互联网自身的历史（包括互联网发展史、网站史、网页史等），而且还需要关注互联网使用的社会史、互联网文化形态的变迁，等等。⑦ 研究互联网历史不仅可以从

---

① Milligan, I. , "Welcome to the web: The online community of GeoCities during the early years of the World Wide Web," In Brügger, N. , & Schroeder, R. (eds.), *The Web as History: Using Web Archives to Understand the Past and the Present*, London: UCL Press, 2017, pp. 137 – 158.

② 中国互联网络信息中心：《第 37 次中国互联网络发展状况统计报告》，2016 年 1 月，http: //www. cnnic. net. cn/hlwfzyj/hlwxzbg/201601/P020160122469130059846. pdf，最后浏览日期：2021 年 5 月 1 日。

③ Brügger, N. , Laursen, D. , & Nielsen, J. , "Exploring the domain names of the Danish web," In Brügger, N. , & Schroeder, R. (eds.), *The Web as History: Using Web Archives to Understand the Past and the Present*, London: UCL Press, 2017, pp. 62 – 80.

④ Ankerson, M. S. , "Writing web histories with an eye on the analog past," *New Media & Society*, Vol. 14, No. 3, 2012, pp. 384 – 400.

⑤ 吴世文、杨国斌：《追忆消逝的网站：互联网记忆、媒介传记与网站历史》，《国际新闻界》2018 年第 4 期。

⑥ 技术取向的互联网历史包括互联网基础设施发展演变的历史。

⑦ 杨国斌：《中国互联网的深度研究》，《新闻与传播评论》2017 年第 1 期。

互联网考古学的角度"考古"互联网的历史，或者从物的角度追溯互联网的物质性，而且需要呈现互联网与社会互动的历史，从"大历史"与"长时段"的角度去考察互联网历史，从而呈现互联网自身的丰富性与复杂性。

三　网络档案（史料）的收集、保存与利用

历史研究离不开史料。由于作为互联网历史研究之史料的网络档案的收集、保存、检索与利用有其特殊性，是个新问题，而且面临不少挑战，因此本书辟此节讨论网络档案的保存、检索、利用与研究等问题。①

（一）收集与保存网络档案

互联网历史研究的"史料"是网络档案，包括网页、网站、平台、App 的档案、个体或群体的网络使用痕迹与数据等。随着数字人文／数字史学的发展，史料收集、保存、检索与研究成为新问题。例如，Digital Journalism 在 2018 年组织了专题"Journalism history and digital archives"，讨论运用数字档案开展新闻史研究。在该专题中，Birkner 等人指出，研究者需要获取新的技能和素养以利用数字档案研究新闻史。② Matthew 等人利用保存的网页研究数字新闻的发展，讨论了设计和保存长时段的数字新闻语料的可能及面临的问题。③ Broussard 和 Boss 探究了如何保存和检索数字新闻文本。④ 另有文章跳脱出方法本身，讨论数字新闻保存所指向的政治命题，例如作为社会抗争⑤以

---

① 本小节部分内容发表于《新闻记者》2020 年第 6 期（《互联网历史学的理路及其中国进路》）。

② Birkner, T., Koenen, E., & Schwarzenegger, C., "A Century of Journalism History as Challenge: Digital archives, sources, and methods," *Digital Journalism*, Vol. 6, 2018, pp. 1121 – 1135.

③ Weber, M. S., & Napoli, P. M., "Journalism history, web archives, and new methods for understanding the evolution of digital journalism," *Digital Journalism*, 2018, pp. 1 – 20.

④ Broussard, M., & Boss, K, "Saving Data Journalism: New strategies for archiving interactive, born-digital news," *Digital journalism*, Vol. 6, No. 9, 2018, pp. 1206 – 1221.

⑤ Paul, S. & Dowling, D. O., "Digital Archiving as Social Protest," *Digital Journalism*, Vol. 6, No. 9, 2018, pp. 1239 – 1254.

及底层"反历史"的手段，① 提醒我们关注数字档案保存的社会意义。

由于互联网既是互联网历史的研究对象，又是研究方法和研究工具，因而网络档案的收集、保存、检索与研究有其独特性。第一，网络档案以电子形态存在于网络空间之中，体量巨大，内容庞杂，收集与保存是一大难题。第二，网络档案以 0 和 1 的数字形态存在，并不会真正消逝。但是，从公共可见性上讲，由于技术进步以及硬件保存等原因，研究者获取与研究早期的网络档案比较困难。② 第三，如何求证网络档案的真伪，如何建立完整的资料链条与证据链条，是不小的挑战。这意味着，如何收集、保存、检索与研究网络档案，是互联网历史研究需要解决的方法论问题。

网络档案收集与保存的工作早在 20 世纪 90 年代中后期就以保存文化遗产的名义启动，早期主要针对网站开展。目前，全球最大最全的网络档案保存机构是 1996 年成立的非营利性国际组织"互联网档案"（internet archive）。它在推动网站档案保存国际化方面做了不少卓有成效的工作，不少关于互联网历史的研究，均基于"互联网档案"（internet archive）保存的史料开展。③ 目前，网络档案保存的主体和组织者包括：政府主导建立全国性的机构或实施保存项目，图书馆、博物馆以及艺术类组织承担着保存任务，商业组织、研究者、个人等开展的保存工作，一些个体或组织致力于恢复与保存消逝的网站，部分网站开发的网站保存工具等。

关于网络档案收集与保存的方法，对于早期或已消逝的网站，有

---

① Davis, S., "Digital Archives as Subaltern Counter-Histories," *Digital Journalism*, Vol. 6, No. 9, 2018, pp. 1255 – 1269.

② 以本书的研究为例，笔者自 2015 年至 2021 年陆续收集了有关互联网历史和互联网记忆的网络资料，并进行了存档。不过，待到 2021 年出书定稿再次确认这些网络资料时，有一小部分网址已无法正常打开。本书在定稿时力所能及地重新寻找了可以替换的有效网址，对于另外一些无法找到新的有效网址的资料，采取了存档的资料记录作为权宜之计。这一研究的过程再次提醒我们，保存互联网史料不仅重要，而且需要及时和完整记录。来自互联网史料消逝的挑战，本身即是一个研究问题。

③ Cowls, J., & Bright, J., "International hyperlinks in online news media," In Brügger, N., & Schroeder, R. (eds.), *The Web as History: Using Web Archives to Understand the Past and the Present*, London: UCL Press, 2017, pp. 101 – 116.

论者提出可从媒介考古学角度发掘实物，从而在物理上延续网站。①
本·戴维（Ben-David）和赫德曼（Huurdeman）引进"以搜寻作为研
究"的方法（"search as research" method）保存网站。② 互联网尚处
于建设与发展的过程之中，从"当下的现场"切入保存历史档案，是
防止网络档案消逝的重要手段。杨国斌在学术对谈中提出，可以分门
别类地收集与保存网络档案。例如，按照主题来建立档案（比如环保
主题），以组织机构来建立档案（比如英国公司的网站历史），以事件
为线索，围绕某个事件来建立档案。③ 还有研究者反思了网络档案的
收集与保存工作，涉及保存的网站与原始（正常运行的）网站的差
异，④ 伦理与隐私问题等议题。⑤

　　虽然网络档案收集与保存的实践如火如荼地开展，但仍面临不少
挑战。其一，网络档案的数量与规模极为庞大，保存网络档案面临存
储与保护方面的难题。其二，布鲁格认为，网站因超链接（hyper-
links）而成为分层的"多媒介"（dense "strata"），区别于报纸等单个
媒介。⑥ 这导致保存的网站与正常运行的网站有所区别，难以还原运
行中的状态。其三，消逝的网站的档案材料可能已经消失，成为"缺
页"。应对这些挑战，网站档案保存机构与学界进行了诸多探索，但
仍未能很好地解决问题。

　　此外，对于海量的网站与网页信息，网站档案的收集与保存具有

---

① Association of Internet Researchers, "*404 History Not Found*: *Challenges in Internet History and Memory Studies*," Retrieved from http://aoir.org/aoir2016/preconference-workshops/#history, 2016.

② Bendavid, A., & Huurdeman, H., "*Web archive search as research*: *methodological and theoretical implications*," Alexandria, Vol. 25, No. 1, 2014, pp. 93 – 111.

③ 吴世文:《互联网历史学的前沿问题、理论面向与研究路径——宾夕法尼亚大学杨国斌教授访谈》,《国际新闻界》2018 年第 8 期。

④ Brügger, N., "The archived website and website philology: a new type of historicaldocument?" *Nordicom Review*, Vol. 29, No. 2, 2018, pp. 155 – 175.

⑤ Hale, S. A., Blank, G., & Alexander, V. D., "Live versus archive: comparing a web archive to a population of web pages," In Brügger, N., & Schroeder, R. (eds.), *The Web as History*: *Using Web Archives to Understand the Past and the Present*, London: UCL Press, 2017, pp. 45 – 61.

⑥ Brügger, N., "The archived website and website philology: a new type of historicaldocument?" *Nordicom Review*, Vol. 29, No. 2, 2018, pp. 155 – 175.

选择性，国家或组织的选择常常与话题、事件或民族国家范围内的域名有关。而个人保存网站，则受到个人信息管理、记录特定的事件、发现某些内容难以通过公开的渠道获取、有意识地保存容易消逝的网站等因素与动机的影响。① 这引发人们追问，到底能够保存多少网络档案？保存的网络档案的质量如何？② 研究发现，即使是对于"互联网档案"（the internet archive）这一全球最大最全的网络档案保存机构来说，以英国的旅游网站 TripAdvisor 为例，其保存的子集仅有 24% 的网页，而且构成子集的网页是有偏差的，那些突出的、出名的和评价高的网页更容易被选中，被保存的网页并不是一个随机的样本。③

（二）获取、利用与研究网络档案

史料获取方面，网络档案有不同层级的"可见性"，有些是开放获取，有些有着严格的开放限制，还有一些不能被公开获取。后两者给研究者获取网络档案制造了障碍。史料检索与运用方面，因为没有统一的保存方法或格式，因此网络档案不存在统一的检索表（或检索式），部分网络档案甚至没有可供检索的电子格式，造成了检索的困难。有些网站看上去跟原始网站一样，但是超链接的文本如何嵌入并可以被检索，仍是一个难题。如何检索和分析那些看起来不像原始网站的档案，尚存在一定的困难。对于研究者来说，如何根据研究需要收集、检索与保存网络档案，是现实的困难。当前，鼓励研究机构、学者与拥有网络档案的组织或个体开展合作研究，被视为缓解问题的方法之一。④

---

① Goggin, G., & McLelland, M., "Introduction: Global Coordinates of Internet Histories," In Goggin, G., & McLelland, M. (eds.), *The Routledge Companion to Global Internet Histories*, London: Routledge, 2017, pp. 1 – 20.

② Hale, S. A., Blank, G. & Alexander, V. D., "Live versus archive: comparing a web archive to a population of web pages," In Brügger, N., & Schroeder, R. (eds.), *The Web as History: Using Web Archives to Understand the Past and the Present*, London: UCL Press, 2017, pp. 45 – 61.

③ Hale, S. A., Blank, G., & Alexander, V. D., "Live versus archive: comparing a web archive to a population of web pages," In Brügger, N., & Schroeder, R. (eds.), *The Web as History: Using Web Archives to Understand the Past and the Present*, London: UCL Press, 2017, pp. 45 – 61.

④ Bødker, H., "Journalism History and Digital Archives," *Digital journalism*, Vol. 6, No. 9, 2018, pp. 1113 – 1120.

当前，虽然大数据等技术可以为分析大规模的网络档案提供支持，但具体到情境和研究问题，如何运用网络档案，在何种意义上使用网络档案，仍是需要在实践中解决的问题。互联网历史是"正在发生的历史"，网络档案收集与保存如何跳脱出"近距离"和现时性的羁绊，以"远距离"的视角去收集和保存史料，是需要持续思考的问题。近来，研究者开始关注社交网络和社交媒体的历史，① 那么如何保存与分析社交媒体档案或 App 档案，正在成为新问题。

四 互联网历史的研究方法

互联网历史是多学科交叉形成的研究话题，其研究方法融合了新闻传播学、历史学、信息科学、心理学与语言学等跨学科的方法，被用于史料收集、史料分析和史料求证与阐释等方面。在研究路径上，温特斯（Winters）提倡采取宏观历史与微观历史（个人、组织与事件）相结合的分析路径。② 吴世文和杨国斌认为，媒介记忆是研究互联网历史的可行路径。③ 目前，互联网历史研究尚未形成自身的方法体系。笔者认为，可从以下三个层面阐述中国互联网历史研究的方法。④

（一）跨学科方法的"借用"

这是人文社会科学研究的普遍做法。互联网历史研究借用的跨学科方法囊括了量化研究方法、质化研究方法和混合研究方法。多种研究方法都可以运用于互联网历史研究，显示了互联网历史研究的活力。

1. 量化史学方法

虽然国内学人对量化史学的认识经历了起伏，但王旭东相信，量

---

① Goggin, G., & McLelland, M., "Introduction: Global Coordinates of Internet Histories," In Goggin, G., & McLelland, M. (eds.), *The Routledge Companion to Global Internet Histories*, London: Routledge, 2017, pp. 14.

② Winters, J., "Coda: Web archives for humanities research-some reflections," In Brügger, N., & Schroeder, R. (eds.), *The Web as History: Using Web Archives to Understand the Past and the Present*, London: UCL Press, 2017, pp. 238 – 248.

③ 吴世文、杨国斌：《追忆消逝的网站：互联网记忆、媒介传记与网站历史》，《国际新闻界》2018 年第 4 期。

④ 本小节部分内容发表于《新闻记者》2020 年第 6 期《互联网历史学的理路及其中国进路》。

化方法通过与信息化结合，正在成为"信息转向"的历史学必备的研究方法。① 互联网历史研究可以推动互联网历史研究与量化史学方法（量化统计与分析方法）的连接，② 不仅定量地描述互联网历史现象，还注重研究其中的相关关系和因果关系，推动互联网历史研究的科学化。

2. 大数据方法

随着大数据方法的发展及其在数字人文中的广泛应用，越来越多的研究者认为，大数据是史学研究的一种基本方法。③ 大数据不仅带来了史料挖掘和阅读方式的革命，④ 而且给史料的分析提供了新工具和新方法。互联网史料产生于网络空间，运用大数据方法收集和分析较之传统史料更为便利（区别于传统的纸质史学）。⑤ 因此，互联网历史研究可以运用大数据方法进行史料收集与史料分析。例如，文本挖掘与文本识别的方法，数据库方法，基于大数据的主题分析与语义分析、计算机辅助的量化内容分析、社会网络分析等。大数据方法有助于从全局认识互联网历史，兼顾探究相关关系，⑥ 并且可以开启"数据驱动"的互联网历史研究以发现知识，而不仅是解释，⑦ 与"问题驱动"的研究相得益彰。当然，在运用大数据方法时需要注意研究伦理。

3. 媒介考古学方法

媒介考古学（media archaeology）在很大程度上可视为一系列探究媒介古今联系的方法的"集合"，而非一套建制的、系统的方法论，其自身也是跨学科的。⑧ 媒介考古学以批判的姿态于20世纪90年代出场，其在研究方法上的取径具有如下特点：第一，媒介考古学拉长了媒介历史的视域，把媒介历史上溯至久远的"从前"。第二，打破西

---

① 王旭东：《20世纪历史学传统嬗变和方法论的计量化》，《甘肃社会科学》2013年第5期。
② 张晓玲：《量化史学：中共党史研究的新视野》，《党史研究与教学》2017年第5期。
③ 梁仁志：《大数据：作为史学研究的一种基本方法》，《南京社会科学》2019年第6期。
④ 李红梅：《大数据时代对历史研究影响刍议》，《北方论丛》2016年第2期。
⑤ 焦润明：《网络史学论纲》，《史学理论研究》2009年第4期。
⑥ 梁仁志：《大数据：作为史学研究的一种基本方法》，《南京社会科学》2019年第6期。
⑦ 梁晨：《量化数据库："数字人文"推动历史研究之关键》，《江海学刊》2017年第2期。
⑧ 施畅：《视旧如新：媒介考古学的兴起及其问题意识》，《新闻与传播研究》2019年第7期。

方中心主义，关注非西方世界的媒介实践。第三，注重物质性，媒介考古学"搜索文本、视觉和听觉档案以及文物收藏，强调文化在话语和物质层面的证据"。[①] 第四，主张多元的与复合的研究取向，致力于打破线性的历史叙事，反历史目的论。媒介考古学的这些研究方法和研究路径能够为互联网历史研究打开新的视野，建立新的历史关联。

4. 深度访谈法、焦点小组法与口述历史

深度访谈法和焦点小组法可用来研究网民，通过结构化访谈或半结构化访谈，从细部挖掘网民使用互联网的体验、经历与故事，以及使用动机与情感等。这种定性研究方法可以成为其他方法的补充，也可以独立用来研究互联网历史。口述历史的方法是历史学的方法之一，不仅可以用来研究互联网创业者、互联网建设与发展中的精英，还可以用来研究普通网民。

（二）契合互联网历史的方法探索

1. 描述的或纪实的方法

描述的或纪实的方法是指细致地描述和记录互联网历史中的人物、事件与情节，既收集网络档案，又书写历史。邰子学认为，研究互联网的最好方法是采用可以从互联网上获得的证据。[②] 杨国斌进一步指出，重视理论是重要的，但是不能忽视描述，实实在在地描述与认认真真地记录网民使用互联网的线索、故事与情节是必要的。[③] 这也是中国"深度互联网研究"的可行路径。尤其是，对于"正在发生的"互联网历史，描述的和纪实的方法即是在实时保存和书写历史。

2. 网络民族志

对于当下正在发生的互联网历史，研究者可以采取网络民族志方法观察、记录与阐释网民的互联网行为，开展对网民及其互联网使用的研究。网络民族志可以用来研究特定网民群体或特定网络社区（平台）中的网民，可以基于事件开展，也可以针对日常生活进行，并有

---

① ［美］埃尔基·胡塔莫、［芬兰］尤西·帕里卡：《媒介考古学》，唐海江译，复旦大学出版社 2018 年版。

② Tai, Z., "*The Internet in China：Cyberspace and civil society*," New York：Routledge, 2016.

③ 杨国斌：《中国互联网的深度研究》，《新闻与传播评论》2017 年第 1 期。

助于发展理论。

3. 网络传记与生命故事

网络传记是网民有关互联网使用的自传，属于媒介传记的一种。它们可以由个体网民自我书写，记录自己互联网生活的经历与体验。网民的互联网体验各个不同，在网民看来，他们不只是简单的或者商业所定义的技术使用者，而且是能动的中介（active agents）。网络传记基于网民互联网使用和自下而上的视角，可以有效地收集网民的网络体验和经历。因此，网络传记既是研究对象，又是研究方法。[①] 生命故事是建立在自传式记忆之上的关于个人生活的故事，[②] 可用来研究网民与互联网的互动过程。目前，网络传记、生命故事方法正在受到互联网研究者的重视。

（三）方法的开放性与创新需求

网络档案是新史料，如果一味照搬既有的史料考据和解释方法，恐怕难以深入，互联网历史研究呼唤方法的突破。历史学家指出"史无定法"，"自然科学、社会科学、人文和艺术的研究方法都可有选择地用于历史研究，尤其是用于考据和实证"。[③] Driscoll 和 Paloque-Berges 指出，"互联网历史核心的认识论问题，是要求我们创造性地借鉴其他领域的知识，发展新的历史方法"。[④] 这意味着，互联网历史的研究方法应该保持开放性和包容性，强调创新。上文提及的研究方法，尚未形成体系，相互之间的差异性也比较大，当然也存在遗漏的风险。但毋庸置疑的是，通过研究积累和方法创新，我们可以发展出适切互联网历史的研究问题的方法体系。

① 吴世文、杨国斌：《"我是网民"：网络自传、生命故事与互联网历史》，《国际新闻界》2019 年第 9 期。

② Thomsen, D. K., Olesen, M. H., Schnieber, A., Jensen, T., & Jan, T., "Whatcharacterizes life story memories? A diary study of Freshmen's first term," *Consciousness and Cognition*, Vol. 21, No. 1, 2012, pp. 366 – 382.

③ 吴承明：《经济史：历史观与方法论》，《中国经济史研究》2001 年第 3 期。

④ Driscoll, K., & Paloque-Berges, C., "Searching for missing 'nethistories'," *Internet Histories*, Vol. 1, No. 1 – 2, 2017, pp. 47 – 59.

五　互联网历史研究的理论面向

由于互联网历史研究在全球尚处于探索发展阶段，因而相关的理论还未形成体系，处在建立与发展的过程之中。笔者认为，有如下几个问题值得思考：

一是关于互联网史观的问题。研究者秉持何种史观，取决于史料、研究路径与研究者的素养。对于互联网历史来说，线性史观、发展史观以及编年史观显然难以适应互联网的时间（计时甚至小于"秒"）与空间（空间被压缩）特性。这就要求研究者通过发掘史料，寻找新的研究视角去发展互联网史观。在这一过程中，可以借鉴既有的史学理论、知识论与方法论，把互联网历史研究上升到媒介哲学的高度，将互联网、媒介哲学、互联网史观结合起来，发展新的互联网史观。例如，结合互联网历史的内容复杂性，需要发展整体史观以规避碎片化的互联网历史书写。再如，需要从"复数的互联网历史"转向讨论"复线的互联网历史"。在杜赞奇看来，历史的传承和历史的散失同时存在，因此需要把历史看成是复线的发展。① 借鉴复线的历史观，有助于挖掘被单一的线性历史所掩盖、压抑的中国互联网历史多重而复杂的面相。

二是如何研究互联网历史的主体（尤其是普通网民）。从根本上讲，互联网历史就是人的历史，因而需要关注和研究网民（包括个体与群体），通过研究网民个体与群体的网络行为及其演变过程，实现互联网历史理论创新。历史由人所构成，人是历史的主人，网民是互联网历史的"主人"。但是，既有的互联网技术史、互联网企业史与互联网事件史的研究常常"见物不见人"。一些研究者或观察家已经开始关注互联网中的人，但大多限于"技术英雄"或"商业精英"，难觅普通网民的身影。Mansell 批评道，互联网历史研究仅仅关注政治或产业等关键玩家（key players），关注他们如何利用或规训技术，是

---

① 檀秋文：《"复线的历史观"与重写中国电影史》，《电影艺术》2020 年第 2 期。

为"短视"。① 过度关注技术英雄与商业精英，跟互联网发展的事实不符。在媒介历史上，从来没有一种媒介与人的关系，像互联网与个体的关系这样紧密。杜骏飞指出，"新媒介即人"。② 因此，互联网历史研究应当更多地关注普通网民。

人带来了体验（经验）、情感、故事与事件。倚重网民的互联网历史研究，可以关注网民的体验、使用互联网的故事、网络行为（例如参与网络事件）以及网络精神生活（包括心态与情感），等等。这些命题可以为互联网历史研究注入新的"源头活水"。

客观地讲，由于网民规模极其庞大，构成复杂，而且异质性高，因此对其展开研究并非易事。那么，如何研究网民？第一，需要关注网民的创造性与集体智慧。网民的互联网体验各不相同，但在网民看来，他们不只是简单的或被商业定义的技术使用者，而是能动的中介（active agents）。这意味着，我们需要关注网民互联网使用的创造性。第二，重视描述，而不只是倚重理论。杨国斌认为，不能忽视描述，实实在在地描述与认认真真地记录网民使用互联网的线索、故事与情节是必要的。这是中国"互联网深度研究"的题中之义。③ 第三，在研究路径上，Winters 提倡采取宏观历史与微观历史（个人、组织与事件）相结合的分析路径。④ 第四，在方法上，网络自传和口述史、⑤ 生命故事（life-story）等方法受到了研究者的重视，这些方法可以催生理论创新。

还需要指出的是，互联网历史的参与（书写）主体众多，其产生的历史叙事和历史数据具有同质性，也具有异质性，还有不少是日常

---

① Mansell, R., "Imaginaries, Values, and Trajectories: A Critical Reflection on the Internet," In Goggin, G., & McLelland, M. (eds.), *The Routledge Companion to Global Internet Histories*. London: Routledge, 2017, pp. 23 – 33.

② 杜骏飞：《新媒介即人》，《新闻与写作》2017 年第 9 期。

③ 杨国斌：《中国互联网的深度研究》，《新闻与传播评论》2017 年第 1 期。

④ Winters, J., "Coda: Web archives for humanities research-some reflections," In Brügger, N., & Schroeder, R. (eds.), *The Web as History: Using Web Archives to Understand the Past and the Present*, London: UCL Press, 2017, pp. 238 –248.

⑤ 吴世文：《互联网历史学的前沿问题、理论面向与研究路径——宾夕法尼亚大学杨国斌教授访谈》，《国际新闻界》2018 年第 8 期。

生活中的叙事与数据。那么，如何整合这些异质性的叙事与数据，从而形成"有意义的历史叙事"，是一个新的挑战。

三是发掘互联网自身的发展规律，以及互联网与特定社会互动（相互建构）的规律。这涉及对互联网历史的"本体论"研究，可以从技术史、事件史、媒介史、社会史、文化史等多种路径切入。

四是注重开展地方性的互联网历史研究与全球比较研究。因为网民及其群体生活于特定的情境，因此，互联网历史研究需要关注地方性的、情境性的互联网使用过程。既有研究发现，互联网使用取决于语言、市场（比如竞争和价格）、政策（比如政府的规制）等因素，[①]受到特定社会条件和地方性文化的规训。因应这种地方性与情境性，阿巴特（Abbate）指出，应当从技术、使用与地方性经验的维度重新定义互联网，[②] 从而开启"多元互联网"研究。在研究清楚了地方性的互联网，全球视野的比较研究就有了比较的基础。当前，地方性互联网历史研究开始受到重视，这是对群体互联网使用历史的尊重，亦是对欧美中心主义互联网历史研究的"纠偏"，有助于摆脱全球化互联网研究的"普遍话语"的宰制。这种比较的落脚点，是寻找互联网与社会互动的一般规律，以及互联网与各种文化与情境互动的共性。

此外，还需要提到的是，由于互联网历史覆盖的内容极为丰富与庞杂，那么，其研究的边界为何，是否需要边界？新闻传播视域的研究有何问题意识，能够生产何种增量知识？这也是需要通过研究和在研究过程中思考的命题。

六　中国互联网历史研究的面向与路径

罗森茨韦格（Rosenzweig）认为，互联网历史研究需要置于多元

---

① Goggin, G., & McLelland, M., "Introduction: Global Coordinates of Internet Histories," In Goggin, G., & McLelland, M. (eds.), *The Routledge Companion to Global Internet Histories*, London: Routledge, 2017, p. 11.

② Abbate, J., "What and Where Is the Internet? (Re) defining Internet Histories," *Internet Histories*, Vol. 1, No. (1 - 2), 2017, pp. 8 - 14.

的社会、政治与文化语境之中。① 笔者认为，从应然的层面讲，互联网历史研究应当包括两个层面：一是互联网自身的历史，包括互联网技术史、互联网扩散的历史、网络虚拟空间的历史等。二是互联网与社会各方面互动的历史，包括互联网社会史、互联网政治史、互联网经济史、互联网文化史等。具体说来，中国互联网历史应当包括如下面向（跟前述论及的互联网历史研究的主题与范畴有共通之处）：

一是中国互联网的"史前史"，需要从纵向上拓展历史深度，发掘中国互联网正式诞生以前的观念史与技术史等历史范畴。它们构成了互联网发展史不可或缺的部分。

二是互联网社会史，包括网民的历史、特定群体使用互联网的历史、互联网扩散与影响社会的历史、互联网技术与社会互动的历史，等等。特别是，互联网历史归根到底是人的历史，是网民的历史。因此，中国的互联网历史研究需要研究网民及其与互联网互动的历史。不过，这一取向的研究难度很大。由于广大网民是互联网历史的创造者，他们可以通过公共书写（"分布式书写"）与集体记忆记录互联网历史。因此，需要发挥网民在书写自身历史中的作用。② 这涉及互联网历史的解放性。

三是互联网政治史，其应然的主题包括网络政治的历史、互联网治理史、公民网络政治参与的历史，等等。

四是互联网商业史。目前关于互联网商业史的书写比较活跃，包括互联网企业创始人的自传、互联网企业的发展史等。但存在三个问题：一是缺乏全球比较研究的脉络，二是放大了互联网商业精英与成功的互联网企业的历史，三是存在过度强调互联网商业化进程的倾向[詹姆斯·柯兰（James Curran）对此提出了批评③]。"新的互联网商

① Rosenzweig, R., "Wizards, Bureaucrats, Warriors, and Hackers, Writing the History of the Internet," *The American Historical Review*, Vol. 103, No. 5, 1998, pp. 1530-1552.
② Balbi, G., "Doing media history in 2050," *Westminster Papers in Communication and Culture*, Vol. 8, No. 2, 2011, pp. 133-157.
③ Curran, J. P., Freedman, D., & Fenton, N., *Misunderstanding the Internet*, NewYork: Routledge, 2012, pp. 34-67.

业史"应当打开新的局面，开辟新的话题空间，例如书写比较视野下的互联网商业史以及失败的互联网创业者的历史，等等。

五是文化与观念取向的互联网历史。文化取向的互联网历史包括互联网与特定文化传统互动的历史，数字文化的历史等。关于观念取向的互联网历史研究，迈克尔·斯蒂文森（Michael Stevenson）利用场域理论阐释了网络文化和"新媒介信念"如何提出并被合法化的过程，以此说明人们对互联网的讨论、辩论、思潮与信念，都可以是互联网观念史研究的对象。① 这意味着，探究中国互联网观念形成与变迁的历史，是可行的，也是必要的。有时，设定关于技术的特定纪念日是困难的，② 但可以探索关于技术的创新观念的形成过程，③ 这是互联网观念史可能的突破。

六是网络虚拟社会的历史，包括多种多样的、细分的网络虚拟社会，例如游戏社区等，它们既区别于现实社会，又与现实社会密切相关，是互联网历史的重要组成部分。虚拟空间的历史，难以适用传统史学的理论与方法，这是历史书写场域的新转变，因此呼唤创新互联网历史研究的理论与方法，放宽互联网历史的视域。

在这些研究面向中，包括丰富而多元的话题，体现了中国互联网历史的丰富性与复杂性。不过，这种丰富性与复杂性给研究带来了挑战。因应互联网历史的纷繁命题，互联网历史研究呼唤打破单一的或机械的研究视角的局限，转而采取多元的研究视角。例如，可以采取技术史路径、事件史路径、媒介史路径等。本书提出，可以采取社会记忆路径来研究中国互联网历史，考察互联网与社会、互联网与网民的互动过程。秉持社会记忆的研究路径，本书关注媒介、公共机构、网民的记忆实践，尤其注重研究网民的记忆实践，探究记忆所呈现与

① Stevenson, M. , "The cybercultural moment and the new media field," *New Media & Society*, Vol. 18, No. 7, 2016, pp. 1088 – 1102.

② Brügger, N. , "Introduction: The Web's first 25 years," *New Media & Society*, Vol. 18, No. 7, 2016, pp. 1059 – 1065.

③ Brügger, N. , "Introduction: The Web's first 25 years," *New Media & Society*, Vol. 18, No. 7, 2016, pp. 1059 – 1065.

建构的网民与互联网互动的历史过程及其所书写的中国互联网社会史。

　　总之，由于中国互联网的复杂性、丰富性与多元性，它具有多面向的研究主题，因而以书写"通史"或"总体史"为目标，几乎是不可能完成的任务。但是，可以运用"专史"的思维（如社会史、文化史、技术史、经济史等），从不同的路径或侧面切入。借由多种路径或多个侧面的研究，可以呈现中国互联网历史的多种面相及其复杂性，从而帮助我们把握总体的中国互联网历史。这是本书的逻辑起点。具体说来，本书努力打破既有研究倚重事件史、技术史与企业史的偏向，聚焦从社会记忆视角"管窥"中国互联网历史，侧重探究中国互联网的社会史，强调从使用与网民记忆的视角，自下而上地书写中国互联网历史。

第 一 章

互联网历史学的兴起、发展
动态与研究路径

本章是基础研究，介绍了本书的理论框架、研究问题与研究方法，回应以何种视角、何种路径、何种方法开展本研究的问题。

第一节 互联网历史、社会记忆与媒介记忆

本节阐明，互联网历史研究可以从多种路径进入，社会记忆是研究互联网社会史的可行路径之一。

一 社会记忆、集体记忆与个人记忆

（一）社会记忆、集体记忆与个人记忆的概念及基础理论

本书从社会记忆角度切入研究互联网历史。为了阐述社会记忆及相关理论，有必要先厘清它与集体记忆、个人记忆的关系。关于社会记忆、集体记忆与个人记忆的关系，一直存在争论。例如，有论者认为，不存在所谓的集体记忆（collective memory），只有"集合的"记忆（collected memory）。这样一来，社会记忆则处于割裂的状态（呈现一个一个的集合）。但是，记忆一旦诉诸表达，便具有了社会属性（记忆需要召唤语言等社会性的象征符号和资源进行表达），[①] 成为集

---

① Wertsch, J. V., *Voices of Collective Remembering*, Cambridge：Cambridge University Press, 2012.

体记忆或社会记忆。① 在此意义上，个体记忆和集体记忆可以视为社会记忆的表现形式。在三种记忆的理论中，集体记忆的理论是发展最为成熟的，可以为社会记忆的研究提供支撑。

在新闻传播学的视域中，集体记忆经由记忆中介（memory agents）的"代理"而形成，官方及其认可的解释者（sponsored interpretations）、大众媒介、学者等是主要的记忆中介，② 而政治精英和学者则一直垄断着集体记忆。③④ 在现代社会，大众媒介成为当代的"公共历史学家"，并在一定程度上垄断了对过去的建构，⑤⑥ 它们通过选择性记忆或遗忘的机制塑造集体记忆。⑦ 大众媒介常常把自身界定为"权威叙事者"，在塑造重大社会事件的集体记忆中发挥着重要作用。⑧⑨ 不过，记忆主体和记忆中介会在建构集体记忆的过程中争夺各自的

---

① 关于集体记忆和社会记忆的概念，学界多有争论。有学者认为，集体记忆中的"集体"，夸大了记忆的共性，忽略了记忆的多样性，倡导用"社会记忆"的概念来代替"集体记忆"的概念。本书无意介入以上的论争，而是沿袭了记忆社会学中常用的"集体记忆"的概念，并区分使用集体记忆与社会记忆两个概念，社会记忆包括了集体记忆。相关争论见 Olick, J. K., & Robbins, J., Social Memory Studies："From 'Collective Memory' to the Historical Sociology of Mnemonic Practices", *Review of Sociology*, Vol. 24, No. 1, 1988, pp. 105 – 140。

② Neiger, M., Meyers, O., & Zandberg, E., "On Media Memory：Editors' Introduction," In：Neiger, M., Meyers, O., & Zandberg, E. (eds.), *On Media Memory：Collective Memory in a New Media Age*, Basingstoke：Palgrave Macmillan, 2011, pp. 1 – 24.

③ Wagner-Pacifici, R., & Schwartz, B., "The Vietnam Veterans memorial：Commemorating a difficult past," *American Journal of Sociology*, Vol. 97, No. 2, 1991, pp. 376 – 420.

④ Hoskins, A., "Anachronisms of media, anachronisms of memory：From collective memory to a new memory ecology," In：Neiger, M., Meyers, O., & Zandberg, E. (eds.), *On Media Memory：Collective Memory in a New Media Age*, Basingstoke：Palgrave Macmillan, 2011, pp. 278 – 288.

⑤ Edgerton, G., "Television as historian：an introduction," *Film & History*, Vol. 30, No. 1, 2000, pp. 7 – 12.

⑥ 李红涛：《昨天的历史　今天的新闻——媒体记忆集体认同与文化权威》，《当代传播》2013 年第 5 期。

⑦ 陈振华：《集体记忆研究的传播学取向》，《国际新闻界》2016 年第 4 期。

⑧ Davis, S., "Set your Mood to Patriotic：History as Televised Special Event," *Radical History Event*, Vol. 42, 1998, pp. 122 – 143.

⑨ Zelizer, B., *Covering the body：The Kennedy Assassination, the Media, and the Shaping of Collective Memory*, Chicago：University of Chicago Press, 1998.

"版本"，以界定自身的历史位置。①②

在争夺和协商集体记忆的过程中，有些记忆会被强化，而另外一些则会被选择性地遗忘，这涉及记忆机制的问题。遗忘是官方叙事和大众媒介建构集体记忆的机制之一。③ 李红涛和黄顺铭发现，南京大屠杀在 1949 年以来的《人民日报》中曾被遗忘。④ 周海燕指出，在建构"大生产运动"的集体记忆时，权力通过掌控新闻生产的过程与话语，实现了记忆的"写入"与"忘却"。⑤ 这意味着，记忆的争夺与协商，以及如何对抗遗忘，是集体记忆的重要议题。

在全球化深入推进和新传播技术快速发展的当下，集体记忆正在发生深刻的变化。这突出表现在：全球数字记忆场域形成，⑥ 大众文化成为一种记忆机制，⑦ 技术成为建构记忆的"新行动者"。⑧ 特别是，不断革新的媒介技术通过改变储存和传播记忆的方式，⑨⑩ 给集体记忆带来了显著的变化。第一，新的媒介生态为记忆内容的生产和传播提供了多种可能性。霍斯金斯（Hoskins）认为，"记忆存活于一个新的媒介生态中，其中的传播网络、节点和数字媒介内容及其规模的丰富

①　Wagner-Pacifici, R., & Schwartz, B., "The Vietnam Veterans memorial: Commemorating a difficult past," *American Journal of Sociology*, Vol. 97, No. 2, 1991, pp. 376 – 420.

②　Sturken, M., *Tangled memories: The Vietnam War, the AIDS Epidemic, and the Politics of Remembering*, Berkeley: University of California Press, 1997.

③　Klaic, D., "Remembering and Forgetting Communist Cultural Production," In Anheier, H., & RajIsar, Y. (eds.), *Heritage, Memory & Identity*, London: Sage Publications, 2011, p. 177.

④　李红涛、黄顺铭：《"耻化"叙事与文化创伤的建构：〈人民日报〉南京大屠杀纪念文章（1949—2012）的内容分析》，《新闻与传播研究》2014 年第 1 期。

⑤　周海燕：《记忆的政治：大生产运动再发现》，中国发展出版社 2013 年版。

⑥　Reading, A., "Memory and digital media: six dynamics of the globital memory field," In: Neiger, M., Meyers, O., & Zandberg, E. (eds.), *On Media Memory: Collective Memory in a New Media Age*, Basingstoke: Palgrave Macmillan, 2011, pp. 241 – 252.

⑦　Zandberg, E., "'Ketchup Is the Auschwitz of Tomatoes': Humor and the Collective Memory of Traumatic Events," *Communication, Culture & Critique*, Vol. 8, 2015, pp. 108 – 123.

⑧　Smit, R., Heinrich, A., & Broersma, M., "Witnessing in the new memory ecology: Memory construction of the Syrian conflict on YouTube," *New Media & Society*, 2017, Vol. 19, No. 2, pp. 289 – 307.

⑨　Smit, R., Heinrich, A., & Broersma, M., "Witnessing in the new memory ecology: Memory construction of the Syrian conflict on YouTube," *New Media & Society*, 2017, Vol. 19, No. 2, pp. 289 – 307.

⑩　Zelizer, B., "Competing memories-reading the past against the grain: the shape of memory studies," *Critical Studies in Mass Communication*, Vol. 12, 1995, pp. 213 – 239.

度、普遍性和可存取性，都是全新的"。① 范迪克（Van Dijck）进一步指出，博客、视频分享网站和社交媒体已经成为"个人记忆机器"。② 对于韩德（Hand）来说，"在潜存记忆（potential memory）活跃的当下，大量的痕迹（traces）散布在增殖的媒介类型之中，'生产'出了不可预知的'活档案'。通过这些档案，有关自我的数据很有可能在意料之外'复现'"。③

第二，从记忆主体上看，得益于技术赋权，新媒体用户通过现场见证和在线保存记录，生产了大量的数字记忆，在记忆重大的突发性事件中扮演着越来越重要的角色。④ 这意味着，与数字记忆的出现相伴随，记忆正在变得个体化，记忆的交换是即时的。⑤

第三，网民在新媒体空间中生产民间记忆，形成与官方叙事和主流媒体记忆相并存、相竞争的格局。个体能够以公民书写的方式参与建构集体记忆，进而与官方的记忆进行竞争和对话。⑥ 鲁滨逊（Robinson）通过分析官方媒体与自媒体对卡特里娜飓风的周年纪念发现，二者的叙事迥异。⑦ 有时，网民还会利用互联网争夺书写历史的话语权。⑧ 当

① Hoskins, A., "Media, memory, metaphor: remembering and the connective turn," *Parallax*, Vol. 17, No. 4, 2011, pp. 19 –31.

② Van Dijck, J., "From shoebox to performative agent: the computer as personal memory machine," *New Media & Society*, Vol. 7, No. 3, 2005, pp. 311 –332.

③ Hand, M., "Persistent traces, Potential memories: smartphones and the negotiation of visual, locative, and textual data in personal life," *Convergence: The International Journal of Research into New Media Technologies*, Vol. 22, No. 3, 2016, pp. 269 –286.

④ Andén-Papadopoulos, K., "Journalism, memory and the 'crowdsourced video revolution," In: Zelizer, B., & Tenenboim, K. (eds.), *Journalism and Memory*, *Basingstoke*, New York: Palgrave MacMillan, 2014, pp. 148 –163.

⑤ Han, Le., "Tweet to Remember: Moments of Crisis as Instantaneous Past in Chinese Microblogosphere," Paper presented at ICA 2013 Conference, London, UK, June 14, 2013, pp. 1 –27.

⑥ 刘于思：《互联网与数字化时代中国网民的集体记忆变迁》，清华大学博士学位论文，2013 年。

⑦ Robinson, S., "'If you had been with us': mainstream press and citizen journalists jockey for authority over the collective memory of Hurricane Katrina," *New Media & Society*, Vol. 11, No. 5, 2009, pp. 795 –814.

⑧ Dounaevsky, H., "Building Wiki-History: Between Consensus and Edit Warring," In: Rutten, E., Fedor, J., & Zvereva, V. (eds.), *Memory, Conflict and New Media: Web Wars in Post-socialist States*, New York: Routledge, 2013, p. 58.

然，网民之间也会围绕某些话题展开争夺，例如争夺南京大屠杀的维基百科导言。① 这些新变化正在改变记忆的结构。

总之，在"大众自传播"［mass（self-）communication］生态中，② 个体生产的记忆内容正在成为集体记忆的来源，个体也由此参与历史写作，实现了历史书写的公共参与。③④ 对于官方和主流媒体忽略的议题，个体记忆是书写其历史的替代性资源，也是对抗遗忘的手段。

（二）记忆文体

记忆的表达即记忆叙事，依赖于各种各样的媒介和文体。⑤⑥ 媒介和文体不同，记忆的意义也会有所不同。例如，纪念碑、纪念馆等有别于回忆录，而长篇的回忆录又不同于短小的回忆性散文（或随笔）。记忆媒介与文体还具有不同的合法性和权威性。例如，纪念碑、纪念馆往往由国家和政府支持建造，具有官方色彩和历史叙事的合法性。⑦

传记和自传是重要的记忆文体。人类学家有着对物（物体）开展传记式研究的传统，⑧ 他们将物体作为像人一样有生命历程的"有机体"对待。自传式记忆是一种特殊的记忆类型，与人们回忆过往的生

---

① 黄顺铭、李红涛：《在线集体记忆的协作性书写——中文维基百科"南京大屠杀"条目（2004—2014）的个案研究》，《新闻与传播研究》2015 年第 1 期。

② Castells, M., *Communication Power*, Oxford：Oxford University Press, 2009.

③ Foster, M., "Online and Plugged in?：Public History and Historians in the Digital Age," *Public History Review*, Vol. 21, 2014, pp. 1 – 19.

④ Han, R., "Defending the authoritarian regime online：China's "Voluntary Fifty-cent Army," *The China Quarterly*, Vol. 224, 2015, pp. 1006 – 1025.

⑤ Wagner-Pacifici, R., & Schwartz, B., "The Vietnam Veterans memorial：Commemorating a difficult past," *American Journal of Sociology*, Vol. 97, No. 2, 1991, pp. 376 – 420.

⑥ Wagner-Pacifici, R., "Memories in the making：The shapes of things that went," *Qualitative Sociology*, Vol. 19, No. 3, 1996, pp. 301 – 321.

⑦ 吴世文、杨国斌：《追忆消逝的网站：互联网记忆、媒介传记与网站历史》，《国际新闻界》2018 年第 4 期。

⑧ Kopytoff, I., "The cultural biography of things：Commoditization as process," In：Appadurai, A. ed., *The Social Life of Things：Commodities in Cultural Perspective*, Cambridge, England：Cambridge University Press, 1986, pp. 64 – 91.

活的能力有关。① 自传式记忆基于个体的经验而展开，具有如下属性：个体通过记忆复活了过去的经验或经历，可视化的图像更容易唤醒记忆者的回忆，回忆者相信自己的回忆是真实的，等等。② 虽然对于回忆者来说，他们相信自己的记忆是真实的，但是自传式记忆的准确性是一大问题。Larsen 等人指出，距离回忆时间越近的事件，其出错的可能性越低。③ 个体之所以开展自传式记忆，情感是一个重要的影响因素。一方面，过去的事件如果曾经激起过回忆者强烈的情绪反应，则更容易被记起。另一方面，回忆者回忆时的情绪也会影响其回忆。④

　　记忆叙事在媒介和文体方面的多样性，说明在研究互联网历史的社会记忆时，有必要注意这些特点。

二　媒介记忆与互联网记忆

　　"媒介记忆"是媒介研究与记忆研究的交叉领域，近来受到了越来越广泛的关注。⑤ 媒介记忆有两种基本内涵：第一种指的是通过媒介所叙述、建构的有关过去的记忆。媒介作为社会记忆机制生产、保存、传递与转换集体记忆，从而放大和拓展个体记忆。在现代社会，大众媒介利用日常的信息采集与报道等活动，可以形成以其为主导的社会记忆，⑥ 在集体记忆的塑造与传播中发挥着核心作用，是现代社会重要

---

① Baddeley, A., "What is autobiographical memory?" in Conway, M. A., Rubin, D. C., Spinnler, H., & Wagenaar, W. A. (eds.), *The oretical perspectives on autobiographical memory* (NATO ASI series D: *Behavioural and social sciences*: *Vol.* 65), Dordrecht, The Netherlands: Kluwer Academic, 1992, pp. 13 – 29.

② Conway, M., "Autobiographical knowledge and autobiographical memories," In Rubin, D. C. (ed.), *Remembering our past.* New York: Cambridge University Press, 1996, pp. 67 – 93.

③ Larsen, S. F., Thompson, C. P., & Hansen, T., "Time in autobiographical memory," In Rubin, D. C. (ed.), *Remembering Our Past*, 1996, New York: Cambridge University Press, pp. 129 – 156.

④ Christianson, S., & Safer, M. A., "Emotional events and emotions in autobiographical memories," InRubin, D. C. ed., *Remembering Our Past*, New York: Cambridge University Press, 1996, pp. 218 – 243.

⑤ 周颖：《对抗遗忘：媒介记忆研究的现状、困境与未来趋势》，《浙江学刊》2017 年第 5 期。

⑥ 邵鹏：《媒介记忆与历史记忆协同互动的新路径》，《新闻大学》2012 年第 5 期。

的记忆机制。①② 第二种指的是有关媒介的记忆（about the media），③可以是使用者对媒介的个体记忆，也可以是群体对某一媒介的共同记忆。前一种脉络的媒介记忆是社会记忆的组成部分，随着数字媒介的发展，范迪克（Van Dijck）建议使用中介记忆（mediated memories）的概念来阐释数字化时代人们存放在各种媒介上的记忆。④ 随着媒介化社会的发展，"记忆的媒介化"受到了越来越多的关注。而后一种脉络的媒介记忆面向"人与媒介的关系"，探究人的媒介使用与记忆，可以在社会记忆的不同维度展开。人们对媒介的记忆伴随使用媒介的过程，出现了电影记忆、电视记忆和互联网记忆等多种形态。这些媒介记忆不仅具有记录媒介历史的价值，而且折射着媒介所处的时代，以及媒介的社会效应。例如，在对老式家庭影片的怀念中，人们传递出对家庭仪式的向往。⑤ 当前，媒介记忆的研究以第一种路径居多，第二种路径的研究相对缺乏，即对有关媒介的记忆的研究显得不足。⑥⑦ 但是，随着媒介研究的繁盛，有关媒介自身的记忆的研究越来越引人关注。本书在第二种脉络上讨论媒介记忆。

从人与媒介的关系出发，探究人们的媒介使用与媒介记忆，是研

① Edgerton, G., "Television as historian: an introduction." *Film & History*, Vol. 30, No. 1, 2000, pp. 7 – 12.

② 李红涛:《昨天的历史　今天的新闻——媒体记忆、集体认同与文化权威》,《当代传播》2013 年第 5 期。

③ Neiger, M., Meyers, O., & Zandber, E., "On media memory: editors's introduction," In: Neiger, M., Meyers, O., & Zandberg, E. (eds.), *On Media Memory: Collective Memory in a New Media Age*, Basingstoke: Palgrave Macmillan, 2011.

④ Van Dijck, José., *Mediated memories in the digital age*, Stanford University Press, 2007.

⑤ Sapio, G., "Homesick for Aged Home Movies: Why Do We Shoot Contemporary Family Videos in Old-Fashioned Ways?" In: Niemeyer K. (eds.), Media and Nostalgia. Palgrave Macmillan Memory Studies, London: Palgrave Macmillan, 2014, pp. 39 – 50.

⑥ Turnbull, S., & Hanson, S. "Affect, upset and the self: memories of television in Australia," *Media International Australia Incorporating Culture and Policy*, Vol. 157, 2015, pp. 144 – 152.

⑦ 陈楚洁:《媒体记忆中的边界区分，职业怀旧与文化权威——以央视原台长杨伟光逝世的纪念话语为例》,《国际新闻界》2015 年第 12 期。

究媒介记忆的路径之一。身体实践与记忆的形成密切相关①，媒介记忆基于人们的媒介使用而形成，既保存与建构着人们使用媒介的经历与体验，又承载着人们对媒介的回忆与怀念。例如，在对 1960 年代的北京报纸的记忆中，读者为抢到一份"号外"报纸而"激动"与"自豪"。② 露天电影被认为映射着一代人对于看电影的美好回忆，③ 人们记住的"不只是电影里的故事，还有看电影的经历，在看电影中享受的激动与乐趣"。④ 在彩色电视时代，人们对于黑白电视怀有"美好的"记忆。⑤ 在网络传播时代，网友追忆早期的互联网应用与消逝的网站，⑥ 形成了互联网记忆。在很大程度上，过时的或死亡的媒介因被记忆而继续存在。

媒介记忆具有不可忽视的价值。其一，它有助于我们了解人们在"过去"使用特定媒介的情形，发掘人与特定媒介的互动过程，从而更好地理解人与媒介的关系，以及媒介使用的社会效应。其二，媒介记忆可以延续媒介的"生命"，可以从使用者角度书写媒介历史，是媒介历史的"入口"之一。通过研究媒介记忆，我们能够再现与阐释媒介的历史。其三，媒介历史是社会历史的映射，通过探究媒介历史可以洞察社会变迁的过程。因此，媒介记忆具有连接人群、媒介、社会与历史的意义，超越了技术与媒介使用的限制。由于媒介记忆的上述价值，它引起了越来越多的关注。

对媒介自身的记忆的研究主要沿着两种路径展开：一是有关媒介的记忆叙事，二是从物质性的角度保存与记忆媒介。其中，又以媒介的记忆叙事为主。此一脉络的研究关注受众对媒介的使用及其记忆，⑦

---

① 宋红霞：《看电视的方式及活动与集体记忆——以我和几个朋友组成的小集体为例》，《青年记者》2007 年第 8 期。

② 戴新华、邢少伟：《60 年代北京报纸记忆》，《北京纪事》2007 年第 5 期。

③ 金锐：《记忆深处的露天电影》，《云南档案》2016 年第 6 期。

④ 戴新华、邢少伟：《60 年代北京电影记忆》，《北京纪事》2012 年第 3 期。

⑤ 无声、刘生生、孙海：《电视机，承载深情的记忆》，《今日辽宁》2016 年第 2 期。

⑥ 吴世文、杨国斌：《追忆消逝的网站：互联网记忆、媒介传记与网站历史》，《国际新闻界》2018 年第 4 期。

⑦ 吴世文、杨国斌：《追忆消逝的网站：互联网记忆、媒介传记与网站历史》，《国际新闻界》2018 年第 4 期。

倾向于采取自下而上的视角与媒介文化史①②的路径，以弥补自上而下的媒介记忆研究的不足。③ 研究者们既将媒介视为集体的社会参与的产物，又关注使用媒介的个体对媒介的叙述与定义。④ 之所以关注个体的媒介叙述与定义，是因为个体记忆所传达的不仅是个体对所经历的过去的认识，也是个体对于自我的理解与认知。⑤ 个人记忆作为历史工具，构成了那些隐藏在"日常生活中经常看不见的历史"中的"零碎的"现实，因而个体的解释需要得到关注。⑥⑦

　　媒介记忆研究方面，成果较多的是关于电视记忆的研究。例如，马修斯（Matthews）研究在童年时期接触第一代有线电视和录像机的美国人的记忆发现，有线电视和录像机对塑造美国这一代人的自我认同有着长时期的影响。⑧ 布尔东（Bourdon）研究法国人看电视的记忆发现，电视对社会的影响既不是破坏性的，也不是总像大型"媒介事件"那样起着整合社会的作用。⑨ 相反，布尔东发现，电视的社会影响介乎以上两个极端之间。人们记忆中的电视，深深嵌入日常生活和

---

① Dhoest, A., "Audience retrospection as a source of historiography: Oral history interviews on early television experiences," *European Journal of Communication*, Vol. 30, No. 1, 2015, pp. 64 – 78.

② Bourdon, J., "Detextualizing: How to write a history of audiences," *European Journal of Communication*, Vol. 30, No. 1, 2015, pp. 7 – 21.

③ Penati, C., "'Remembering Our First TV Set'. Personal Memories as a Source for Television Audience History," *Journal of European Television History & Culture*, Vol. 2, No. 3, 2013, pp. 4 – 12.

④ Anderson, C., and Curtin, M., "Writing cultural history: The challenge of radio and television," In: Brügger, N., & Kolstrup, S. (eds.), *Media History: Theories, Methods, Analysis*, Aarhus: Aarhus University Press, 2002, pp. 15 – 32.

⑤ 邵鹏：《媒介作为人类记忆的研究——以媒介记忆理论为视角》，浙江大学博士学位论文，2014 年。

⑥ Penati, C., "'Remembering Our First TV Set'. Personal Memories as a Source for Television Audience History," *Journal of European Television History & Culture*, Vol. 2, No. 3, 2013, pp. 4 – 12.

⑦ Bourdon, J., "Detextualizing: How to write a history of audiences," *European Journal of Communication*, Vol. 30, No. 1, 2015, pp. 7 – 21.

⑧ Matthews, D., "Media Memories: The First Cable/VCR Generation Recalls Their Childhood and Adolescent MediaViewing," *Mass Communication and Society*, Vol. 6, No. 3, 2003, pp. 219 – 241.

⑨ Dayan, D., & Katz, E., *Media Events: The Live Broadcasting of History*, Harvard: Harvard University Press, 1992.

家庭生活，看电视是家庭生活的重要内容。①

　　媒介记忆是社会变迁的指标，但是针对特定媒介的记忆是复杂的。特恩希尔（Turnbull）和汉森（Hanson）指出，理解有关电视的记忆，不仅需要将其置于作为社会机构的家庭的情境中理解，而且需要基于更宽泛的日常生活场域解读电视记忆的形成。② 在记忆发生的过程中，有些因素会强化回忆者的记忆。例如，当发生了与看电视密切关联的事件（包括电视中的和日常生活中的，例如打断观看进程的事件）时，观众的电视记忆会更加深刻，而这些事件也容易被记起。③

　　互联网记忆是媒介记忆新近的研究话题，可以沿着媒介记忆的两种取径（即一是媒介作为社会记忆机制，二是将媒介作为记忆对象）开掘。在互联网作为社会记忆机制的研究中，研究者们关注数字记忆这一新议题。④ 当前，对互联网自身的记忆的研究尚处于探索发展阶段。与报纸记忆和电视记忆不同，人们可以在网络空间生产、表达与交流互联网记忆，"互联网"既是记忆对象，也是记忆工具和"记忆之所"。⑤ 互联网为自身记忆提供了便利，也有助于形成记忆社群与阐释社群。⑥ 不过，由于分散于网络空间中的记忆资料容易消逝或变得对研究者"不可见"（无法正常检索、获取与利用），因此，互联网记忆面临消逝的危险，⑦ 对其研究较为困难。这提醒我们及时保存互联

---

① Bourdon, J., "some sense of time: remembering television," *History & Memory*, Vol. 15, No. 2, 2003, pp. 5 –35.

② Turnbull, S., & Hanson, S., "Affect, upset and the self: memories of television in Australia," *Media International Australia Incorporating Culture and Policy* (157), 2015, pp. 144 –152.

③ Turnbull, S., & Hanson, S. "Affect, upset and the self: memories of television in Australia," *Media International Australia Incorporating Culture and Policy* (157), 2015, pp. 144 –152.

④ Reading, A., "Memory and digital media: six dynamics of the globital memory field," in: Neiger, M., Meyers, O., & Zandberg, E. (eds.), *On Media Memory: Collective Memory in a New Media Age*, Basingstoke: Palgrave Macmillan, 2011, pp. 241 –252.

⑤ ［法］皮埃尔·诺拉：《记忆之场——法国国民意识的文化社会史》，黄艳红等译，南京大学出版社2017年版。

⑥ 张志安、甘晨：《作为社会史与新闻史双重叙事者的阐释社群：中国新闻业对孙志刚事件的集体记忆研究》，《新闻与传播研究》2014年第1期。

⑦ Ben-David, A., & Huurdeman, H., "Web archive search as research: methodological and theoretical implications," *Alexandria*, Vol. 25, No. 1, 2014, pp. 93 –111.

网记忆档案并进行研究。

与报纸记忆和电视记忆一样，互联网记忆具有记忆者（网民）自传式记忆的性质。这是因为，个体的媒介记忆基于媒介使用而生成，是个体与媒介"交往"的产物，常常具有媒介传记与个体自传的双重性质。① 这意味着，不仅个体在记忆媒介时会不可避免地"代入"自身视角，赋予媒介记忆以记忆者自传的属性，② 而且媒介记忆包括个体对媒介的认知与理解。因此，我们可以透过网民的互联网记忆窥探他们对于互联网的认知与想象。网民是互联网的源头之一。Hauben 和 Hauben 在《网民：论新闻组网和互联网的历史与影响》一书中，从网民（"使用者"）的角度而不是网络"建造者"（"巫师"）的角度，探究了互联网的"草根"源头。③ 这提醒我们，互联网记忆研究需要回归对人/网民的研究，关注网民的记忆叙事和记忆实践。

互联网记忆是研究互联网历史可行而必要的路径。当前，从互联网记忆角度研究互联网历史，正在引起研究者们的关注。例如，艾伦（Allen）提出，可以通过考察网友对互联网的日常记忆来研究互联网历史。④ 吴世文、杨国斌从网民记忆的角度研究了消逝的中国网站。⑤ Horbinski 使用 50 余份口述历史的访谈资料，追溯了女性粉丝在 1990 年代使用互联网（主要是邮件列表）的历史。⑥ 当下，呼应互联网的快速发展，有必要推动互联网记忆研究，以丰富互联网历史研究，并保存"史料"。

---

① 吴世文、杨国斌：《追忆消逝的网站：互联网记忆、媒介传记与网站历史》，《国际新闻界》2018 年第 8 期。

② 吴世文、杨国斌：《"我是网民"：网络自传、生命故事与互联网历史》，《国际新闻界》2019 年第 9 期。

③ Hauben, M., & Hauben, R., *Netizens：On the history and impact of Usenet and the Internet*, CA：Los Alamitos, 1997.

④ Allen, M., "What was Web2.0？ Versions as the dominant mode of internet history," *New Media & Society*, Vol. 15, No. 2, 2012, pp. 260 –275.

⑤ 吴世文、杨国斌：《追忆消逝的网站：互联网记忆、媒介传记与网站历史》，《国际新闻界》2018 年第 4 期。

⑥ Horbinski, A., "Talking by letter：the hidden history of female media fans on the 1990s internet," *Internet Histories*, Vol. 2, No. 3 –4, 2018, pp. 247 –263.

近年来，媒介记忆研究（即对媒介的记忆）在国内引起关注。①②③ 其中，大众媒介和公众对新闻媒体与新闻人的记忆是热门话题。例如，郭恩强探讨了新闻界对《大公报》百年的纪念，④ 白红义考察报人江艺平退休的纪念话语，⑤ 陈楚洁探究媒体对前中央电视台台长杨伟光逝世的纪念，⑥ 李红涛剖析报业"黄金时代"以及记者节的媒体记忆，⑦⑧ 等等。不过，鲜少有研究涉及网民的参与和体验如何影响其数字记忆，网友如何记忆互联网等命题。

从方法论上讲，不同的记忆者及其所处的情境（包括记忆者的年龄、生活情境、情感倾向等），会导致记忆者形成对媒介的差别化记忆。⑨ 个体生命故事（life story）被越来越多地用来研究媒介记忆。⑩⑪ 个体生命故事的方法收集以第一人称讲述的连贯的故事，并将这些故事作为更为广泛的故事的片段探讨。⑫ 个体生命故事并不针对庞大的

---

① 李红涛、黄顺铭：《新闻生产即记忆实践——媒体记忆领域的边界与批判性议题》，《新闻记者》2015 年第 7 期。

② 岳广鹏、张小驰：《海外华文媒体对华人集体记忆的重构》，《现代传播》2013 年第 6 期。

③ 李明：《从"谷歌效应"透视互联网对记忆的影响》，《国际新闻界》2014 年第 5 期。

④ 郭恩强：《多元阐释的"话语社群"：〈大公报〉与当代中国新闻界集体记忆——以 2002 年〈大公报〉百年纪念活动为讨论中心》，《新闻大学》2014 年第 3 期。

⑤ 白红义：《新闻权威、职业偶像与集体记忆的建构：报人江艺平退休的纪念话语研究》，《国际新闻界》2014 年第 6 期。

⑥ 陈楚洁：《媒体记忆中的边界区分，职业怀旧与文化权威——以央视原台长杨伟光逝世的纪念话语为例》，《国际新闻界》2015 年第 12 期。

⑦ 李红涛：《"点燃理想的日子"——新闻界怀旧中的"黄金时代"神话》，《国际新闻界》2016 年第 5 期。

⑧ 李红涛、黄顺铭：《传统再造与模范重塑——记者节话语中的历史书写与集体记忆》，《国际新闻界》2015 年第 12 期。

⑨ Turnbull, S., & Hanson, S., "Affect, upset and the self: memories of television in Australia," *Media International Australia Incorporating Culture and Policy* (157), 2015, pp. 144 – 152.

⑩ Bourdon, J., "some sense of time: remembering television," *History & Memory*, Vol. 15, No. 2, 2003, pp. 5 – 35.

⑪ Bourdon, J., "Media remembering: the contributions of life-story methodology to memory/media research," In: Neiger, M., Meyers, O., & Zandberg, E. (eds.), *On Media Memory: Collective Memory in a New Media Age*, Basingstoke: Palgrave Macmillan, 2011, pp. 62 – 73.

⑫ Bourdon, J., "Media remembering: the contributions of life-story methodology to memory/media research," In: Neiger, M., Meyers, O., & Zandberg, E. (eds.), *On Media Memory: Collective Memory in a New Media Age*, Basingstoke: Palgrave Macmillan, 2011, pp. 62 – 73.

人群展开，而是在一个社会阶层、种族群体、特定专业群体或者性别群体中展开。① 该方法把使用媒介的行为放在受众/用户的日常生活中探讨，可以形成有关媒介的个人档案（personal archives）。这些档案是受众/用户的媒介传记（"media biographies" of audiences）。不过，目前有关媒介传记的研究尚有待发掘。② 这呼唤从媒介接收的角度（例如网友的角度）研究媒介记忆与互联网记忆。

由于媒介的社会渗透，媒介记忆连接了广泛的内容，是一个广阔的记忆场域。在这个意义上，媒介也是记忆之场。从根本上讲，媒介记忆呈现了人与媒介的关系，以及媒介所中介的人与社会、人与群体的关系，包括私人关系和公共关系等。这意味着，媒介记忆是一个"窗口"，透过媒介记忆可以"瞥见"广阔的社会图景。由于媒介是现代文明的指标，因此，透过媒介记忆可以"看见"现代文明的变迁，以及人与媒介的互动中所体现的文化因素。观照互联网的社会扩散与广泛使用，考察互联网记忆亦可以洞察互联网所中介的网民与社会、网民与群体的关系，以及网民与互联网互动所折射的社会变迁与文化因素。

第二节　媒介历史、互联网历史与社会记忆

媒介历史研究探究媒介自身演变的历史，以及它们与社会互动的历史，是历史研究和媒介研究越来越重视的领域。与历史研究的"记忆转向"相伴随，③ 记忆成为研究媒介历史的进路之一。记忆路径下的媒介历史研究包括物质性的记忆（例如媒介博物馆等）与历史叙事。历史叙事指的是，媒介使用者与社会记忆机构（政府或媒介等）

---

① Bourdon, J., "Media remembering: the contributions of life-story methodology to memory/media research." In: Neiger, M., Meyers, O., & Zandberg, E. (eds.), *On Media Memory: Collective Memory in a New Media Age*, Basingstoke: Palgrave Macmillan, 2011, pp. 62–73.

② Volkmer, I. (ed.), *News in Public Memory: An International Study of Media Memories Across Generations*, New York: Peter Lang, 2006.

③ 彭刚：《历史记忆与历史书写——史学理论视野下的"记忆的转向"》，《史学史研究》2014 年第 2 期。

对媒介历史的记忆与讲述。记忆路径下的媒介历史研究也是媒介记忆的一部分。[①]

在媒介历史研究中，报纸和电视是研究者关注较多的两类媒介。例如，郭恩强探讨新闻界对《大公报》百年的纪念，[②] 李红涛剖析报业"黄金时代"的媒介记忆。[③] 特恩希尔（Turnbull）和汉森（Hanson）将电视记忆置于作为社会机构的家庭的情境阐释。[④] 达里安－史密斯（Darian-Smith）和特恩希尔编辑了《记忆电视：历史、技术与记忆》一书，探讨电视在澳大利亚与新西兰的发展过程，以及电视影响社会的历史，研究人们对电视的记忆。[⑤]

那么，如何从记忆角度研究媒介？布尔东（Bourdon）指出，有必要把个体生命故事与媒介历史研究结合起来。这虽然有一定的难度，但是可以通过关注观众接收媒介的历史（a history of reception）来建立连接。[⑥] 媒介传记的方法在媒介历史研究中也有所应用。这是因为，媒介记忆因人们使用媒介而产生，关注个体与媒介的交往是题中之义。在这个意义上，媒介记忆既包括有关媒介的记忆，也是有关回忆者的记忆，具有媒介传记和回忆者自传的双重性质。基于媒介传记的视角，亨迪（Hendy）探讨了媒介从业者的个人生命史，[⑦] 勒萨热（Lesage）

① Neiger, M., Meyers, O., & Zandberg, E., "On media memory: editors'sintroduction," In: Neiger, M., Meyers, O., & Zandberg, E. (eds.), On Media Memory: Collective Memory in a New Media Age, Basingstoke: Palgrave Macmillan, 2011, pp. 1 – 2.

② 郭恩强：《多元阐释的"话语社群"：〈大公报〉与当代中国新闻界集体记忆——以2002年〈大公报〉百年纪念活动为讨论中心》，《新闻大学》2014年第3期。

③ 李红涛：《"点燃理想的日子"——新闻界怀旧中的"黄金时代"神话》，《国际新闻界》2016年第5期。

④ Turnbull, S., & Hanson, S., "Affect, upset and the self: memories of television in Australia," Media International Australia Incorporating Culture and Policy (157), 2015, pp. 144 – 152.

⑤ Darian-Smith, K., & Turnbull, S. (eds.), Remembering Television: Histories, Technologies, Memories, Cambridge Scholars Publishing: Newcastle Upon Tyne, 2012.

⑥ Bourdon, J., "Media remembering: the contributions of life-story methodology to memory/media research," In: Neiger, M., Meyers, O., & Zandberg, E. (eds.), On Media Memory: Collective Memory in a New Media Age, Basingstoke: Palgrave Macmillan, 2011, pp. 69 – 70.

⑦ Hendy, D., "Biography and the emotions as a missing 'narrative' in media history," Media History, Vol. 18, No. 3 – 4, 2012, pp. 361 – 378.

和纳塔利（Natalie）分别研究了作为有生命的媒介技术的传记。①② 勒萨热以 photoshop 为例研究指出，采用传记的方法把媒介视为事物或媒介物（media-things），能够从媒介考古学中获得启发。而媒介考古学的目标是"找出那些被遗忘的或藏匿的、从属的媒介话语、技术和实践"。③ 在分析媒介传记时，纳塔利进一步指出，"当我们试图讨论媒介变化的历史时，媒介诞生、成熟、衰老和死亡等生物节点和生活事件，常常被纳入叙事结构之中"。④ 因此，"通过与个人的生命故事类比，能够给媒介传记的概念提供关联与意义，并鼓励我们重新审视媒介在特定的历史叙事中如何成为一个一个的角色"。⑤

　　媒体只有通过"人的使用"的中介才能发挥社会影响力。威尔伯·施拉姆（Wilbur L. Schramm）等指出，媒介效果不是单纯的"媒体的影响"，而是"生活在一定环境中的人对媒体使用的结果"。⑥ 互联网因网民的使用而成为当下的"第一媒介"，因而，媒介、公众等社会行动者关于互联网的记忆是研究互联网历史的重要资料，社会记忆是研究互联网历史可行的路径之一。⑦ 网民是互联网的重要组成部分，网民的互联网记忆源于互联网使用，是互联网与社会互动的体现。因此，网民记忆是书写互联网历史的必要入口。特别是，对于那些消逝

---

① Lesage, F., "Cultural biographies and excavations of media: Context and process," *Journal of Broadcasting & Electronic Media*, Vol. 57, No. 1, 2013, pp. 81 – 96.

② Natalie, S., "Unveiling the biographies of media: On the role of narratives, anecdotes, and storytelling in the construction of new media's histories," *Communication Theory*, Vol. 26, 2016, pp. 431 – 449.

③ Lesage, F., "Cultural biographies and excavations of media: Context and process," *Journal of Broadcasting & Electronic Media*, Vol. 57, No. 1, 2013, p. 89.

④ Natalie, S., "Unveiling the biographies of media: On the role of narratives, anecdotes, and storytelling in the construction of new media's histories," *Communication Theory*, Vol. 26, 2016, pp. 431 – 449.

⑤ Natalie, S., "Unveiling the biographies of media: On the role of narratives, anecdotes, and storytelling in the construction of new media's histories," *Communication Theory*, Vol. 26, 2016, p. 435.

⑥ ［美］威尔伯·施拉姆、威廉·波特：《传播学概论》，李启、周立方译，新华出版社1984 年版。

⑦ 吴世文、杨国斌：《追忆消逝的网站：互联网记忆、媒介传记与网站历史》，《国际新闻界》2018 年第 4 期。

的互联网历史，网民记忆是最重要的"史料"。艾伦（Allen）批判了有关互联网发展阶段（Web 1.0、Web 2.0 等）的话语对网站历史研究的宰制，提出可以通过考察网友对互联网的日常记忆来研究互联网历史。[①]

媒介的诞生、死亡（即死亡媒介，"dead media"）分别形成了有关媒介的开端记忆与"死亡记忆"（或诞辰记忆），构成了人们记忆媒介的重要时间节点。这些节点是书写媒介历史的契机。布鲁格指出，周年纪念是吸引公众注意力的一种方式，它基于当下的语境重新评估过去以及过去对于今天生活的意义，从而提供了重建和支撑集体记忆的机会。[②] 基于互联网发展过程中的开端、节点或周年，可以帮助我们理解与连接过去的事件，书写互联网历史。

总之，社会记忆是研究互联网社会史的可行路径。目前，这一路径的研究尚没有得到应有的重视，有待开拓。互联网社会史归根到底是人/网民的历史，因而，可以从网民使用与网民记忆的角度切入研究互联网社会史。这也是继承中国传统史学、重视人的研究传统的努力。

社会记忆的主体是多元的，网民记忆和媒介记忆都是其记忆实践。从使用和网民记忆的视角，能够呈现网民的互联网使用经验、情感和故事，亦可以反映人们在互联网时代的精神生活。大众媒介对于互联网的记忆，折射互联网的公共记忆，也是互联网社会史研究可以利用的资料。此外，社会记忆是收集互联网研究史料（"网络档案"）的一种方法。因此，社会记忆是本书的理论框架，也是本书收集资料的方法。当然，社会记忆的视角也存在一些限制。例如，社会记忆常常突出了某些重要的节点、人物与事件，书写的是"点块式"而非连续性的历史，存在割裂互联网历史的连续性的危险。这些局限是本书将反思的问题。

需要指出的是，互联网社会史、互联网文化史和互联网观念史研究在当下尤为匮乏。本书从社会记忆角度出发，聚焦探究互联网的社会史。不过，关于何谓社会史，一直是一个众论纷争的问题。因为社

---

① Allen, M., "What was Web 2.0? Versions as the dominant mode of internet history," *New Media & Society*, Vol. 15, No. 2, 2012, pp. 260-275.

② Brügger, N., "Introduction: The Web's first 25years," *New Media & Society*, Vol. 18, No. 7, 2016, pp. 1059-1065.

会概念的笼统性与模糊性，社会史的概念也较为模糊。总的来看，社会史的概念之争在我国主要体现为广义和狭义之争。① 广义论者认为，社会史是建立于各种专门史之上的总体史或通史，可以再现人类社会过去的全部历史。而狭义论者认为，社会史应当以社会生活的历史作为研究对象。两种不同取径的定义虽有论争，但是研究者认同：社会史的总体取向是关注民间与民众，重视自下而上的研究，② 注重日常生活研究与常人方法论，关注人的能动性行为与社会结构的"相互建构"。③ 在这个意义上，社会史可以作为方法论，提供一种自下而上的研究视角。④ 因此，赵世瑜认为，社会史应当被理解为一种"新的史学范式"，而不是一个学科分支。⑤

目前，生态社会史（亦被称为"环境史"，强调环境与社会相互关系的历史）、医疗社会史、城市社会史都引起了越来越多的关注。媒介社会史既关注媒介作为一种生活方式，又关注媒介与社会的互动，常常作为一种"批判的武器"被论及。早在 1982 年，詹姆斯·凯瑞（James W. Carey）以美国为例指出，批评大众媒介的社会历史研究十分稀少。⑥ 后来，舒德森写就名作《发掘新闻：美国报业的社会史》，⑦可谓是对此作出了"回应"。后来，Lyn Gorman 和 David McLean 的《大众媒介社会史》也广为流行，⑧ 拓展了媒介社会史的研究。

互联网社会史在一般意义上是媒介社会史的分支，它在狭义上使用社会史的概念。Rosenzweig 认为，我们需要在传记、官僚主义、意识形态三个维度之外，增进社会史和文化史视角的互联网

① 周晓虹：《试论社会史研究的若干理论问题》，《历史研究》1997 年第 3 期。
② 赵世瑜、邓庆平：《二十世纪中国社会史研究的回顾与思考》，《历史研究》2001 年第 6 期。
③ 周晓虹：《试论社会史研究的若干理论问题》，《历史研究》1997 年第 3 期。
④ 行龙：《"自下而上"：当代中国农村社会研究的社会史视角》，《当代中国史研究》2009 年第 4 期。
⑤ 赵世瑜：《再论社会史的概念问题》，《历史研究》1999 年第 2 期。
⑥ 张军芳：《报纸是"谁"：美国报纸社会史》，中国传媒大学出版社 2008 年版，第 5 页。
⑦ ［美］迈克尔·舒德森：《发掘新闻：美国报业的社会史》，陈昌凤、常江译，北京大学出版社 2009 年版。
⑧ Gorman, L., & McLean, D., *Media and society in the twentieth century: an historical introduction*, Oxford: John Wiley and Sons Ltd, 2002.

历史研究。①"中国互联网"生于"中国"，长于"中国"，反映和折射中国社会，是中国社会转型发展的重要变量之一。记录、理解、反思中国社会在当下的转型发展，离不开对互联网历史的考察，而互联网社会史在互联网历史中占有重要地位。同时，可以将研究社会史作为方法，以考察更大范围的互联网历史以及互联网与中国社会的互动，二者并不冲突。后一取径的研究具有"新社会史"的意味。

当前，中国互联网的社会史尚处于探索发展阶段，其重要性与意义亦未得到充分的阐释。社会史包括的内容十分广泛，而社会记忆是社会史研究的可行路径。本书探究中国互联网的社会史，既关注互联网与中国社会相互建构的历史，又采取自下而上的网民视角，因而选择了社会记忆的视角切入，探究网民的互联网使用及其过程。在本书中，社会史既是研究对象，又是研究方法和研究视角。不过，鉴于社会史概念的复杂性及其存在的论争，本书在一些论述中未直接使用社会史的概念，而是笼统地使用了互联网历史的概念。因此，在某种程度上，本书是社会史取向的互联网历史研究。记忆是社会史研究的方法与路径之一，越来越受到"新社会史"研究的青睐。本书论及的社会记忆主要指的是官方、媒体、公众（以网民为代表）等的记忆。其中，网民记忆可以呈现网民使用互联网的体验、经历、情感与故事，能够书写他们使用互联网的过程以及互联网的社会扩散过程。透过网民的记忆，可以研究网民，从而回归对人的研究。

第三节　本书的研究问题、研究内容与研究方法

一　本书的研究问题

本书聚焦研究如下五个相互关联的问题：

1. 社会记忆视角下中国互联网的总体历史呈现何种面相？

2. 我国网民有何群体性特征，经历了何种变迁过程，其变迁受到

---

① Rosenzweig, R., "Wizards, Bureaucrats, Warriors, and Hackers: Writing the History of the Internet," *The American Historical Review*, Vol. 103, No. 5, 1998, pp. 1530–1552.

哪些因素影响？

3. 在网民的个体记忆中，其使用互联网的历程为何，受到何种因素影响？网民与互联网互动的过程在记忆中如何呈现？

4. 在网民的记忆中，重要的互联网应用（例如 BBS、网站、QQ 等）有何发展变迁过程，网民如何与它们互动？

5. 如何丰富和发展互联网历史与互联网记忆的理论，如何发展中国的互联网历史？

二　研究思路与研究内容

本书的研究思路如下：第一，基于现象分析和文献梳理，提出总体的研究框架。第二，从总体历史的角度，探究媒介记忆的中国互联网的三十年历史。第三，聚焦记忆主体（网民）的特征及其历史演变，并探究网民互联网使用的历程及其影响因素。第四，基于社会记忆资料的可获得性，以及互联网应用形态的重要性，侧重探究网民对 BBS、网站以及 QQ 的记忆，透过网民记忆探究这些应用与网民的互动过程。第五，总结全书，并进行必要的理论反思。

本书各章节的内容如下：

导论从分析现象入手，阐述了互联网历史研究的动态、主题、史料、方法与理论等问题，并思考了中国互联网历史研究的面相与路径。

第一章"互联网历史学的兴起，发展动态与研究路径"，是基础研究，梳理国内外互联网历史研究的现状，分析研究趋势，并介绍了本书的理论、问题与方法。

第二章"中国互联网三十年历史的媒体记忆与多元想象"，从媒介记忆角度探究中国互联网的总体历史。基于传统媒体和网络媒体记忆中国互联网 10 年、20 年与 30 年（"节点记忆"）的文章（共计 183 篇），探究媒体记忆如何追忆中国互联网历史的两个开端？"节点记忆"建构了何种中国互联网的总体历史，以及如何建构的？

第三章"中国网民的'群像'及其历史演变"，基于 CNNIC 于 1997—2018 年发布的 43 份《中国互联网络发展状况统计报告》，结合国家统计局与世界银行公布的相关数据，描绘二十年来中国网民的集体画像及其变迁，并从历史角度解释这些变迁，阐释中国互联网的扩散过程及其影响因素。

第四章"网民的互联网使用、网络自传与生命故事"，基于 224 份网络自传，利用生命故事方法探索网民使用互联网的历史，阐释互联网使用之于个体的意义，从而自下而上地研究与书写中国互联网的社会史。

第五章"BBS 记忆：追溯中国 BBS 的文化与遗产"，聚焦网友的 BBS 记忆叙事，基于 329 篇记忆文章和 413 个微博，探讨网友如何记忆 BBS 以及记忆中的 BBS 为何等问题。

第六章"消逝的网站及其记忆：媒介传记与网站历史"，以追忆消逝的网站作为切入点研究网友对网站的记忆。消逝的网站及其记忆是媒介研究和互联网历史研究尚未开拓的话题，本章首次关注该话题，以集体记忆和媒介传记作为理论资源，通过分析 250 余篇/节网友回忆、277 个消逝的网站的文章，探究网站何以"消逝"，网友如何记忆，以及记忆的主题等问题。

第七章"QQ 记忆中的媒介、情感与社交关系"，聚焦研究"QQ 一代"的 QQ 记忆，以发掘 QQ 使用的社会史。媒介使用可以成为一代人的身份标签，而随着不再使用 QQ 或不再沿用过去的方式使用 QQ，"QQ 一代"开始追忆 QQ，形成了一种有趣而重要的社会文化现象。本章从媒介记忆与技术怀旧视角出发，基于网友的 307 篇 QQ 记忆叙事，探究网友为何记忆 QQ，记忆主题为何以及如何记忆等问题。

第八章"中国互联网历史研究及其想象"是全书的总结和理论探讨，阐述了社会记忆视角对互联网历史研究的贡献，并从理论层面对互联网记忆与互联网历史研究进行了反思，指出了未来的研究方向及多种可能性。

三　研究方法与技术路线

根据研究需要，本书采取的研究方法如下（在后文具体的章节中，本书还将阐述方法的具体使用）：

1. 个案研究与跨案例研究法。针对网友对 QQ、重要的 BBS 等互联网应用形态的记忆，开展个案研究，探讨网友记忆的主题、记忆类型、记忆方式等，并开展跨案例比较分析。

2. 内容分析法与文本分析法。内容分析法是"一种对显明的传播内容进行客观、系统和定量描述的研究方法"，[①] 而文本分析法是对文本或话语进行定性分析的方法。本书结合定量的内容分析与定性的文本分析，对网络自传、网友记忆、个体使用史的文本进行系统分析与阐释。此书采用了质性资料分析工具（如 Nvivo），对收集的资料进行辅助分析。

3. 生命故事（life-story）法。生命故事法利用个体的生命故事或生命历程作为线索来收集研究资料和开展分析。本书采取生命故事法，邀请网友撰写个体使用互联网的历史（即"网络自传"），然后基于这些资料阐述互联网使用之于个体的意义。

为实现本书的研究目标，笔者结合研究问题，采取了如下技术路线：

1. 多方搜索网友记忆 BBS、网站、QQ 等互联网应用形态与应用场所的资料，阐述网友对互联网应用形态与应用场所的记忆。

2. 邀请网友（包括互联网"原住民"和"移民"）分别撰写他们各自使用互联网的历史，获取网友使用互联网及其使用过程的资料，进而分析（采用了质性资料分析软件工具）网友的互联网使用过程及其变迁。

3. 收集网络空间中网友记忆消逝的网站的资料，基于媒介传记和媒体记忆的视角探究消逝的网站历史。

4. 对收集的资料进行内容分析与文本分析，发掘中国互联网的总体历史线索、应用形态的发展历史以及个体使用互联网的历史。

5. 参考《中国互联网络发展状况统计报告》等研究报告或档案资料，从中分析出网民的结构数据，辅助对网友记忆、个体使用史进行分析。

---

① Berelson, B., *Content Analysis in Communication Research*, New York：Free Press，1952. 转引自［美］迈克尔·辛格尔特里《大众传播研究：现代方法与应用》，刘燕南等译，华夏出版社 2000 年版，第 273 页。

第二章

中国互联网三十年历史的
媒体记忆与多元想象

本章从媒介记忆的角度，切入探究中国互联网的总体历史。传统媒介和网络媒介在中国互联网 10 年、20 年与 30 年追忆中国互联网的发展历史，形成了"节点记忆"。本章以这些关于中国互联网的"节点记忆"作为素材研究发现：媒介记忆给中国互联网颁发了两张"出生证"（分别是 1994 年和 1987 年），建构了相互争夺与相互协商的"开端记忆"。媒介以隐喻的方式追忆时间上的"多个中国互联网"，体现了中国互联网的复杂性与丰富性，也反映出人们认知的演变。媒介记忆强化了中国互联网历史的某些线索，正在发掘其"传统"，但是可能遮蔽了中国互联网其他的历史线索。[①]

第一节 问题的提出与研究设计

一 问题的提出

多元社会记忆主体与记忆机制正在建构中国互联网历史。这些记忆发生于不同的时间节点。例如，周年与纪念、记忆紧密联系。泽利泽（Barbie Zelizer）等认为媒介在集体记忆中具有类似"仓

---

① 本章部分内容和何屹然发表于《新闻与传播研究》2019 年第 9 期（《中国互联网历史的媒体记忆与多元想象——基于媒介十年"节点记忆"的考察》）。

库"的功能，① 而周年纪念作为"记忆物品"能够帮助人们回想过去。② 周年新闻报道作为记者的常规选题框架，卡罗琳·凯奇（Carolyn Kitch）认为它们可以吸引读者参与回顾历史。例如，唤起并创造人们的国家记忆。③ 媒介记忆还跟媒介发展或媒介参与建构的历史节点有关。例如，"9·11 事件"10 周年报道，通过图像构建了"9·11事件"的记忆叙事。④

媒介在中国互联网发展的 10 年、20 年与 30 年节点追忆其发展历史，形成了"节点记忆"，塑造着中国互联网历史及其公共记忆。媒介记忆包括传统媒介的记忆与网络媒介的记忆，通过记忆性报道或专题回顾展开。本章探究传统媒介与网络媒介如何记忆中国互联网三十年的发展历史。之所以选择媒介记忆，主要是因为：一是媒介记忆具有一定的规模，而且比较集中地追忆了中国互联网发展的历史过程。二是媒介记忆塑造公共记忆。大众媒介是当代的"公共历史学家"并垄断了对过去的建构，⑤ 它们可以运用选择性记忆或遗忘的机制来塑造集体记忆。这意味着，媒介记忆会影响人们对中国互联网的认知。

10 年（1994—2004 年）记忆主要发生在 2004—2005 年，20 年（1994—2014 年）记忆主要发生在 2014—2015 年，30 年（1987—2017年）记忆主要发生在 2017 年。10 年与 20 年记忆的起点都是 1994 年，但是 30 年记忆的起点变成了 1987 年。这意味着，媒介记忆中出现了中国互联网历史的两个起点，形成了两个"开端记忆"。两个历史起点的意义不同，映射社会记忆对互联网的不同认知。因此，本章提出

---

① Zelizer, B., Glick, M., Gross, L., Sankar, P., Schudson, M., & Snyder, R., "Reading the past against the grain: The shape of memory studies," *Critical Studies in Mass Communication*, Vol. 12, No. 2, 1995, pp. 214 – 239.

② Meyers, O., "Memory in journalism and the memory of journalism: Israeli journalists and the constructed legacy of HaolamHazeh," *Journal of Communication*, Vol. 57, No. 4, 2007, p. 20.

③ Kitch, C., "Anniversary journalism, collective memory, and the cultural authority to tell the story of the American past," *Journal of Popular Culture*, Vol. 36, No. 1, 2010, pp. 44 – 67.

④ Britten, B., "Putting memory in its place," *Journalism Studies*, Vol. 14, No. 4, 2013, pp. 602 – 617.

⑤ Edgerton, G., "Television as historian: An introduction," *Film & History*, Vol. 30, No. 1, 2000, pp. 7 – 12.

如下研究问题：媒介记忆如何追忆两个互联网历史的中国起点？"节点记忆"建构了何种中国互联网历史景观，以及如何建构？

10 年的节点记忆提供了从公共记忆角度研究互联网历史的契机，本章从媒介记忆角度考察中国互联网三十年的历史，有助于增进我们对中国互联网发展进程及其复杂性、丰富性的理解。在互联网历史亟须拓展的当下，本章的研究可以丰富有关互联网历史与媒介历史的研究，而分析媒介记忆建构中国互联网历史的过程，则有助于我们理解媒介记忆的选择性与多元性。

二 资料收集与分析方法

本章收集资料的方法与过程如下：第一，在 2017 年 12 月 10 日至 17 日使用关键词"互联网 10 年/十年、互联网 20 年/二十年、互联网 30 年/三十年"于百度、搜狗、豆瓣小组、慧科新闻数据库中分别检索，百度、搜狗、豆瓣小组翻页直至没有新的内容出现，慧科新闻数据库获取了全部的样本。在 2018 年 11 月 8—9 日按此方法补充检索了 30 年的记忆样本。

第二，选取内容为记忆中国互联网 10 年、20 年与 30 年的文章，仅有"十年"标题的，则根据其内容来判断记忆的时间段。例如，《中国互联网十年飞速发展盛产"商业偶像"》①归为对 20 年的记忆。

第三，整理和筛选资料，将不属于记忆或主题不清晰，篇幅较短的样本剔除。最终获取节点记忆文章共 183 篇，10 年记忆 37 篇，20 年记忆 56 篇，30 年记忆 90 篇。传统媒介的记忆来自《中国经济时报》《人民日报》《金融时报》《青年时报》《海南日报》《南方都市报》《北京晨报》《重庆晨报》，以及中央电视台等。网络媒介的纪念性文章或专题包括"中关村在线"网站推出的"互联网 20 年"、新浪网组织的专题"互联网这十年"等，以及千龙网、国际在线、亿邦动力、太平洋等网站刊载的纪念文章。本章将传统媒介的记忆文本与新

---

① 《中国互联网十年飞速发展盛产"商业偶像"》，《中国经济周刊》2014 年 1 月 6 日，http://www.ceweekly.cn/2014/0106/72852.shtml，最后浏览日期：2018 年 12 月 20 日。

媒介中的记忆文本作为公共记忆文本同等对待。

　　本章主要采用文本分析法分析收集的资料，并辅以词频分析。词频分析常用于分析某一研究领域或研究话题的"热点"及其走势[①]，近年来也被用于辅助分析媒介内容。[②] 本章使用 ROST 工具分别对三个 10 年节点的记忆文本进行词频统计，去除无意义的词语后，分别选取出现频次在前 40 的词汇（经测试，前 40 个词语的出现频次符合集中分散的二八定律[③]）进行可视化呈现，然后进行对比分析。

第二节　中国互联网的"开端记忆"及其建构

　　开端记忆追忆的是历史的起点，关乎历史的长与短、正统与非正统等问题。开端与对被记忆对象的认同以及记忆自身的合法性密切相关。李红涛和黄顺铭在对记者节集体记忆的研究中提出，"开端记忆"的作用在于建构一种"神圣性"，以此作为节日合法性的基础。[④] 那么，如何塑造开端记忆的合法性？阿莱达·阿斯曼认为，通过"重访记忆之地"和"亲历者的叙述"构建一个"回忆空间"，[⑤] 可以塑造开端记忆并使其合法化[⑥]。因此，"开端"是记忆的重要节点，也因其重要性而常常引起记忆的争夺。本章注意到，媒体记忆了中国互联网历史的两个开端，分别是 1994 年和 1987 年。早期的互联网记忆一直把 1994 年作为中国互联网的开端，10 年记忆和 20 年记忆均以其作为

---

　　① 李建伟、林璐：《2017 年编辑出版学十大热点研究关键词——基于 2017 年编辑出版学学术论文关键词词频分析》，《中国编辑》2018 年第 8 期。

　　② 欧阳明、刘英翠、董景娅：《文本引用与词频寓意：对中法美"莫言获奖"报道的框架分析》，《国际新闻界》2014 年第 7 期。

　　③ 刘晓波：《我国图书馆学研究热点及趋势：基于关键词共现和词频统计的可视化研究》，《图书情报工作》2012 年第 7 期。

　　④ 李红涛、黄顺铭：《传统再造与模范重塑——记者节话语中的历史书写与集体记忆》，《国际新闻界》2015 年第 12 期。

　　⑤ ［德］阿莱达·阿斯曼：《回忆空间：文化记忆的形式和变迁》，潘璐译，北京大学出版社 2016 年版。

　　⑥ 周雅：《媒介记忆中的"广播传奇"，人民广播的怀旧叙事与集体记忆》，媒介、记忆与历史工作坊，武汉，2018 年。

历史起点。但是到了 2017 年，1987 年的起点被凸显出来，成为中国互联网 30 年记忆的开端。

一 1994 年的开端记忆

在媒体对中国互联网 10 年和 20 年的历史记忆中，1994 年是明确的"开端"。彼时的记忆叙事是，"1994 年 4 月 20 日，当时的国家计委利用世界银行贷款重点学科项目 NCFC（National Computing and Networking Facility of China）工程的 64K 国际专线开通，实现了与 Internet 的全功能连接。这是中国被国际上正式承认为真正拥有全功能 Internet 国家的标志性事件"。[①] 诸如此类的表述存在于多个记忆文本中。比较发现，媒体记忆将 1994 年作为中国互联网的开端，侧重凸显两个关键词：一是"全功能接入"，1994 年中国互联网在"物理上全功能接入"[②] 国际互联网，与世界"连接"。二是"国际承认"，1994 年中国互联网接入了 Sprint 公司连入 Internet 的 64K 国际专线，第一次"与国际互联网接轨"[③]，从而成为"国际上第 77 个正式真正拥有全功能 Internet 的国家"[④]。媒体记忆的明确日期以及国际认同的"加持"，坐实了 1994 年作为中国互联网历史的"元年"。

后来，在 20 年节点记忆中，媒体对 1994 年的追忆运用了隐喻与故事。例如，"回到 1994 年中国加入国际互联网的那个节点，就像一只在南美热带雨林中的蝴蝶扇动了几下翅膀"[⑤]。媒体记忆将中国接入国际互联网隐喻为"蝴蝶效应"，以阐释此后互联网对中国社会的巨

---

① 《南方周末：互联网经济 10 年凉热（1994—2004）》，新浪科技，2004 年 4 月 22 日，http://tech.sina.com.cn/i/w/2004-04-22/0849352828.shtml，最后浏览日期：2018 年 12 月 20 日。

② 《社科院专家建议将 4 月 20 日设立为"中国互联网日"》，搜狐 IT，2004 年 4 月 17 日，http://it.sohu.com/2004/04/17/75/article219867527.shtml，最后浏览日期：2018 年 12 月 20 日。

③ 《中国互联网 20 年：一幅幅勾起回忆的画面！》，太平洋电脑网，2014 年 4 月 23 日，http://www.pconline.com.cn/market/465/4657797_1.html，最后浏览日期：2018 年 12 月 20 日。

④ 《中国互联网二十年脉动》，观察与思考，2007 年 12 月 17 日，http://www.360doc.com/content/07/1222/22/25069_917165.shtml，最后浏览日期：2018 年 12 月 20 日。

⑤ 《盘点中国互联网 20 年消失的热词你还记得那些？》，搜狐新闻，2014 年 4 月 24 日，http://news.sohu.com/20140424/n398724719.shtml，最后浏览日期：2018 年 12 月 20 日。

大影响。媒体记忆讲述了中国接入互联网的故事，"1994 年 4 月，正值美国华盛顿樱花绽放的季节，有一位中国科学家，为了一个渴望绽放的梦想而来。她就是时任中国科学院副院长的胡启恒。胡启恒利用此次参加中美科技合作联委会的机会，找到了美国自然科学基金会负责互联网对外合作的斯蒂芬·沃尔夫。两人一交谈，沃尔夫就笑了，他很爽快地说：'你回去就可以开通了。'沃尔夫所说的'开通'，指的正是中国互联网。就这样，在得到国内高层批准后，中国于 1994 年 4 月 20 日，正式接入国际互联网"。[①] 这些记忆叙事呈现了 1994 年的趣事与细节，使 1994 年成为丰满的、有血有肉的"中国互联网元年"。

二　1987 年的开端记忆

在 30 年的媒体记忆中，媒体把 1987 年作为中国互联网的开端进行追忆。"1987 年，在德国专家的协助下，卡尔斯鲁厄大学收到了一封来自中国的电子邮件。这是中国人发出的第一封 E-mail，被认为是中国互联网发展的开端。1987—2017 年，中国互联网 30 年，已经深刻地改变了我们的社会形态和日常生活。"[②] 将 1987 年追忆为中国互联网的元年，主要的理由是，中国人发出了第一封电子邮件，"是西方世界第一次通过互联网听到中国的声音"。[③] 中国通过互联网让世界知晓了自身的存在，"揭开了中国人使用互联网的序幕"。[④] 这区别于也早于 1994 年的"全功能接入"。

媒体记忆为坐实"1987 年"这一开端，不仅注重呈现细节，对当

---

① 《中国接入互联网二十年，一根网线改写中国》，《人民日报》（海外版）2014 年 4 月 18 日，http：//paper. people. com. cn/rmrbhwb/html/2014 - 04/18/content_1416396. htm，最后浏览日期：2018 年 12 月 20 日。

② 《互联网 30 年挖坟记：那些"死"在 MSN 里的朋友，你们好吗？》，新周刊，2017 年 11 月 28 日，http：//suo. im/6oaBAs，最后浏览日期：2018 年 12 月 21 日。

③ 《致敬中国互联网 30 周年：所有的伟大，源于一个勇敢的开始》，极客公园，2017 年 12 月，http：//www. geekpark. net/zhuanti/cadillac/，最后浏览日期：2018 年 12 月 21 日。

④ 《写在互联网 30 年：不看看这些图片你都不知道你有多老》，搜狐科技，2017 年 12 月 5 日，http：//www. sohu. com/a/208598098_381121，最后浏览日期：2018 年 12 月 21 日。

时的历史进行细致的描述，而且补充了当事人的回忆，① 并用"互联网历史考古"的方法发掘了当时的邮件往来，② 以增进真实性与可信度。之前也有零星的文章提到 1987 年的开端问题，但是没有明确把它作为中国互联网历史的起点。根据媒体记忆的表述，之前的文章还有错误，不应只将钱天白教授作为 1987 年发出第一封邮件的"操作者和见证人"。因此，媒体在 2017 年追忆 1987 年的历史起点时，特别指出了这些错误并进行更正。例如，"北京周报网"的文章追忆道："1987 年 9 月 14 日，在德国卡尔斯鲁厄大学维纳·措恩（Werner Zorn）教授的帮助下，王运丰教授和李澄炯博士等中国科学家在北京计算机应用技术研究所（ICA）建成一个电子邮件节点，用英文和德文向德国发出了中国第一封电子邮件。……30 年后，我们很难想象，中国的第一封电子邮件，用了将近一周的时间，才于北京时间 1987 年 9 月 20 日 20 时 55 分送达地球另一边的德国卡尔斯鲁厄。"③ 该文将钱天白教授首发邮件修正为"王运丰教授和李澄炯博士等中国科学家共同发送"，并通过图片呈现的"现场"塑造了新的"回忆空间"。

30 年节点的媒体记忆修改了中国互联网的"出生证"，明确把 1987 年作为中国互联网历史的"开端"，是对中国互联网历史起点的"再度发明"。它明确了中国互联网 30 年的历史，亦拉长了中国互联网历史。

1987 年和 1994 年的记忆建构了两个"开端"，给中国互联网颁发了两张"出生证明"。具体到两个"开端"来说，1987 年与 1994 年体现了不同的历史建构。对 1987 年的追忆主要从技术和考古的角度展开，而有关 1994 年的记忆主要从国际承认以及"全功能连接"的角

---

① 《科技日报》在 2017 年采访了 1987 年该项目的负责人阮任成，同时也援引了时任中国科学院计算所所长李澄炯的采访/回忆录，追溯了当时第一封邮件发送时的具体场景。

参见《中国互联网：越过长城，走向世界！回望中国第一封电子邮件发出 30 年》，《科技日报》，2017 年 9 月 18 日，http：//suo. im/698bWm，最后浏览日期：2018 年 12 月 21 日。

② 《中国互联网：越过长城，走向世界！回望中国第一封电子邮件发出 30 年》，《科技日报》，2017 年 9 月 18 日，http：//suo. im/698bWm，最后浏览日期：2018 年 12 月 21 日。

③ 《中国互联网 30 年大事记》，北京周报，2017 年 9 月 20 日，http：//www. beijingreview. com. cn/keji/201709/t20170920_800105024_2. html，最后浏览日期：2018 年 12 月 21 日。

度进行。在某种程度上，1987 年的开端记忆注重互联网使用，而 1994 年的开端记忆更强调技术，具有技术史的偏向。不过，媒体对 1987—1993 年互联网的历史记忆少之又少，并没有呈现连续的互联网历史。在这个意义上，1987 年成为"飞来之点"，是建构也是解构。

第三节　十年"节点记忆"的主题
与多元互联网想象

十年是人们常去纪念的"节点"，全球皆然。例如，2015 年，全球各地隆重纪念世界反法西斯战争胜利 70 周年。在中国，人们会庆祝小孩的十周岁，老人的六十寿诞，组织或共同体成立的九十周年，等等。这种庆祝或纪念对个体与群体具有重要的文化意义。十年也是媒介进行纪念报道的"热点时刻"，是媒介建构过去的重要时间节点。例如，改革开放四十周年等。重要的时间节点对于媒介也是重要的，因为它们是新闻媒介"正当的""合理的"新闻由头。[①] 10 年、20 年与 30 年是媒介记忆中国互联网的契机，也因此成为网友共享的"日子"。基于本章收集的资料发现，媒介在 3 个 10 年的节点记忆中发掘了中国互联网历史的不同主题，并从不同的角度以"隐喻"的方式界定中国互联网。

一　10 年记忆的主题及其互联网想象

媒介的 10 年记忆主要发生在 2004—2005 年，记忆的是中国互联网的第一个十年（1994—2004 年）。基于对十年记忆文本的词频分析和可视化处理发现（见图 2-1），十年记忆的主题首先侧重技术，记忆"技术"的"发展"，"网站"的出现/使用和"计算机"的进化/扩散，"域名"的建立和"美国"专线的接入等，"黑客"也随之出现。其次是侧重互联网"经济"，记忆文本追忆以"新浪""搜狐"为代表的"门户

---

① 李红涛：《昨天的历史　今天的新闻——媒体记忆、集体认同与文化权威》，《当代传播》2013 年第 5 期。

网站"的"发展"，以及"上市"企业的商业"模式"。"市场"、"网民"（作为新社会群体）与"游戏"也以较高的频率出现。

图2—1 十年记忆文本词频分析

这意味着，媒介的十年记忆关注中国互联网第一个十年的发展过程与成绩，尤其是技术与互联网经济的发展。媒介在具体表述中使用了"高速发展""跨越侏罗纪""惊人发展""10年进化史"等话语，透着一种线性发展观。对于2000—2001年中国互联网经济的曲折（行业"泡沫"破灭），媒介记忆使用了"在疯狂中浮沉""浴火重生"等话语，呈现了中国互联网经济发展的不易与坚韧。

十年记忆希望为中国互联网的发展定位，认为中国互联网"回归理性""走向成熟""已步入正轨""修成正果"。例如，"回首中国互联网的发展，难以忘记那场刻骨铭心的产业劫难——不切实际的虚幻和浮躁，几乎毁灭了这个生机勃勃的行业。如今，站在互联网十年的高点上，我们深感欣慰的是——走过了生死劫的一代互联网人终于摒弃了盲目和浮华，重新走上理性、务实的轨道。产业主体的成熟，为互联网的起飞提供了思想基础"。①

这些记忆以总结成就为主线，肯定中国互联网的发展，具有庆典

---

① 《回首中国互联网发展：回归理性，浴火重生》，新浪科技，2004年9月1日，https：//tech. sina. com. cn/i/w/2004－09－01/1511416689. shtml？from＝wap，最后浏览日期：2018年12月21日。

的性质。

十年记忆使用"革命"的隐喻界定互联网，认为互联网是一场技术革命，是"新技术驱动下的产物"，① 是"改变人类社会传递信息方式的革命性产品"，② 是"变革中的新力量"③ 与"传统行业颠覆者"④。同时，互联网正在掀起广泛的革命，"新浪科技"2002 年刊载的文章写道："第二个意义上的互联网革命比第一个意义上的互联网革命要广泛、深刻得多，如果说有一场互联网革命存在的话。而且，这场革命从一开始就从来没有放慢过速度。"⑤ "革命"的隐喻旨在凸显互联网带给中国社会的改变。

互联网还是媒介记忆中的"江湖"。⑥⑦ 这个江湖是商业的"江湖"，"是春秋也是战国"，"上市"和并购是"圈地运动"，"电子商务、搜索引擎、网络游戏、即时通信"是道具。⑧ 既然是"江湖"，那么，各路"掌门人"也随之登场。"时至公元 1995 年到 2005 年，当年的春秋盛景却在中国互联网业再现。'春秋五霸'们的攻城略地演变成了互联网四大道具的造钱运动，而作为'新商人'的中国网商则成为这一颠覆性剧目的主角。"⑨ "江湖"的隐喻呈现了互联网商业发展

---

① 《胡道元教授讲述中国技术员 RC1922 标准的故事》，搜狐 IT，2004 年 4 月 20 日，http://it. sohu. com/2004/04/20/04/article219890499. shtml，最后浏览日期：2018 年 12 月 21 日。

② 《互联网十年之张醒生：颠覆传统》，新浪科技，2003 年 11 月 08 日，http://tech. sina. com. cn/i/w/2003 - 11 - 08/1749253783. shtml，最后浏览日期：2018 年 12 月 21 日。

③ 《中国互联网 10 年，变革中的新力量》，经济观察报，2003 年 12 月 14 日，http://www. southcn. com/it/itzt/internet10/ceo/200312240510. htm，最后浏览日期：2018 年 12 月 21 日。

④ 《中国互联网 10 年，变革中的新力量》，经济观察报，2003 年 12 月 14 日，http://www. southcn. com/it/itzt/internet10/ceo/200312240510. htm，最后浏览日期：2018 年 12 月 21 日。

⑤ 《15 年，中国互联网地毯搜索》，新浪科技，2002 年 9 月 18 日，http://tech. sina. com. cn/i/c/2002 - 09 - 18/1059139319. shtml，最后浏览日期：2018 年 12 月 21 日。

⑥ 《十年，互联网江湖》，FT 中文网，2011 年 3 月 30 日，http://www. ftchinese. com/story/001037807，最后浏览日期：2018 年 12 月 21 日。

⑦ 《李善友：中国互联网十年谁的江湖【创新中国两岸交流会】》，创业邦，2011 年 8 月 24 日，http://www. cyzone. cn/a/20110824/215275. html，最后浏览日期：2018 年 12 月 21 日。

⑧ 《中国互联网经济 10 年巨献：是春秋也是战国》，Tech，2005 年 10 月 19 日，http://www. techweb. com. cn/news/2005 - 10 - 19/24638. shtml，最后浏览日期：2018 年 12 月 21 日。

⑨ 《中国互联网经济 10 年巨献：是春秋也是战国》，Tech，2005 年 10 月 19 日，http://www. techweb. com. cn/news/2005 - 10 - 19/24638. shtml，最后浏览日期：2018 年 12 月 21 日。

的复杂性与丰富性。

二　20 年记忆的主题及其互联网想象

2014 年召开了首届"世界互联网大会"，是媒介记忆中国互联网 20 年的一个契机。[①] 关于 20 年媒介记忆的主题，对记忆文本进行词频分析发现（见图 2—2），首先，"发展"仍是记忆的主线，肯定中国互联网的发展成绩。在界定中国互联网 20 年的发展时，媒介记忆关注"创新"。例如，"20 年中国互联网历史，是一部中国技术与商业的创新史，更是一部中国社会管理创新史，同时也是一部中国社会文化的创新史"。[②] "互联网 20 年是中国企业展现创新活力的 20 年；互联网 20 年是我们不断强调政府与市场关系的 20 年；互联网 20 年是中国社会重塑人群关系的 20 年。"[③] 还有不少记忆文本从全球比较的视角来界定中国（"国家"）互联网在全球的位置。例如，"中国互联网二十年发展报告：从网络大国迈向强国"[④] "中国接入互联网 20 年回顾，打造网络强国任重道远"[⑤] 等。"互联网强国"的记忆出现，并从不同的角度得到了强调。

其次，关注互联网的使用。十年记忆的商业色彩消退，取而代之的是"游戏"、"服务"和"应用"等，互联网通过"手机"、"移动"（终端）、"网吧"等不断扩散，"上网"（"时间"）、"接入"、"使用"、"社交"等表征互联网使用的话语随之出现。在此意义上，互联

---

① 《中国互联网之二十年：1994—2014》，环球网，2014 年 11 月 15 日，http://china.huanqiu.com/article/2014-11/5203659.html，最后浏览日期：2018 年 12 月 21 日。

② 《中国互联网激荡 20 年》，华兴时报，2014 年 4 月 18 日，http://www.hxsbs.com/html/2014-04/18/content_80665.htm，最后浏览日期：2018 年 12 月 21 日。

③ 《互联网 20 年：不只是技术的欢愉》，央视网，2014 年 4 月 20 日，http://news.cntv.cn/2014/04/20/ARTI1397995507952409.shtml，最后浏览日期：2018 年 12 月 21 日。

④ 《中国互联网二十年发展报告：从网络大国迈向强国》，《中国青年报》，2015 年 12 月 16 日，http://zqb.cyol.com/html/2015-12/16/nw.D110000zgqnb_20151216_2-03.htm，最后浏览日期：2018 年 12 月 21 日。

⑤ 《中国接入互联网 20 年回顾 打造网络强国任重道远》，《中国日报》，2014 年 5 月 12 日，http://cnews.chinadaily.com.cn/zghlw/2014-05/12/content_17501520.htm，最后浏览日期：2018 年 12 月 21 日。

网的发展史体现为"网民"的互联网使用史,二十年记忆中的互联网在网民的"数字化生存"① 中铺展开来。

图2—2 二十年记忆文本词频分析

在二十年的媒介记忆中,互联网的隐喻是"一根线",但它"改变"了中国。有多篇纪念性报道的标题写道:"中国接入互联网二十年,一根网线改写中国"②"一根网线改变中国,中国互联网二十年三次浪潮"③"中国接入互联网 20 年:一根网线改写中国,官与民实现更便捷交流互动"④。媒介记忆普遍使用"一根线"的隐喻,实现了媒介间的议程设置,追忆互联网对中国的"改变",指出这种改变是"天翻地覆的",⑤ 塑造了里程碑。⑥

---

① [美] 尼古拉·尼葛洛庞帝:《数字化生存》,胡泳、范海燕译,电子工业出版社2017 年版。

② 《中国接入互联网二十年,一根网线改写中国》,《人民日报》(海外版),2014 年 4 月 18 日,http://paper. people. com. cn/rmrbhwb/html/2014 – 04/18/content_1416396. htm,最后浏览日期:2018 年 12 月 21 日。

③ 《一根网线改变中国 中国互联网二十年三次浪潮》,《南方都市报》,2014 年 4 月 27 日,http://epaper. oeeee. com/epaper/A/html/2014 – 04/27/content_2547277. htm? div = – 1,最后浏览日期:2018 年 12 月 21 日。

④ 《中国接入互联网 20 年:一根网线改写中国 官与民实现更便捷交流互动》,央视网,2014 年,http://news. cntv. cn/special/zghlw20n/,最后浏览日期:2018 年 12 月 21 日。

⑤ 《中科大互联网专家李京和顾雨民:20 年变化翻天覆地》,《中国日报》,2014 年 5 月 13 日,http://cnews. chinadaily. com. cn/zghlw/2014 – 05/13/content_17504334. htm,最后浏览日期:2018 年 12 月 21 日。

⑥ 《中国互联网二十年:一根线铸造的里程碑》,《中关村在线》,2014 年 4 月 26 日,http://power. zol. com. cn/450/4500081. html,最后浏览日期:2018 年 12 月 21 日。

三 30 年记忆的主题及其互联网想象

30 年的媒介记忆更改了中国互联网的"生日"，同时补充了 2013—2017 年的记忆，但对 1987—1993 年的记忆较少。从记忆主题上看（见图 2—3），其一，30 年的媒介记忆继续追忆中国互联网的"发展"成就，并强调快速发展的用时之短（"时间"）及其带给"时代"的"改变"之大。例如，"30 年后，中国互联网不仅规模庞大，技术和应用也居于领先。尤其在即将到来的 5G 及万物互联时代，中国将成为最有发言权的国家"。该文还认为，中国从"学徒小兵"到互联网大国，是一个巨大的转变①。另一篇记忆文章也认为，"1987 年到 2017 年，30 年的时间由'学生'变成了'老师'，中国的面貌发生了巨变，互联网产业的发展更是突飞猛进"。② 与对成绩的记忆相伴随，30 年的记忆以"致敬中国互联网三十周年"的形式讲述了不少互联网"企业"以及"创业"/"成功"的风云人物，例如"周鸿祎"等。

30 年的媒介记忆倾向于用互联网的发展演变为"时代"做注脚。例如，"论坛时代的远去，和其自身失败的商业经营也脱不开关系"③，"MSN 时代：真朋友，轻社交"④"微信时代，人们开始患上信息焦虑症"⑤ 等。这些记忆试图站在"三十年"的节点上书写过去的历史，

---

① 崔爽、刘艳：《越过长城，走向世界！回望中国第一封电子邮件发出 30 年》，《科技日报》，2017 年 9 月 19 日第 01 版。

② 《中国互联网 30 年大事记》，《北京周报》，2017 年 9 月 20 日，http：//www. beijingreview. com. cn/keji/201709/t20170920_800105024_2. html，最后浏览日期：2018 年 12 月 21 日。

③ 《互联网 30 年挖坟记：天涯社区的水，比微博深一百倍》，《新周刊》，2017 年 12 月 5 日，http：//baijiahao. baidu. com/s？id = 1585278819099945322&wfr = spider&for = pc，最后浏览日期：2019 年 4 月 24 日。

④ 《互联网 30 年挖坟记：那些"死"在 MSN 里的朋友，你们好吗？》，新周刊，2017 年 11 月 28 日，http：//baijiahao. baidu. com/s？id = 1585278819099945322&wfr = spider&for = pc，最后浏览日期：2018 年 12 月 21 日。

⑤ 《互联网 30 年挖坟记：那些"死"在 MSN 里的朋友，你们好吗？》，新周刊，2017 年 11 月 28 日，http：//baijiahao. baidu. com/s？id = 1585278819099945322&wfr = spider&for =，最后浏览日期：2018 年 12 月 21 日。

并强调互联网给"时代"带来的改变。

其二，明确忆及互联网"精神"与"文化"，"勇敢""共享"等词高频出现。媒介在追忆中指出，人们在互联网环境下的生产和生活创造了一种特定的文化，形成了"一个新的文化市场"①。这个过程是双向的，一方面人们创造了新的互联网文化市场；另一方面互联网也能让每一个人接近文化生产，满足文化需求②。这表明，三十年节点的媒介记忆试图发掘互联网给中国社会输入的新的价值观与精神，其对互联网的理解超越了技术与商业的范畴，而进入了精神与价值的层面。

其三，注重记述互联网的使用，"移动""服务""游戏""软件""腾讯""网站""手机""支付""应用"等跟互联网使用密切关联的词语高频出现。例如，"写在互联网 30 年：不看看这些图片你都不知道你有多老"一文将曾经流行的游戏、软件、网站的老照片一一罗列，③ 试图建构不同代际的互联网历史记忆。较之二十年的节点记忆，媒介在三十年追忆的互联网使用更为丰富和多元。

图2—3 三十年记忆文本词频分析

---

① 《中国互联网三十而立》，《北京晨报》，2017 年 9 月 19 日，http：//bjcb. morningpost. com. cn/html/2017 –09/19/content_459221. htm，最后浏览日期：2018 年 12 月 21 日。

② 《中国互联网三十而立》，《北京晨报》，2017 年 9 月 19 日，http：//bjcb. morningpost. com. cn/html/2017 –09/19/content_459221. htm，最后浏览日期：2018 年 12 月 21 日。

③ 《写在互联网 30 年：不看看这些图片你都不知道你有多老》，搜狐科技，2017 年 12 月 5 日，http：//www. sohu. com/a/208598098_381121，最后浏览日期：2019 年 6 月 10 日。

在三十年的记忆中，媒介从使用的角度把互联网界定为"家园"，是"人类的共同家园"①。互联网与"家园"的概念在"生活"上相关联，成为一个隐喻概念（conceptual metaphor）。媒介的记忆写到，互联网是"生活的一部分"，渗透进了"生活的方方面面"②，并"深刻地改变了我们的社会形态和日常生活"③。网络记忆文章《共建网络空间命运共同体：中国互联网三十年三个表情》写道："中国以最大的热情去拥抱互联网，如今的中国互联网，不只是天才的战场与资本的舞台，更是全体国人的数字家园。"④ 使用角度的记忆削弱了互联网的商业与技术意义，而"家园"意味着人们共同创造和分享同一种或相似的"文化"。

总之，媒介的节点记忆以 20 年最为丰富，10 年记忆次之，30 年记忆较为薄弱，并未形成时间越久记忆越多的"累积效应"。从 3 个 10 年节点记忆的共性上看，虽然追忆的角度有所差异，但媒介记忆在每个 10 年节点都侧重于为中国互联网的发展定位，回顾其取得的成就。媒介记忆对成绩的强调形成了"成就记忆"，自由市场的创业与商业成就贯穿于 3 个 10 年节点的记忆，比较的视角和民族主义的话语是媒介记忆互联网发展成就的重要机制。媒介记忆以线性发展观的逻辑肯定中国互联网取得的成绩，并对未来充满期待，表现出了技术乐观主义，并在一定程度上带有"胜利史观"与"辉格史观"的色彩。从记忆叙事的差异上看，媒介记忆的话语在 3 个 10 年节点有所不同，10 年记忆的创始人与企业话语突出，20 年记忆的国家话语和网民话语突出，30 年记忆的世界话语和风云人物话语突出。

---

① 长安剑：《共建网络空间命运共同体：中国互联网三十年三个表情》，2017 年 9 月 20 日，https：//dwz. cn/htijuBlc，最后浏览日期：2018 年 12 月 21 日。

② 《今天互联网就是世界》，《北京晨报》，2017 年 9 月 19 日，http：//bjcb. morningpost. com. cn/html/2017–09/19/content_459153. htm，最后浏览日期：2018 年 12 月 21 日。

③ 《互联网 30 年挖坟记：那些"死"在 MSN 里的朋友，你们好吗？》，新周刊，2017 年 11 月 28 日，http：//baijiahao. baidu. com/s？id = 1585278819099945322&wfr = spider&for = pc，最后浏览日期：2018 年 12 月 21 日。

④ 长安剑：《共建网络空间命运共同体：中国互联网三十年三个表情》，2017 年 9 月 20 日，https：//dwz. cn/htijuBlc，最后浏览日期：2018 年 12 月 21 日。

媒介记忆在界定互联网时主要使用了隐喻的方式。在莱考夫和约翰逊（Lakoff & Johnson）看来，隐喻贯穿于我们的思维和行动，它们不仅是语言修辞，同时还是一种思维方式。[①] 在日常生活中，人们常常参照熟知的、具体的概念来认识与思考宏观的、难以定义的概念，由此形成一个不同概念之间相互关联的认知方式。[②] 媒介记忆通过"革命"、"一根线"与"家园"等隐喻，从不同的维度界定了中国的"多元互联网"。具体说来，十年记忆主要是从技术和商业的角度定义互联网，二十年记忆从改变和价值的角度定义，三十年记忆从使用与社会影响的角度定义。从中可见，媒介记忆体现了人们对互联网认识的不断深化，在一定程度上丰富了互联网单一的技术性定义。

当我们谈论互联网时，"互联网"这一整体性较强的词语有时会使人们习惯于从宏大的层面去思考它，而忽视了互联网得以存在的具体语境。考察互联网在全球发展的不同语境，杰西·林戈（Jessa Lingel）提出了"多个互联网"的概念。她认为，我们通常认为互联网是统一的（unified）、一元的（singular）和集合的（cohesive）。但是事实上，不同的社会环境下互联网使用的交互方式和在地经验的差异如此之大，以至于并不存在"统一的"互联网。因此，我们需要关注"他者的互联网"（other Internets），承认"多个互联网"[③]。媒介记忆对中国互联网的多种隐喻塑造出了"多个中国互联网"[④]，而十年、二十年以及三十年的记忆转换呈现了"多个互联网"的不同"形态"及其历史变迁。这呈现了中国互联网的丰富性与复杂性，以及人们对中国互联网认识的不断深入。此前的研究从空间与使用

[①] Lakoff, G., & Johnson, M., "Metaphors we live by," *Ethics*, Vol. 19, No. 2, 1980, pp. 426 – 435.

[②] 赵艳芳：《语言的隐喻认知结构——〈我们赖以生存的隐喻〉评介》，《外语教学与研究》1995 年第 3 期。

[③] Lingel, J., "The case for many Internets," *Communication and the Public*, Vol. 1, No. 4, 2016, pp. 486 – 488.

[④] Lindtner, S., & Szablewicz, M., "China's many Internets: Participation and digital gameplay across a changing technologylandscape," in David Kurt & Peter Marolt (eds.), *Online Society in China*, New York: Routledge, 2011, pp. 90 – 105.

的维度阐述"多个互联网"的理论①，本章从时间与记忆的维度阐述了"时间上的多个互联网"，有助于我们深入理解"多个互联网"的理论。

第四节　媒介记忆凸显的中国互联网历史线索

互联网历史包括技术、商业、使用、治理等多个层面的内容，②而记忆主体和记忆中介会在建构有关互联网的集体记忆的过程中争夺各自的版本，以定义自身的历史位置。③ 根据收集的资料，本章发现，媒体记忆发掘与强化了中国互联网历史的不同线索，形成了不同维度的中国互联网历史，包括互联网技术的历史、商业互联网的历史、文化互联网的历史、使用互联网的历史等，呈现了互联网历史的丰富性。但从篇幅上看，媒体记忆更多地追忆技术的历史和商业的历史，包括商业人物的历史，体现了媒体记忆的选择性与偏向性。

一　作为"成就"的互联网发展史及技术进步史
媒体对互联网发展历史的记忆首先描述的是技术发展史，有关互联网技术与发展的媒介纪念文本共有 49 篇，在 3 个 10 年节点上都有分布。例如，"互联网 20 年 80 个改变"④ 考古了互联网从无到有的硬件变迁史，以图片的形式呈现了 PC、调制解调器、手机、平板、电视、移动互联网技术、CPU 等互联网硬件的演变过程。越早的技术应用被媒体记忆提及的越多，形成了可供人们随时回忆网络体验的档案

---

① Lingel, J., "The case for many Internets," *Communication and the Public*, Vol. 1, No. 4, 2016, pp. 486 – 488.

② Wagner-Pacifici, R., & Schwartz, B., "The Vietnam Veterans memorial: Commemorating a difficult past," *American Journal of Sociology*, Vol. 97, No. 2, 1991, pp. 376 – 420.

③ Sturken, M., *Tangled Memories: The Vietnam War, the AIDS Epidemic, and the Politics of Remembering*, Berkeley: University of California Press, 1997.

④ 《互联网 20 年 80 个改变》，中关村在线，2016 年 5 月 2 日，http://news.zol.com.cn/topic/4509322.html，最后浏览日期：2018 年 12 月 21 日。

式的"记忆之场"①。同时，媒体记忆呈现了手机进化史②、路由器的发展历史，③ 并以"互联网 20 年：从固网到移动从拨号到光纤""中国互联网 20 年：谈浏览器软件重要变迁""中国互联网 20 年：从电邮到 4G"等为题，记忆了不同的技术的发展历史。媒体对这些技术历史的记忆是清晰的，保存了较为丰富的内容。

媒体记忆常常通过大事记与"第一个"的方式，书写中国互联网发展的编年史。例如，"一些大事可以大致描绘出 20 年来中国互联网的发展轨迹。1994 年，CN 顶级域名服务器运回中国；1996 年，中国第一个网吧开张；1997 年，三大门户网站先后创立；1998 年，信息产业部成立；1999 年，中华网率先在美上市；2003 年，淘宝网创立；2005 年，中国网民突破一亿；2008 年，中国网民数跃居世界第一，达 2.5 亿……"④；"第一个上网的人"⑤；"第一个与国际互联网联接的网络。1994 年 4 月，中国科学技术网（CNNET）第一次实现了与国际互联网的全联接，成为我国第一个与国际互联网联接的网络，标志中国成为世界网络大家庭中的一员。中国科学技术网建成于 1989 年，为我国第一个互联网络"。⑥ 这些大事记呈现了中国互联网发展的成就，是"点"的记忆，记忆机制是突出重要年份或重大事件，书写了互联网历史中的大事，但未解释原因和呈现丰富的细节，也未能形成连续的历史叙事。

总之，媒体的互联网记忆在 3 个 10 年都显著地记忆使用或接入互联网的"开端"。从技术的角度记忆互联网历史，离不开这两个起点。

---

① ［法］皮埃尔·诺拉：《记忆之场：法国国民意识的文化社会史》，黄艳红等译，南京大学出版社 2015 年版。

② 《互联网发展 20 周年：手机应用如何进化?》，中关村在线，2014 年 4 月 29 日，https：//m.zol.com.cn/article/4502890.html，最后浏览日期：2018 年 12 月 21 日。

③ 《伴随着中国互联网成长！中国网络十年回顾》，搜狐 IT，2004 年 7 月 26 日，http：//it.sohu.com/20040726/n221199810.shtml，最后浏览日期：2018 年 12 月 21 日。

④ 《互联网二十年》，《解放日报》，2014 年 4 月 28 日，http：//newspaper.jfdaily.com/jfrb/html/2014-04/28/content_1162604.htm，最后浏览日期：2018 年 12 月 21 日。

⑤ 《综述：中国互联网络第一事件》，新浪科技，2003 年 11 月 17 日，http：//tech.sina.com.cn/i/w/2003-11-17/1545257151.shtml，最后浏览日期：2018 年 12 月 21 日。

⑥ 《综述：中国互联网络第一事件》，新浪科技，2003 年 11 月 17 日，http：//tech.sina.com.cn/i/w/2003-11-17/1545257151.shtml，最后浏览日期：2018 年 12 月 21 日。

但正如有些研究者批评的那样，这会导致互联网历史的欧美中心主义色彩。[①] 而且这种记忆强化的是同一化的和全球化的技术。

二 作为"英雄"的互联网企业创始人及其创业史

互联网因人的使用而"成其大"，网友是互联网的主要行动者。在很大程度上，互联网的历史即是人的历史，人与人的活动是互联网记忆的重要内容。基于本章收集的资料发现，媒体对商业公司创始人的记忆较多，共有 39 篇，贯穿了 3 个 10 年节点的记忆。这些记忆在商业和技术发展的框架下展开，把企业创始人定义为"明星""英雄""传奇"[②]"商业偶像"[③]"掌门"等。

> 为什么讲江湖，江湖是由英雄组成的，英雄就有各种各样的故事，各种传奇。……我们翻到下一页会发现，现在真正的互联网巨头已经不是三大门户网站，而是这三个人，百度的李彦宏，腾讯的马化腾，阿里巴巴的马云，这三个人才是当今中国互联网的三大巨头。好像二战时候的罗斯福，还有斯大林，谁能代表当今的中国互联网，就是这三个人，他们是在中国互联网第一代高潮灭了以后 2000 年开始往下跌的时候重新站起来了。[④]

有些媒体记忆倾向于挖掘企业创始人早期的故事，追忆"青葱岁月里的"大佬"。[⑤] 例如，"1999 年 3 月，马云和他的团队开发了阿里

---

① Russell, A. L. , "Histories of networking vs. the history of the Internet", SIGCIS 2012 Workshop, 2012.

② 《陈天桥：网络青年书写"传奇"》，新浪科技，2003 年 7 月 23 日，http://tech.sina. com.cn/i/c/2003 - 07 - 23/0910212448.shtml，最后浏览日期：2018 年 12 月 21 日。

③ 《中国互联网十年飞速发展盛产"商业偶像"》，经济网，2014 年 1 月 6 日，http:// www.ceweekly.cn/2014/0106/72852.shtml，最后浏览日期：2018 年 12 月 21 日。

④ 《李善友：中国互联网十年谁的江湖》，创业邦，2011 年 8 月 24 日，http://www.cyzone.cn/a/20110824/215275.html，最后浏览日期：2018 年 12 月 21 日。

⑤ 《互联网全民记忆之二：青葱岁月里的"大佬"你都认识吗?》，央视新闻，2015 年 12 月 15 日，http://m.news.cntv.cn/2015/12/15/ARTI1450169316872986.shtml，最后浏览日期：2018 年 12 月 21 日。

巴巴网站。1999 年 10 月和 2000 年 1 月，公司两次共获得国际风险资
金 2500 万美元的投入。当时的他曾这样想象阿里巴巴的未来：全世界
一千五百万到两千万商人的工作方式将被改变，他们每天早上一起来
就访问阿里巴巴网站，在上面做交易、下单、找客户、发银行汇票、
订船舱、订机票，而不需要到办公室上班"。①

　　媒体记忆在发掘企业家的故事的同时，还乐于呈现他们的观点。例
如，"我记得我小时候坐火车，传言当时陇海线还是什么线上火车发生
冲撞，很多人死了，但是现在不可能马上出现对撞或者是重大的事件互
联网马上就知道了，所以当我们选择购买房子地点，出行的时候等等我
们一切都知道，这是非常重要的，这是中国互联网对于中国甚至超越美
国的意义，就是让信息民主化，让每个人都能获取信息，都能知道，我
觉得这实际是民主社会的基础，每一个人都有一个聪明的头脑，但是聪
明的头脑没有处理信息的原料，现在每一个人都有原料，让社会每一个
分子都变成具有责任、有义务，具有理智的人，13 亿人都变成这样现代
的人"。② 这意味着，媒体的互联网记忆在寻找价值、理念与精神。

　　从收集的资料看，与对英雄和创业者的记忆相对应，媒体记忆的
普通人较少。媒体记忆的网民多以群体（"广大网民"）的形象出现，
形成了模糊的群体画像。例如，"而除了决策的政府高层和相关部门，
除了为建网铺路拼搏的科技和工程人员，除了附着并拼争于网络之中
的商家、企业，在中国互联网十年发展历程中，另一个更为重要的角
色就是接受并开始应用进而在网络间找到全新的数字生活的广大网民。
在同样经历了免费、共享、自由、平等的网络理念和面对网恋、网婚、
网骗等的网络负面的双重洗礼之后，中国网民也已经以更为成熟的心
态，迎接和应对互联网所带来的一切"。③

---

① 《互联网全民记忆之二：青葱岁月里的"大佬"你都认识吗？》，央视新闻，2015 年 12
月 15 日，http：//m. news. cntv. cn/2015/12/15/ARTI4501693168729 86. shtml，最后浏览日期：
2018 年 12 月 21 日。

② 《张朝阳：互联网十年的意义是让信息民主化》，搜狐 IT，2005 年 6 月 30 日，http：//
it. sohu. com/20050630/n240137406. shtml，最后浏览日期：2018 年 12 月 21 日。

③ 《中国互联网十年高速发展透视录》，南方网，2004 年 9 月 2 日，http：//www. southcn.
com/tech/special/2004network/nethg/200409020559. htm，最后浏览日期：2018 年 12 月 21 日。

纵观媒体对人的追忆，主要追忆的是成功的创业者，沿着"胜利者历史"的逻辑记忆成功者的历史，而对普通网民和失败的创业者的记忆较少。媒体记忆的失败者凤毛麟角，其中以张树新的记忆最多。①这与媒体的记忆选择及其立场、功能有关，其记忆具有自上而下的特点。

三 沉浮的互联网商业发展史

媒介记忆将网络商业发展史视为中国互联网历史的重要面向，共有53篇记忆文本。十年、二十年、三十年的记忆分别从不同的角度追忆互联网商业的发展过程。

十年记忆用"淘金"②"浮沉""泡沫"等概括互联网商业的发展，追忆其早期的繁荣、泡沫破灭带来的冲击，以及在危机之后的"深度调整"③。对于互联网商业的泡沫，十年记忆文本将其归结于互联网商业初创时代的"虚幻和浮躁"④，以及早期互联网人对互联网产业的"盲目乐观"⑤，没有认清互联网作为"工具"与"平台"⑥的本

---

① 例如，"与此同时，我们也不能忘记一位优秀的女性，她就是被称为'中国信息行业的开拓者'，同时也被称作'中国互联网先烈'的张树新。仅从这两个称号中，你就能看出她的价值。相信'80后'、'90后'的人很少知道这个名字，或许'80后'的还好些，'90后'的可能确实不太了解。因为当这位开拓者辉煌的时候，他们有的还没出生"。参见《中国互联网20周年：我们不能忘记的互联网人》，《中国日报》，2014年5月12日，http：//cnews.chinadaily.com.cn/zghlw/2014-05/12/content_17502234.htm，最后浏览日期：2018年12月21日。

② 《10年互联淘出中国首富 国内互联网走向成熟》，新浪科技，2003年10月24日，ht-tp：//tech.sina.com.cn/i/c/2003-10-24/0819247817.shtml，最后浏览日期：2021年4月18日。

③ 《回首中国互联网发展：回归理性，浴火重生》，新浪科技，2004年9月1日，https：//tech.sina.com.cn/i/w/2004-09-01/1511416689.shtml？from=wap，最后浏览日期：2018年12月21日。

④ 《中国互联网10年：网络泡沫在"疯狂"中浮沉》，人民网，2005年9月30日，ht-tp：//media.people.com.cn/GB/22114/52789/53853/3740872.html，最后浏览日期：2018年12月21日。

⑤ 《中国互联网十年高速发展透视录》，南方网，2004年9月2日，http：//www.southcn.com/tech/special/2004network/nethg/200409020559.htm，最后浏览日期：2018年12月21日。

⑥ 《中国互联网10年：网络泡沫在"疯狂"中浮沉》，人民网，2005年9月30日，ht-tp：//media.people.com.cn/GB/22114/52789/53853/3740872.html，最后浏览日期：2018年12月21日。

质。例如，人民网的报道写道：

> 编梦、融资、烧钱、上市、再烧钱……一方面是网络经济没有现成的经验可借鉴，资本需要".com"的创造；另一方面，好的概念能够打动投资者的心，从而为".com"在股市中募得大量资金。".com"就这样在高烧中用概念代替了经营。于是，社会分工被淡化，客户与竞争对手之间的界限模糊了，整个产业形成了"各自为王"的格局，却形成了低层次重复建设的现象。①

互联网商业的发展在二十年的媒体记忆中以时间节点与档案记忆的方式展开。例如，"淘宝网在'非典'时期横空出世，并很快发展为国内电商之首"②，电子商务由此开始发展；2005年博客出现，标志着"Web 2.0"时代到来，"将中国互联网的整体发展带上了一个新台阶"③。此外，还有网络视频出现（2006），SNS兴起（2008），"微博元年"④（2010），等等。

在三十年的记忆文本中，媒体通过记忆企业家来呈现商业互联网的发展历程。与十年记忆关注互联网企业的生存与发展不同，三十年记忆侧重追忆互联网商业发展与治理的协同过程，以及互联网的商业精神。例如，"长安剑"发布的文章《共建网络空间命运共同体：中国互联网三十年三个表情》，将互联网商业发展过程中的泡沫危机、蓝极速网吧大火、网络空间的粗俗化、未成年人沉迷网络等问题与互联网治理相勾连，认为"中国互联网迎来的，不是恐慌之下的封闭与

---

① 《中国互联网10年：网络泡沫在"疯狂"中浮沉》，人民网，2005年9月30日，http：//media.people.com.cn/GB/22114/52789/53853/3740872.html，最后浏览日期：2018年12月21日。

② 《中国互联网20年：一幅幅勾起回忆的画面！》，太平洋电脑网，2014年4月23日，http：//www.pconline.com.cn/market/465/4657797_1.html，最后浏览日期：2018年12月21日。

③ 《中国互联网激荡20年》，华兴时报，2014年4月18日，http：//www.hxsbs.com/html/2014-04/18/content_80665.htm，最后浏览日期：2018年12月21日。

④ 《中国"触网"20年的三次浪潮》，央视网，2014年4月21日，http：//news.cntv.cn/2014/04/21/ARTI1398043789876407.shtml，最后浏览日期：2018年12月21日。

禁绝，而是监管与调整、鼓励与引导"①。而"所有的伟大，都源于一个勇敢的开始"②的系列记忆文本，将互联网商业人物的创新与成就归结于其"勇敢"与"探索"的精神，试图从互联网商业的实践中提炼共有的精神品质与价值追求。

基于收集的资料，本章发现，媒体记忆互联网的商业发展史较多，其中被记忆最多的互联网企业是"三大门户"③（搜狐、新浪和网易），其发展进程、商业模式、经营策略等均被仔细追忆。媒体记忆最多的互联网企业家是张朝阳（搜狐）、汪延（新浪）、丁磊（网易）、张醒生、丁健（亚信）、陈天桥（盛大）、马云（阿里巴巴）等，大多是今天的"成功者"。有时，"瀛海威"作为一个失败者的案例被忆及，代表着"早期互联网人对这个产业乐观的情绪和超越现实的乌托邦思想"④，是"网络先锋"⑤。

四 "陈列馆中"被唤醒的互联网使用史

杨国斌认为，中国互联网是类似于美国与英国电视的一种文化存在形式，而网民的使用实践以及创作形式，创造了一个文化与社会维度的互联网"形态"（form）。他基于使用的视角，区分了中国互联网（Chinese Internet）和中国的互联网（the Internet in China）。⑥ 从使用的角度审视，十年、二十年以及三十年的记忆文本不约而同地记忆中

---

① 长安剑：《共建网络空间命运共同体：中国互联网三十年三个表情》，2017 年 9 月 20 日，http：//suo. im/5xsGpK，最后浏览日期：2018 年 12 月 21 日。

② 《致敬中国互联网 30 周年：所有的伟大，源于一个勇敢的开始》，极客公园，2017 年 12 月，http：//www. geekpark. net/zhuanti/cadillac/，最后浏览日期：2018 年 12 月 21 日。

③ 《互联网十年白皮书》，新浪科技，2005 年 12 月 17 日，http：//tech. sina. com. cn/misc/2005 – 12 – 10/95/1040. html，最后浏览日期：2018 年 12 月 21 日。

④ 《回首中国互联网发展：回归理性，浴火重生》，新浪科技，2004 年 9 月 1 日，https：//tech. sina. com. cn/i/w/2004 – 09 – 01/1511416689. shtml？from = wap，最后浏览日期：2018 年 12 月 21 日。

⑤ 《回首中国互联网发展：回归理性，浴火重生》，新浪科技，2004 年 9 月 1 日，https：//tech. sina. com. cn/i/w/2004 – 09 – 01/1511416689. shtml？from = wap，最后浏览日期：2018 年 12 月 21 日。

⑥ Guobin., Y., "A Chinese Internet? History, practice, and globalization," *Chinese Journal of Communication*, Vol. 5, No. 1, 2012, pp. 49 – 54.

国互联网的使用，由此追忆了中国互联网（Chinese Internet）的多种形态。

对于互联网的使用来说，如何接入互联网是一个问题。对于人们早期的上网方式，《华兴时报》的文章追忆道："早期的网民上网时，大概都曾有过这样的记忆：'Modem + 电话线'的方式实现联网；非实时在线状态，网民只能快速收信，将所需信息复制下来，然后迅速挂掉。如今的网民们对当初上网时的'缓慢与笨拙'和初次触网的新奇与兴奋记忆犹新，网民们一个链接又一个链接如饥似渴地浏览。"[①] 在 20 年的媒体记忆中，媒体再次忆及，早期上网中的"多图杀猫"和电话线的"慢并奢侈着"。[②] 记忆上网方式的演变，标志着网民使用互联网的变化，也映射着互联网技术的发展。

有些媒体记忆在比较中怀念既往的互联网使用，并肯定之。例如，"譬如'在吗?'——同样的两个字和一个问号，出现在不同的社交工具上，感受天差地别。在微信上，它是无来由、无边界的不情之请，让人厌烦。而曾经，在 MSN 上，它是多么令人愉悦的微妙等待，多么令人宽慰的朋友永远 stand by"。[③] 这种怀念与技术进步观下的追忆不同，从使用的角度追忆既往的网络应用的优越性。

在收集的记忆文本里，3 个 10 年节点关于互联网使用的记忆共有 37 篇。具体分析 10 年、20 年和 30 年的记忆文本，关于网民的互联网使用，十年记忆的主题大多围绕着"第一次触网"的经历、互联网使用与情感等内容展开。网友"Fishman"回忆道："当时，我除了'信息高速公路'的概念之外一无所知。"[④] 这折射出在互联网发展初期人们对于互联网的认知比较有限，也说明互联网早期的应用较为单一。

---

① 《中国互联网激荡 20 年》，《华兴时报》，2014 年 4 月 18 日，http://www.hxsbs.com/html/2014-04/18/content_80665.htm，最后浏览日期：2018 年 12 月 21 日。

② 《互联网全民记忆之一：多图杀猫》，央视新闻，2015 年 12 月 14 日，http://m.news.cntv.cn/2015/12/14/ARTI1450090263459640.shtml，最后浏览日期：2018 年 12 月 21 日。

③ 《互联网 30 年挖坟记：那些"死"在 MSN 里的朋友，你们好吗?》，新周刊，2017 年 11 月 28 日，http://suo.im/5NfH0d，最后浏览日期：2018 年 12 月 21 日。

④ 《我的互联网 10 年故事组——Fishman》，新浪网，2005 年 10 月 19 日，http://tech.sina.com.cn/other/2005-10-19/1520743402.shtml，最后浏览日期：2018 年 12 月 21 日。

　　二十年的记忆塑造了互联网使用的"记忆陈列馆"，将人们使用过的与互联网相关的设备、软件、服务"陈列"在记忆文本中，供人们怀念和追忆。媒体记忆设置的议程是"互联网世界20年曾记否"①"一幅幅勾起回忆的画面"②"图说互联网走进中国那些事"③等图片集。记忆文本通过"共情"的叙述，例如"中枪的举手!"④"你是否还记得?"⑤唤醒网友对互联网使用的记忆，形成了集体记忆的动态建构过程。

　　三十年的互联网使用记忆，在继续构造"记忆陈列馆"的同时，更强调历史，常常通过在记忆叙事中塑造一个"拥有较长网龄"的"网民"，呈现网民使用互联网的历史过程。例如，在记忆"聊天室"时，《互联网30年了，还记得当年的那只"猫"吗?》运用第一人称"我"讲述："最初，聊天几乎是上网的代名词。那时还没有QQ，大家都是进网页版的聊天室。那时，二十不到的我，最喜欢进的聊天室是'三十以后才明白'。当然，也有人喜欢装嫩，起一个像'轻舞飞扬'那样的网名。话说，很多人的打字速度，可都是在聊天室里练出来的呢。"⑥

　　综上可见，媒体对互联网使用的记忆，呈现的是"点块式"而非线性的、连续的历史，而个体的使用记忆融入了网民的情感与经验。

---

　　①　《中国接入互联网世界20年 曾记否，触网第一次?》，人民网，2014年4月23日，http：//media.people.com.cn/n/2014/0423/c40606－24931668.html，最后浏览日期：2018年12月21日。

　　②　《中国互联网20年：一幅幅勾起回忆的画面!》，太平洋电脑网，2014年4月23日，http：//www.pconline.com.cn/market/465/4657797_1.html，最后浏览日期：2018年12月20日。

　　③　《图说互联网走进中国的那些事》，中国科普博览，2009年，http：//www.kepu.net.cn/gb/cnnic20year/20year_tpj.html，最后浏览日期：2018年12月21日。

　　④　《第一次亲密接触：回忆中国人互联网的20年》，腾讯游戏，2014年4月20日，http：//games.qq.com/a/20140420/007949.htm#p＝1，最后浏览日期：2018年12月21日。

　　⑤　《互联网全民记忆之三："农场偷菜"忙你还记得否?》，央视新闻，2015年12月16日，http：//m.news.cntv.cn/2015/12/16/ARTI1450259762771169.shtml，最后浏览日期：2018年12月21日。

　　⑥　二北:《互联网30年了，还记得当年的那只"猫"吗?》，2017年12月6日，http：//suo.im/5Mv4Y6，最后浏览日期：2018年12月21日。

第五节　媒体记忆凸显与遮蔽的互联网历史

内塔·克里格勒-维纶切克（Neta Kligler-Vilenchik）认为，媒介记忆的议程是社会建构的产物，其内容有着特定的框架①。本章发现，媒介记忆以强调中国互联网发展成就与凸显某些历史线索为机制，形成了记忆中国互联网历史的框架。媒介记忆是公共记忆的一种，由于互联网历史尚处于发掘之中，因此媒介记忆构成了公众所认知的互联网历史，并会塑造未来的互联网历史认知。因此，媒介记忆正在"发明"中国互联网历史的"传统"。②

媒介记忆发掘的中国互联网历史呈现如下图景：一是中国互联网历史是一部技术快速进步和互联网商业高速发展的历史，体现了进步史观和发展史观。二是从使用以及网民对待互联网的态度上看，中国互联网历史是一部人们对于互联网充满热情与乐观期待的历史。三是媒介记忆中的互联网被赋予了多种定义，中国互联网历史是由"多元互联网"构成的丰富而复杂的历史。四是媒介记忆凸显了互联网的发展史及技术进步史、企业创始人及其创业史、商业发展史与互联网使用史，它们构成了中国互联网历史的重要线索。但这些线索尚未形成连续的、一体的中国互联网历史。五是成功的互联网企业家是互联网历史的"主角"，而网民多以模糊的群体形象出现。这表明，媒介记忆凸显了中国互联网的"创业英雄史"与"商业史"。从本质上讲，媒介记忆的互联网历史是旧媒介和新媒介将互联网"再媒介化"的过程。不过，媒介记忆把互联网建构成技术和商业力量聚集的"所在"，而不是一个公共平台或社会空间，并未发掘互联网深层次的社会与文化意义。

---

① Kligler-Vilenchik, N., "Memory-setting: Applying agenda-setting theory to the study of collective memory," In: Neiger, M., Meyers, O., & Zandberg, E. (eds.), *On Media Memory*, Palgrave Macmillan: London, 2011, p.226.

② ［英］E.霍布斯鲍姆、T.兰格：《传统的发明》，顾杭、庞冠群译，译林出版社2004年版。

　　媒介记忆有能力、有义务呈现全方位的、深度的互联网历史，并开启互联网历史的对话与协商。但是，基于本章收集的资料发现，媒介记忆强化了技术、商业、使用维度的互联网历史，而淡化了政治与社会维度的记忆，不可不谓缺憾。互联网政治史与社会史映射着互联网与政治、互联网与社会等的互动，包括网络政治参与、互联网治理等命题，是互联网历史的重要向度，不可或缺。媒介记忆之所以淡化政治与社会维度的记忆，主要是因为：一则媒介记忆的生产受到外部规制的影响，某些被认为是敏感的话题无法获得合法性与"可见性"，亦可能被"选择性地遗忘"。这涉及媒介记忆的合法性与认同建构。二则媒介记忆存在视角偏差。媒介记忆强化了国家的视角以及互联网技术与企业的视角，而忽略了网民的视角，这导致报纸等传统媒介的互联网记忆带有国家记忆或官方记忆的色彩，而网络专题容易受到平台属性或商业因素的影响。而政治与社会层面的记忆，容易受到"成就记忆"挤压而失去再现的空间。三则媒介记忆发掘互联网历史的力度与深度不够，受制于媒介记忆的生产机制（"惯习"）。总之，媒介记忆的强化与淡化机制或遗忘机制体现了媒介记忆的选择性与规定性。这意味着，对于媒介记忆建构中国互联网历史的方式，我们需要保持警惕。

　　对于媒介记忆书写与呈现中国互联网历史的方式，我们需要保持警惕。媒介记忆具有广泛的传播能力，能够有力地塑造中国互联网历史的公共记忆。媒介为什么如此记忆中国互联网的历史？媒介塑造的互联网历史记忆能否开启对话与协商？对于这些问题，还需要深入思考与分析。媒介记忆作为社会记忆的组成部分有其特殊性，例如报纸等传统媒介的记忆带有主流记忆或官方记忆的色彩，而网络专题容易受到平台属性或商业因素的影响。这呼唤我们对媒介记忆保持警惕与反思。

　　记忆是历史的媒介。在某种程度上，记忆是互联网历史研究的一种补充。因此，十年节点记忆可以成为洞察中国互联网历史的"窗口"之一。但是，媒介记忆的选择性，导致其呈现的是不完整的、断裂的互联网历史。如何发掘媒介记忆遗忘的与遮蔽的部分，进而书写整体的和连续的互联网历史，是一个新的课题。除却十年节点之外，媒介对互联网历史的记忆还包括其他一些时间节点与内容，例如重大事件（如"蓝极速"网吧大火）、重要的互联网治理行动（如网络实名制）、网络公共事件（如孙志刚事件）[①] 等，它们是中国互联网历史记忆的组成部分。后续研究应当关照这些时间节点与内容。记忆基于当下的语境讲述过去，体现了当下的话语、思维方式与表达方式的影响。10 年和 20 年、30 年的媒介记忆跟记忆发生时的政治、社会、文化语境密切相关。从记忆角度研究中国互联网历史，如何"还原"记忆发生的社会情境，需要继续探索。本章讨论的媒介记忆来自传统媒体和新媒体，而关于互联网总体历史的记忆，除了媒体记忆之外，还有个体记忆与官方记忆等（例如国家互联网博物馆等）。后续研究在考察互联网总体历史的社会记忆时，需要考察多元主体的记忆，并开展比较研究。

---

① 张志安、甘晨：《作为社会史与新闻史双重叙事者的阐释社群：中国新闻业对孙志刚事件的集体记忆研究》，《新闻与传播研究》2014 年第 1 期。

第 三 章

中国网民的"群像"及其历史演变

　　本章研究中国网民群体的历史画像及其变迁，从网民群体角度考察中国互联网历史。基于 CNNIC 于 1997—2019 年发布的 43 份《中国互联网络发展状况统计报告》，结合国家统计局与世界银行公布的相关数据，本章研究中国网民群体演变的历史发现，互联网扩散之初的网民多是"70 后"城镇男性居民，学历与收入较高，集中于计算机、科研教育、商业等行业。随着互联网的扩散，"80 后"与"90 后"成为互联网使用的主要人群，更多的女性、农村居民、较低学历和较低收入群体开始接触和使用互联网，网民的职业也变得更为多元。从网民规模上看，2007 年是我国网民快速增长的"历史节点"。从发展趋势上看，农村人口、高龄群体是未来中国网民的增长点。从理论上看，我国网民的年龄与互联网的扩散之间存在一定的对应关系，这启发我们反思"创新扩散理论"之于互联网扩散的解释性。[①]

第一节　问题的提出与研究设计

一　问题的提出

　　1997 年 12 月，中国互联网络信息中心（简称 CNNIC）发布了第一份《中国互联网络发展状况统计报告》（为了表述的方便，后文简

　　① 本章部分内容章姚莉发表于《新闻记者》2019 年第 10 期（《中国网民"群像"及其变迁——基于创新扩散理论的互联网历史》）。

称为"互联网统计报告"或"统计报告"或"报告")。第 2 次统计
报告发布后,这项工作变得制度化,每半年发布一次,统计时间截至
当年的 6 月和 12 月。截至 2019 年 2 月,CNNIC 共发布了 43 次统计
报告。

每次统计报告的发布,网民规模都是社会关注的焦点。中国网民
从无到有,再到不断壮大,构成了中国互联网历史的重要部分。我们
追问:中国网民如何演变至今?从网民的角度看,中国互联网是如何
扩散的?互联网统计报告记录了中国网民的规模、年龄、性别、城乡
差异、学历、职业、收入等信息,是持续时间最长的、全国性的互联
网调查数据,为回答这些问题提供了素材,亦是互联网史料的一种。
本章基于创新与扩散理论的视角,以互联网统计报告为主,结合国家
统计局与世界银行发布的相关数据,描绘二十年来中国网民的集体画
像及其变迁,并从历史角度解释这些变迁。

二 资料收集与分析方法

本章利用二手数据分析法,于 2018 年 9 月 16—18 日,以及 2019 年
3 月 15—16 日,分别在 CNNIC 官网(http://www.cnnic.net.cn/)中检
索获取了共计 43 次互联网统计报告,对有关中国网民的数据反复阅读
与解读,并结合国家统计局官网(http://www.stats.gov.cn/)中的年
鉴数据以及世界银行的数据(https://data.worldbank.org.cn/),综合
分析中国网民的集体画像及其变迁,而且进行了必要的比较。

笔者在分析 43 份互联网统计报告时发现,部分项目的统计指标存
在前后不一致的现象。出于统一分析和比较的需要,本章进行了一些
合并处理。例如,在对网民学历的统计中,结合统计指标的共性,将
指涉本科及以上的统计类目合并为"大学本科及以上";将指涉初中
及以下的统计类目合并为"高中(中专)以下"。在网民职业与收入
的统计中,由于前 22 次与后 21 次的统计指标差异较大,无法直接进
行合并,因而,本章在分析中采用了后 21 次报告中的数据。

第二节　中国网民与互联网的扩散

一　中国网民研究

20 世纪 90 年代中后期，中国互联网开始快速发展。基于这一背景，国内外学者的研究也随之展开。研究者关注谁在使用互联网，其性别、年龄等有何特征等问题。由于中国网民基数大，研究者大多采用抽样调查法，将调查区域聚焦个别城市。例如，张国良等①、祝建华与何舟②、柯惠新等③都曾以部分城市作为调查地点，探究网民的分布特征与发展趋向。但是，由于中国城市之间的差异大，加之调查研究的数量较少，它们难以反映中国网民的情况。

不少研究探究网民的网络行为（如言论），致力于描述或阐释网民行为的特征及其社会效应。例如，罗昕等指出，我国网民的结构性特征在一定程度上造成了网络民意与真实民意的偏差④。赵云泽等进一步论述道，网络言论可能更多代表的是中间阶层的"民意"⑤。潘忠党等认为，互联网为社会经济优势人群提供了更多机会⑥。这些研究从不同侧面考察了网民的行为以及群体特征，回答了"谁是网民，他们如何行动"的问题。

一些研究从总体上探讨网民的现阶段特征，并将其作为考察中

---

① 张国良、江潇：《上海网络受众的现状及发展趋势——"上海市民与媒介生态"抽样调查报告（之二）》，《新闻记者》2000 年第 8 期。

② 祝建华、何舟：《互联网在中国的扩散现状与前景：2000 年京、穗、港比较研究》，《新闻大学》2002 年第 2 期。

③ 柯惠新、范欣珩、郑春丽：《互联网使用及网民形态的变迁——2000—2005 年中国五城市互联网发展趋势探析》，《2006 年亚洲传媒论坛论文集》，中国传媒大学，2006 年，第 101—117 页。

④ 罗昕、黄靖雯、蔡雨婷：《从网民结构看网络民意与真实民意的偏差》，《当代传播》2017 年第 6 期。

⑤ 赵云泽、付冰清：《当下中国网络话语权的社会阶层结构分析》，《国际新闻界》2010 年第 5 期。

⑥ Zheng, J., Pan, Z., "Differential modes of engagement in the Internet era: A latent class analysis of citizen participation and its stratification in China," *Asian Journal of Communication*, Vol. 26, No. 2, 2016, pp. 95 – 113.

国经济社会发展的一个角度。例如，彭兰指出，中国网民呈现的特征，归根结底还是基于深刻的现实原因，而非单纯由网络决定的[①]。

从目前的研究来看，学界较为关注中国网民相关话题，积累了不少研究成果。然而从总体上看，这些研究存在如下问题：对网民发展状况的关注不够，对网民的结构分析未能呈现动态变化过程及其背后的现实动因，抽样调查的范围和解释力受限等。

二　创新扩散理论与中国互联网扩散研究

由于各国的互联网普及程度存在差异，如何缩小国家间以及国家或地区内部的"数字鸿沟"是一大现实问题，也是创新扩散理论关注的命题。研究发现，上网价格、人口密度以及电信设施的发展程度会对互联网的扩散速度产生显著的影响[②]，宗教构成与互联网传播之间也存在显著关系[③]。电信基础设施的改善可以跨越时空逐步弥合各国之间的数字鸿沟[④]。

国家或地区内部不同地区之间的互联网扩散存在差异。在我国，这种差异表现在多个方面。例如，乡村与城市、东部与中西部、各省区之间等。刘文新、张平宇发现，东部沿海地区的互联网发展水平明显高于中西部地区，北京、上海等地的互联网发展水平也明显高于其他地区。[⑤] 乡村与城市之间的差距更甚，不少研究考察了我国农村互联网扩散的影响因素以及改善路径。郝晓鸣、赵靳秋发现，农村

---

① 彭兰：《现阶段中国网民典型特征研究》，《上海师范大学学报》（哲学社会科学版）2008 年第 6 期。

② 程鹏飞、刘新梅：《基于创新扩散模型的互联网发展影响因素研究——以 35 个国家为例》，《软科学》2009 年第 5 期。

③ Golan，G. J.，& Stettner，U.，"From Theology to Technology：A Cross-National Analysis of the Determinants of Internet Diffusion," *Journal of Website Promotion*，Vol. 2，No. 3 - 4，2006，pp. 63 - 75.

④ Baek，Y. M.，"A longitudinal analysis of Internet diffusion in 68 countries：The Effects of economic，social，demographic，and telecommunication factors," *Conference Papers-International Communication Association*，2006，pp. 1 - 29.

⑤ 刘文新、张平宇：《中国互联网发展的区域差异分析》，《地理科学》2003 年第 4 期。

互联网的推广和使用受到制度与个人因素的双重影响①。叶明睿认为，较低的可试性和可观察性、较低的 IT 素养②、农村居民对于互联网认知的严重不足、有限的操作技能③等多方面原因，阻碍了互联网在农村地区的扩散。近年来，随着智能手机的发展与普及，农村互联网的发展迎来了新的契机，但是互联网在农村地区的发展仍不充分④。

此外，研究者探讨了互联网在特定人群中的扩散轨迹。例如，中国新闻从业者⑤、学生群体⑥等。总的来看，关于我国互联网如何扩散，网民群体有何总体特征等问题，我们知之甚少。本章通过对互联网统计报告进行二次分析，试图探究中国互联网扩散的总体情况及一般规律。

三 《中国互联网络发展状况统计报告》相关研究

CNNIC 自 1997 年 6 月 3 日成立以来，取得了不俗的成绩，但也经受了不少质疑，引发了诸多争论⑦。CNNIC 发布的互联网统计报告，不仅是人们了解中国网民与互联网的"透视镜"，而且报告本身是研究对象。例如，白冰、陈英较早开展了对报告的研究，指出 CNNIC 存在起步晚、经验不足、统计方法科学性不高的问题⑧。另有研究者对报告中的数据提出了质疑，马旗戟在 2008 年探讨过中国网民数量、网

---

① 郝晓鸣、赵靳秋：《从农村互联网的推广看创新扩散理论的适用性》，《现代传播》2007 年第 6 期。

② 叶明睿：《用户主观感知视点下的农村地区互联网创新扩散研究》，《现代传播》2013 年第 4 期。

③ 叶明睿：《扩散进程中的再认识：符号互动视阈下农村居民对互联网认知的实证研究》，《新闻与传播研究》2014 年第 4 期。

④ 谭天、王颖、李玲：《农村移动互联网的应用、动因与发展——以中西部农村扩散调研为例》，《新闻与写作》2015 年第 10 期。

⑤ 周裕琼：《主动采纳与被动采纳——互联网在中国新闻从业者中的扩散》，《新闻与传播评论》2005 年第 5 期。

⑥ 周明侠、李文格：《S 曲线、数字鸿沟及互联网在中国学生中的扩散》，《求索》2004 年第 2 期。

⑦ 刘韧：《CNNIC 大问题》，《南方周末》2000 年 6 月 23 日。

⑧ 白冰、陈英：《论网络媒介的受众调查方法》，《现代传播》2002 年第 3 期。

民规模的增长潜力等是否确如报告所述的问题①。这些针对报告本身的研究，倾向于认为报告的设计与统计存在一定的缺陷。②

不过，目前尚没有全国范围的、持续的互联网统计数据能够替代CNNIC 的统计报告。因此，CNNIC 的统计报告常常作为研究中国网民的重要数据来源。例如，基于 CNNIC 的统计报告，匡文波对网络受众进行了定量研究③，吴功宜分析了我国网民的发展规模、普及率等④。还有学者基于统计报告中的数据，发现我国互联网资源存在分布不平衡的问题，互联网仍然是一部分人的特权⑤。在这一背景下，如何弥合数字鸿沟并将其转化为"数字机遇"，成为我国信息化建设的重要问题⑥。

一些研究者基于 CNNIC 统计报告中的相关数据，分析特定行业或特定领域的发展情况。例如，彭兰利用报告中有关网民结构的数据，探讨网民在网络媒体发展中的贡献⑦，列姆（Liem Gai Sin）等分析了我国电子商务的发展⑧，还有学者剖析了我国网上书店⑨、网络游戏⑩等行业的发展现状与潜在问题。这些研究暂时搁置了统计报告数据可

---

① 马旗戟：《对〈中国互联网络发展状况统计报告〉的四点探究》，《现代广告》2008 年第 10 期。

② 邱林川：《中国的因特网：中央集权社会中的科技自由》，[美] 曼纽尔·卡斯特（Manuel Castells）主编《网络社会跨文化的视角》，社会科学文献出版社 2009 年版，第 107—136 页。

③ 匡文波：《网络受众的定量研究》，《国际新闻界》2001 年第 6 期。

④ 吴功宜：《计算机网络与互联网技术研究、应用和产业发展》，清华大学出版社 2008 年版，第 158—166 页。

⑤ Hung, C., "Income, Education, Location and the Internet—The Digital Divide in China," *Conference Papers—International Communication Association* [*serial online*]. 2003, pp. 1–28.

⑥ 朱莉、朱庆华：《从我国互联网络宏观状况看数字鸿沟问题——对 CNNIC 最近 6 次互联网信息资源调查报告的分析》，《中国图书馆学报》2003 年第 5 期。

⑦ 彭兰：《中国网络媒体的第一个十年》，清华大学出版社 2005 年版，第 167—173 页。

⑧ Sin, L. G., Bus, M., & Purnamasari, R., "China e-commerce market analysis: Forecasting and profiling Internet user," 2011 IEEE International Summer Conference of Asia Pacific Business Innovation and Technology Management, Business Innovation and Technology Management (APBITM), *2011 IEEE International Summer Conference of Asia Pacific*, 2011, pp. 79.

⑨ 张志强：《从〈中国互联网络发展状况统计报告〉看国内网上书店发展》，《中国出版》2000 年第 11 期。

⑩ 雷霞：《被误读的重要网络文化：网络游戏》，《新闻与写作》2012 年第 1 期。

能存在的问题，专注于利用统计报告来分析互联网对中国社会的影响。本章无意于探讨 CNNIC 统计数据可能存在的问题，而是将其作为二手数据考察中国网民的总体概况及其变迁过程。当然，本章也会基于分析过程与研究结果，解读与反思 CNNIC 的统计数据。

第三节 中国网民的"群像"及其变迁

本小节结合 CNNIC 发布的数据与中国统计年鉴的数据，以及世界银行公布的相关数据，探讨 1997—2018 年间，我国网民在规模、年龄、性别、城乡差异、收入、学历、职业等方面的变化过程。

一 网民规模的演变与历史节点

网民规模一直是互联网统计报告重要的统计项目。图 3—1 呈现了 1997 年 10 月至 2018 年 12 月共计 43 次互联网统计报告显示的网民规模及其变化。

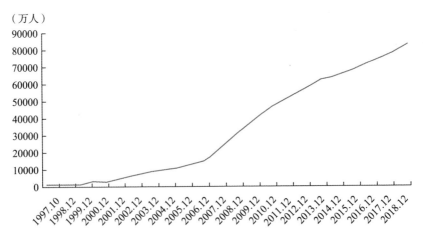

图 3—1 中国网民规模变化（1997—2018 年）

从图 3—1 可见，中国网民的数量从 1997 年至 2018 年一直呈增长趋势。这是互联网快速发展的结果，而政策与资金支持、外国在中国的直接投资（FDI）①、互联网基础设施建设的推进、互联网企业发展等因素有效推动了中国网民规模的增长。

依据演变趋势，中国网民22年的发展可以分为两个阶段。第一个阶段是1997年10月至2007年6月，在这十年间，中国网民数量的增长幅度较缓。第二个阶段是2007年6月至2018年，网民规模呈快速增长趋势。截至2007年6月，中国网民数量为1.62亿②，而2018年底比2007年6月增加了6.67亿人。从中可见，2007年是中国网民规模演变的历史节点，符合创新扩散的"S曲线理论"。该理论指出，当一种新产品或新服务在潜在市场中占据10%—25%份额之际，其扩散率会急剧上升③。结合中国统计年鉴与互联网统计报告中的数据④，2006年末，中国网民数量超过了全国人口总数的10%，因而在2007年之后中国网民规模快速上升。这是理论层面的解释，那么，现实中的影响因素为何？

本章认为，政策、商业和技术进步是主要原因。自2007年开始，政府部门更加重视互联网的建设和管理⑤，促进了中国互联网的良性发展。同时，互联网企业快速发展，在2007年，腾讯、百度、阿里巴巴的市值先后超过100亿美元，跻身全球大型互联网企业之列。网络游戏成为中国互联网的第一收入来源⑥，完美时空、征途、金山等以游戏为主要业务的互联网公司成功上市。iPhone在2007年的面世引爆了智能手机的新时代，智能手机不断完善上网功能，吸引着一大批非

① 邱林川：《中国的因特网：中央集权社会中的科技自由》，［美］曼纽尔·卡斯特（Manuel Castells）主编《网络社会跨文化的视角》，社会科学文献出版社2009年版，第107—136页。
② CNNIC：《第20次中国互联网络发展状况统计报告》，2007年7月20日，http：//www.cnnic.cn/hlwfzyj/hlwxzbg/hlwtjbg/201206/t20120612_26711.htm，最后浏览日期：2019年4月3日。
③ 匡文波：《网络受众的定量研究》，《国际新闻界》2001年第6期。
④ CNNIC：《第19次中国互联网络发展状况统计报告》，2007年1月19日，http：//www.cnnic.cn/hlwfzyj/hlwxzbg/hlwtjbg/201206/t20120612_26710.htm，最后浏览日期：2021年7月1日。
⑤ 钱莲生主编：《中国新闻年鉴2008》，中国新闻年鉴社2008年版，第745页。
⑥ 方兴东、潘可武、李志敏、张静：《中国互联网20年：三次浪潮和三大创新》，《新闻记者》2014年第4期。

网民成为手机网民。

笔者注意到，43 份互联网统计报告对网民的定义是变化的。前 17 次互联网统计报告中使用的网民定义为："平均每周使用互联网至少1小时的中国公民。"第 18 次与 19 次对网民的年龄进行了限定，须在 6 周岁以上。但是，第 20 次互联网统计报告（截至 2007 年 6 月）将网民定义为："过去半年内使用过互联网的 6 周岁及以上中国网民。"后来，CNNIC 在进行互联网统计时，沿用了这一网民的概念。

对于这一改变，CNNIC 在 2007 年解释到，"每周上网一小时"的统计口径是为了在互联网发展的起步阶段，统计出更加具有实质性意义的"活跃网民数"。而国际上采用较多的网民定义是"半年内使用过互联网的人"。为了与国际接轨，CNNIC 将网民的统计口径从"每周上网一小时"调整为"半年内使用过互联网"。[1]

"半年内使用过互联网"的定义，将"偶发型互联网用户"纳入了统计范畴。例如，偶尔在手机上使用网页或无意中点开网页/彩信的用户。由此可以推测，2007 年 6 月作为我国网民规模变化的历史节点，CNNIC 对于网民定义的改变，或许是原因之一。

虽然中国网民的规模不断上涨，已高居世界第一。但是，普及率只达到了世界的平均水平，与欧美发达国家相比仍有不小的差距。根据世界银行的数据，图 3—2 反映了中国、美国、韩国、巴西、印度五国互联网普及率及其历史演变。

从图 3—2 可见，美国、韩国等发达国家的互联网发展较早，其普及率在 20 世纪 90 年代开始增长。而以中国为代表的发展中国家则是在进入 21 世纪后，互联网的普及率才开始上升，呈现追赶态势，与发达国家的差距不断缩小。横向比较，我国和巴西、印度的互联网普及率增长趋势基本一致。但是，我国的互联网普及率高于印度，但低于巴西。纵向比较，相较于发达国家，中国互联网起步晚，而且城乡之间存在明显的结构性差异，互联网普及率存在提升空间。

---

① CNNIC：《第 20 次中国互联网络发展状况统计报告》，2007 年 7 月 20 日，http：//www.cnnic.cn/hlwfzyj/hlwxzbg/hlwtjbg/201206/t20120612_26711.htm，最后浏览日期：2019 年 4 月 3 日。

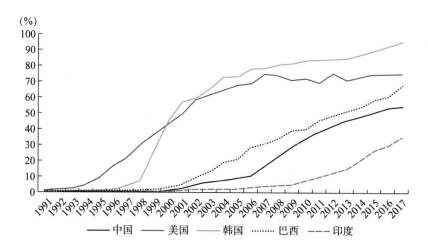

图3—2　中、美、韩、巴西、印度互联网普及率
对比（1991—2017年）①

二　"80后""90后"是主要使用人群

由于 CNNIC 在 43 份互联网统计报告中对网民年龄的划分使用了不同的标准，因而本章依据其标准的变化，分段分析网民的年龄。图3—3 和图 3—4 分别展现了 1999 年 12 月至 2008 年 6 月以及 2008 年 12 月至 2018 年 12 月网民年龄结构的变化。

将不同年份对应的年龄段转换为网民的出生年份可见，在中国互联网扩散之初（1990 年代中后期），"60后"与"70后"是主要的互联网用户（他们彼时的年龄是 20—40 岁）。② 进入新世纪后，"80后"逐渐取代"70后"和"60后"，成为互联网使用的主要人群，网民群体走向年轻化。此后，随着时间的演变，虽然年轻的网民会变成中年网民并通过累加加重中年网民（30—39 岁）的比重，但是总的趋势是以年轻网民的占比最高（20—29 岁）（在 2010 年后对应"90后"，2009 年之前对应"80后"）。

---

① World Bank Group：Individuals using the Internet（% of population），https：//data. world-bank. org. cn/indicator/IT. NET. USER. ZS？locations = CN，2019 年 5 月 22 日。

② 由于 1999 年 12 月前的统计报告中有关年龄数据要么缺失，要么不统一，因而本章未能进行数据分析。

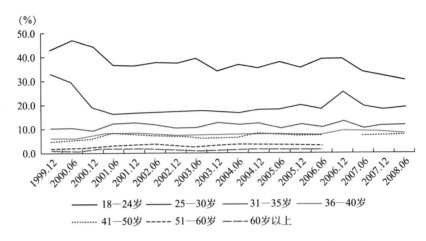

图3—3　网民具体年龄结构变化［1999—2008（6月）年］

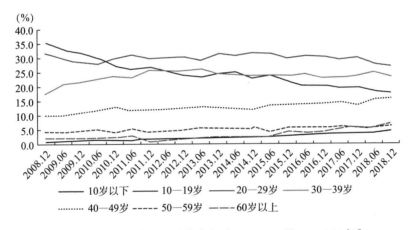

图3—4　网民具体年龄结构变化［2008（12月）—2018年］

2008年时，10—19岁的网民占比最高，其中的一个原因是"校校通"工程的实施。教育部于2000年发布了《关于在中小学实施"校校通"工程的通知》，计划用5—10年时间，使全国90%左右的、独立建制的中小学校能够上网，推动中小学师生共享网上教育资源。①

————————

① 中华人民共和国教育部：《关于在中小学实施"校校通"工程的通知》，2000年11月14日，http：//old. moe. gov. cn//publicfiles/business/htmlfiles/moe/moe_327/200409/2965. html，最后浏览日期：2018年3月4日。

2008 年前后,"校校通"工程接近尾声,全国大多数中小学校都能上网。这意味着,中小学生接触互联网的机会大大增加,10—19 岁网民因此占比上升。从 2009 年开始,SNS 网站兴起,加之网络游戏、网络音乐、网络视频等流行,互联网娱乐吸引着年轻人进入互联网。同时,随着企业信息化、网上政务的推进,人们因工作需要而使用互联网的概率大大增加。

相比之下,50 岁及以上网民的比例近年来虽然有所增加,但是增幅不高;60 岁及以上人群("50 后",统计数据截至 2018 年)大多生活在网络世界之外。就老年网民而言,我国与欧美发达国家之间存在明显的差异。以美国为例,在 2000 年,65 岁及以上人群中有 14% 的人使用过互联网。在 2015 年,这一数字变为 58%,也即是超过半数的 65 岁及以上人群使用过互联网。我国互联网在年轻人群中的扩散程度较高,但在老年群体中的扩散缓慢。因此,未来的互联网发展需要关注老年人群的上网需求,推动老年人群使用互联网。

三　早期以男性网民为主

据 1997 年发布的第 1 次互联网统计报告,男性网民在总体网民中占比高达 87.7%,女性网民仅占 12.3%[1]。结合当年的人口统计数据,当时普通公民的男女比例为 51.1∶48.9[2]。由此可见,在互联网扩散早期,男性网民居于主导地位,网民的性别结构与现实中的公民性别结构相比,出现了倒挂的现象。

之所以会出现上述情况,与当时互联网使用的职业需求和社会观念有关。在互联网扩散之初,主要是专业技术人员、技术类科研人员、国家行政管理人员等职业人群在使用互联网,这部分网民大多是中专以上学历。由于男性当时在这些岗位中占据优势,因而男性成为网民

---

① CNNIC:《第 1 次中国互联网络发展状况统计报告》,1997 年 12 月 1 日,http://www.cnnic.net.cn/hlwfzyj/hlwxzbg/200905/P020120709345374625930.pdf,最后浏览日期:2019 年 3 月 24 日。

② 中华人民共和国国家统计局编:《中国统计年鉴 1998》,中国统计出版社 1998 年版,第 4 页。

的概率更大。同时，互联网扩散早期受传统观念的影响，部分人错误地认为女性不适合使用计算机网络技术①。在面对互联网这项新技术时，不少女性表现出恐惧而非爱好，对于新技术的消极态度使女性较少使用计算机②。由于早期网民以男性为主，因此，早期互联网中充斥着男性所喜爱的信息和服务，而女性则无法享受互联网带来的一系列便利③。

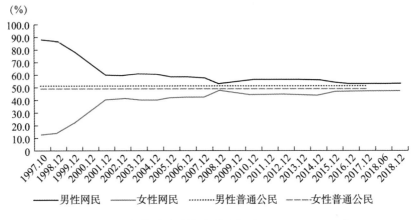

图3—5　网民与普通公民的性别结构对照（1997—2018 年）

图3—5 对比了网民与普通公民的性别结构，从中可见，1998—2001 年，女性网民的占比迅速增长，这一趋势与互联网第一次"浪潮"相呼应。随着互联网的深入扩散，互联网进入家庭与工作场所，女性接触互联网的机会增多。一大批中国互联网公司的兴起使网络应用日益丰富，互联网逐渐改变了扩散之初的技术化、精英化色彩，普通女性不断加入网民队伍。

从图3—5 可见，2008 年前后，网民的性别比例趋于优化，与普通公民的性别结构相差无几。究其原因，网络购物的兴起是重要的影

① 卜卫：《计算机不仅是给儿子买的》，《少年儿童研究》1998 年第 3 期。
② 刘霓：《信息新技术与性别问题初探》，《国外社会科学》2001 年第 5 期。
③ Cooper, J. , "The digital divide: the special case of gender," *Journal of Computer Assisted Learning*, Vol. 22, No. 5, 2006, pp. 320 – 334.

响因素。2007 年 11 月，阿里巴巴在香港上市，电子商务的热潮由此到来，女性在网络购物中扮演着重要的角色。2008 年腾讯网发布的《女性网民消费行为研究报告》显示，女性网民是网络消费的主要人群①。在 2008 年之后，虽然女性网民占比经历了小幅度的下降，但是总体来看，此后网民的性别比例接近于普通公民的性别结构。就性别问题而言，互联网在中国扩散早期的性别不平衡问题得到了改变。

与欧美发达国家相比，我国网民的性别比例的演变虽然较晚才趋于平衡，但最终都殊途同归，实现了互联网使用的性别平衡。以美国为例，其早期的互联网使用存在性别差异，男性比女性更可能成为互联网用户。但是，根据皮尤 2000 年的调查，54% 的美国男性、50% 的美国女性是网民②，互联网使用的性别差异已不明显。在随后的 15 年间，性别平衡逐渐成为互联网使用的常态。由此可见，虽然美国在互联网扩散早期也存在性别不平衡现象，但是由于美国在 20 世纪 90 年代便迎来了互联网的快速发展，互联网使用的性别差异较早消失了。而我国进入 21 世纪后才迎来互联网的"飞速发展期"，互联网使用的性别差异较晚才开始改变。

四 城乡普及率的结构性差异及其演变

早期的互联网统计报告没有报告农村网民的情况，这一状况 2006 年 7 月发布的第 18 次统计报告才得到改变。2009 年 1 月发布的第 23 次统计报告，出现了"农村网民规模"的统计类目。在此之后，农村互联网发展成为 CNNIC 统计调查的常规项目。

结合 CNNIC《中国农村互联网调查报告》以及互联网统计报告中的相关数据，图 3—6 展现了 2005—2018 年城乡互联网普及率的发展与变化。

---

① 孟群华：《腾讯发布〈女性网民消费行为研究报告〉网络经济跨入"她"时代》，《市场观察》2008 年第 12 期。

② Andrew，P.，& Maeve，D.，"Americans' Internet Access：2000—2015，" *Pew Research Center*，June 26，2015.

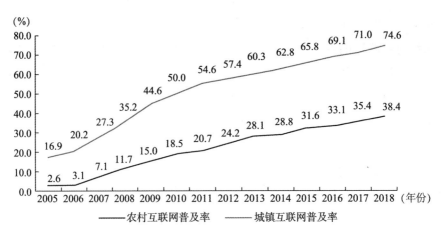

图3—6　城乡互联网普及率对比（2005—2018 年）

从图 3—6 可以看出，自 2005 年以来，互联网在农村地区得到了较大的发展，普及率从 2005 年的 2.6% 增长到了 2018 年的 38.4%。农村互联网的快速发展得益于多方面因素的推动。首先，政府部门持续推动农村地区互联网基础设施的建设和完善，例如，2006 年"村村通电话、乡乡能上网"的规划①，以及"宽带中国""三网融合""村通宽带"等多个政府工程的推进，2018 年网络扶贫的提出②等，为农村互联网的发展打下了基础。其次，农村居民收入的增长以及电信业务费用的逐步下降，推动了农村互联网的普及。再次，智能手机的普及使农村互联网的发展迎来了新的契机，农村居民可以使用智能手机这一更加便捷的设备上网。此外，随着电子商务的发展和消费意识的转变，越来越多的农村居民开始进行网上购物或者售卖农副产品，其互联网使用有了更多的目的性。

关于农村互联网的发展，不少发展中国家的情况与我国类似，例

---

① 中华人民共和国中央人民政府：《中华人民共和国国民经济和社会发展第十一个五年规划纲要》，2006 年 4 月 30 日，http：//www.gov.cn/gongbao/content/2006/content_268766.htm，最后浏览日期：2021 年 7 月 1 日。

② 《工业和信息化部国务院扶贫办关于持续加大网络精准扶贫工作力度的通知》，工业和信息化部网站，2018 年 11 月 9 日，http：//www.gov.cn/xinwen/2018 - 11/09/content_5338682.htm，最后浏览日期：2018 年 11 月 10 日。

如印度。由于印度城市化进程较为缓慢，城乡差异大，因此，为了推动农村互联网的普及，印度政府推出了一系列政策与措施，例如"数字印度计划"等①。智能手机也是推动印度农村互联网发展的重要原因。数据显示，印度最主要的上网设备是手机，大约有80%的流量是从手机中产生的②。

然而，无论是中国还是印度，农村地区与城镇地区的互联网普及都存在着较大的差距。截至2018年，我国城乡互联网普及率的差异仍超过35%③。究其原因，从客观上讲，体现为城乡经济发展的不均衡，使贫困的农村人口无法承担上网所需的成本④。从主观上讲，体现为农村居民的教育程度不高，信息素养较差。此外，随着城镇化进程的加快，原来属于农村的网民被城镇化之后，他们会被作为城镇（城市）网民统计。这种数据统计方面的变化也是原因之一。

据《2007年中国农村互联网调查报告》统计显示，在2007年，39.5%的农村居民不上网是因为没有上网设备，电脑在当时是最主要的互联网接入设备，而每百户农村居民只有2.7台电脑⑤。后来随着智能手机的发展，这一情况得到了改变。据2019年发布的第43次互联网统计报告显示，当时（2018年）阻碍非网民上网的主要原因已不再是缺乏硬件设施，不懂电脑、不懂网络以及不会拼音是新的障碍。由于不懂电脑、不懂网络以及不会拼音而不上网的人占到了非网民的87.4%⑥。从中可见，大部分非网民是因为互联网信息素养低（尤其

---

① https：//www.digitalindia.gov.in/.

② Meeker, M., "Internet Trends 2017," Code Conference, 2017.

③ CNNIC：《第43次中国互联网络发展状况统计报告》，2019年2月28日，http://www.cnnic.net.cn/hlwfzyj/hlwxzbg/hlwtjbg/201902/P020190318523029756345.pdf，最后浏览日期：2019年3月24日。

④ Zhao, J., Hao, X., & Banerjee, I., "The Diffusion of the Internet and Rural Development," *Conference Papers—International Communication Association.* 2006 Annual Meeting, 2006, pp.1-19.

⑤ CNNIC：《2007年中国农村互联网调查报告》，2007年9月8日，http://www.cnnic.cn/hlwfzyj/hlwxzbg/ncbg/201206/t20120612_27435.htm，最后浏览日期：2019年3月24日。

⑥ CNNIC：《第43次中国互联网络发展状况统计报告》，2019年2月28日，http://www.cnnic.net.cn/hlwfzyj/hlwxzbg/hlwtjbg/201902/P020190318523029756345.pdf，最后浏览日期：2019年3月24日。

是不具备使用能力）而不使用互联网。因此，深化互联网在农村地区的发展，在完善基础设施建设的同时，需要将重点放在提升农村居民的教育程度和互联网信息素养方面。①

五　互联网向低学历群体扩散的进程

结合 CNNIC 在统计报告中呈现的历年网民总数以及学历情况，图 3—7 展示了研究时段内不同学历网民的具体数量变化。

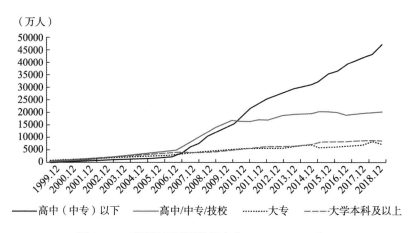

图 3—7　不同学历网民数量变化（1999—2018 年）

从图 3—7 可见，1999—2018 年，各个学历阶段的网民数量均有大幅度增长，高中（中专）以下以及高中/中专/技校学历的网民数量增长最为迅速。他们的数量增长从 2007 年 6 月前后开始，与总体网民数量的增长相对应。在 2007 年 6 月，CNNIC 的统计报告改变了网民的定义，将很多上网时间有限的学生纳进了网民的范畴。2007年前后，网络游戏行业飞速发展，是低学历群体（他们中的不少是学生族）使用互联网的动因之一。据 2007 年的《中国青少年上网行为研究报告》统计显示，在未满 18 岁的网民中，73.7% 的青少年网民

① 郝晓鸣、赵靳秋：《从农村互联网的推广看创新扩散理论的适用性》，《现代传播》2007年第 6 期。

都玩过网络游戏①。网络游戏对于较低学历群体的吸引力，由此可见一斑。2007 年，随着智能手机的发展，较低学历群体可以使用手机上网，也是他们成为网民的原因之一。

那么，互联网扩散中出现的学历变化是因为互联网向低学历群体扩散，还是因为普通公民的整体学历出现了这种变化趋势呢？结合中国统计年鉴中的人口数据，利用其抽样调查数据中各个学历阶段人群的具体数量除以总样本数，可以得出总人口中各个学历阶段群体的比重。计算发现，截至 1999 年末，普通公民中大专及以上学历的人口仅占比 3.09%，高中（中专）以下学历的人口占比为 86.2%。而根据互联网统计报告中的数据，当时大学本科及以上学历的网民占比为52%，只有 3% 的网民是高中（中专）以下学历②。对比两组数据可见，在互联网扩散之初，网民的学历结构与我国人口的受教育程度出现了较大的反差，在总人口中占比很小的较高学历群体（仅为3.09%）是网民中的主要人群。

然而，随着互联网的扩散，这一情况逐步得到改变。截至 2017 年12 月，高中（中专）以下学历的网民的占比超过总体网民的半数，达到 54.1%，而早前在网民结构中占比超过一半的大学本科及以上学历的网民占比跌至 11.2%③，比重远远低于高中（中专）及以下学历的网民。虽然网民的学历结构与普通公民的学历结构仍然存在差异，但是这一差异呈现逐渐缩小的趋势。

六　网民职业的"变与不变"

CNNIC 在进行互联网统计调查之初，未过多探讨网民的职业，而

---

① CNNIC：《中国青少年上网行为研究报告》，2008 年 1 月 16 日，http：//www. cnnic. net. cn/hlwfzyj/hlwxzbg/200906/P020120709345345235588. pdf，最后浏览日期：2019 年 3 月 24 日。

② CNNIC：《第 5 次中国互联网络发展状况统计报告》，2000 年 1 月 1 日，http：//www. cnnic. net. cn/hlwfzyj/hlwxzbg/200905/P020120709345371437524. pdf，最后浏览日期：2019 年 3 月 24 日。

③ CNNIC：《第 41 次中国互联网络发展状况统计报告》，2018 年 3 月 5 日，http：//www. cnnic. net. cn/hlwfzyj/hlwxzbg/hlwtjbg/201803/P020180305409870339136. pdf，最后浏览日期：2019 年 3 月 24 日。

是选择统计网民所从事的行业。在 2001 年发布第 7 次互联网统计报告
（截至 2000 年 12 月）时，CNNIC 调查了网民的职业。从最初统计的
网民所从事的行业来看，早期使用互联网的人群大多从事的是计算机、
科研教育、商业等行业，而且大多数网民使用互联网并不是出于个人
目的，而是用于工作。

CNNIC 于 2001—2007 年统计网民的职业时，使用了不同的划分标准，
直到 2008 年 12 月才逐渐固定下来。因此，为了能够进行比较，本章分析
了 2008 年 12 月至 2018 年 12 月网民职业变迁的数据（见图 3—8）。

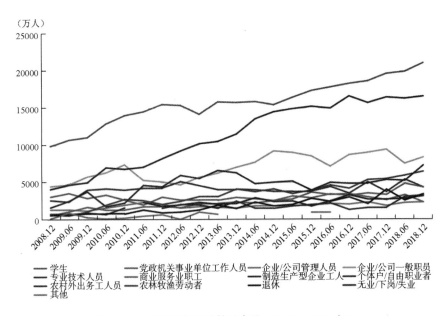

图3—8　不同职业网民数量变化（2008—2018 年）

结合 CNNIC 在 2008 年前的统计数据，可以发现随着互联网的扩
散，网民的职业结构发生了很大的变化，然而，无论如何改变，网民
中学生群体所占比重之大的现象未曾改变，学生一直是网民的主要构
成。从图 3—8 的数据可见，自第 8 次统计（截至 2001 年 6 月）开始，
学生在总体网民中的占比一直居首。

相较于学生网民占比的"不变"，其他职业的占比发生了较大的
改变：从事专业技术的网民数量不多，而一些新的职业（例如个体

户/自由职业者等）的占比逐渐上升。第 7 次统计报告（截至 2000 年 12 月）显示，专业技术人员是当时网民中最主要的构成，占比达到 24.8%[1]。但是在此之后，专业技术人员所占的比重不断下降，2018 年 12 月仅有 5.2% 的网民是专业技术人员[2]。当然，下降的是相对比重，而不是绝对数量。

1997—2018 年间，网民职业构成的一大变化是自由职业者的比重不断增加。最初，由于个体户/自由职业者中的网民数量较少，CNNIC 没有在调查中加入这一职业。到了 2005 年 6 月，自由职业开始出现在互联网统计报告中，这在很大程度上与淘宝兴起以及开网店的热潮有关。2003 年成立的淘宝网，带动了网店潮流，作为自由职业者之一的网店店主增多。在此语境下，统计网民中的自由职业者是必要的。截至 2005 年 6 月，网民中个体户/自由职业者为 54 万，而到了 2018 年 12 月，这一数字增长了 306 倍，个体户/自由职业者成为排名第二的职业，仅次于学生[3]。

七 互联网向低收入人群扩散的过程

如前文所述，全球互联网在扩散之初是一部分人的"特权"，收入的差距会导致互联网使用的差异。互联网统计报告的数据验证了这一结论。截至 1998 年 12 月，我国网民中仅 5% 的人收入在 400 元以下，收入在 400—1000 元的网民占比 37%，58% 的网民收入在 1000 元以上[4]。结合中国统计年鉴中有关收入的数据可知，1998 年末，我国

① CNNIC：《第 7 次中国互联网络发展状况统计报告》，2001 年 1 月 31 日，http://www.cnnic.net.cn/hlwfzyj/hlwxzbg/200906/P020120709345369819758.pdf，最后浏览日期：2019 年 3 月 24 日。

② CNNIC：《第 43 次中国互联网络发展状况统计报告》，2019 年 2 月 28 日，http://www.cnnic.net.cn/hlwfzyj/hlwxzbg/hlwtjbg/201902/P020190318523029756345.pdf，最后浏览日期：2019 年 3 月 24 日。

③ CNNIC：《第 43 次中国互联网络发展状况统计报告》，2019 年 2 月 28 日，http://www.cnnic.net.cn/hlwfzyj/hlwxzbg/hlwtjbg/201902/P020190318523029756345.pdf，最后浏览日期：2019 年 3 月 24 日。

④ CNNIC：《第 3 次中国互联网络发展状况统计报告》，1999 年 1 月 1 日，http://www.cnnic.net.cn/hlwfzyj/hlwxzbg/200905/P020120709345373005822.pdf，最后浏览日期：2019 年 3 月 24 日。

城镇居民家庭人均可支配收入每月约为 452 元①。当时的报告虽然没有统计网民的城乡结构分布，但是从收入水平可以判断，当时的网民绝大多数是城镇居民（农村互联网的发展可以佐证这一点）。由此可知，在互联网扩散之初，仅有少部分网民的收入在平均收入之下，大部分网民都属于较高收入群体。

随着互联网的普及和扩散，这一局面发生了改变。来自《中华人民共和国 2018 年国民经济和社会发展统计公报》的信息显示，2018年末，全国居民人均年可支配收入 28228 元，月均收入为 2352.3 元②。第 43 次互联网统计报告显示，截至 2018 年 12 月，收入在 2000 元以下的网民占比 39.3%，还有 15.7% 的网民收入在 2000—3000 元之间③。从中可见，历经 20 余年的发展，相当一部分较低收入群体加入了网民的行列。一方面，上网费用的降低以及上网速度的提高吸引了一大批较低收入的群体（例如学生）加入了互联网。另一方面，随着技术的不断发展，电脑的价格降低，加之智能手机的快速发展和普及，低收入群体能够拥有上网设备。

总之，我国互联网呈现逐步向低收入人群扩散的趋势。不过，互联网的扩散在不同阶段呈现不同的特征。由于 CNNIC 在第 43 次统计调查中，对于网民收入的划分标准不一致，因而本章选取 2008 年 12月至 2018 年 12 月的数据进行分析。结合 CNNIC 历次发布的总体网民数量以及不同收入的网民占比，图 3—9 反映了 2008—2018 年间不同收入网民的数量变化。

综合十年间的数据来看，500 元以下、501—1000 元以及 1001—1500 元收入段的网民数量变化不大（变化趋势较为平缓），而无收入

---

① 中华人民共和国国家统计局编：《中国统计年鉴 1999》，中国统计出版社 1999 年版，第318—320 页。

② 中华人民共和国国家统计局：《中华人民共和国 2018 年国民经济和社会发展统计公报》，2019 年 2 月 28 日，http://www.stats.gov.cn/tjsj/zxfb/201902/t20190228_1651265.html，最后浏览日期：2019 年 2 月 28 日。

③ CNNIC：《第 43 次中国互联网络发展状况统计报告》，2019 年 2 月 28 日，http://www.cnnic.net.cn/hlwfzyj/hlwxzbg/hlwtjbg/201902/P020190318523029756345.pdf，最后浏览日期：2019年 3 月 24 日。

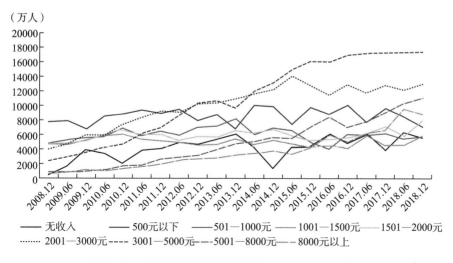

（万人）

图3—9 不同收入网民的数量变化（2008—2018年）

网民以及收入在5000元以上的网民数量增长迅速。截至2018年，无收入网民的数量是2008年的12.6倍，收入为5001—8000元的网民数量是2008年的12.85倍，而收入在8000元以上的网民数量达到了2008年的15.66倍。

无收入网民数量增长如此迅速，主要是由于学生网民数量增加。十年间，学生网民增加了9714.692万人。较高收入的网民数量增长，则反映了互联网在较高收入群体中的扩散。究其原因，一方面，随着我国经济社会的发展，全国居民人均可支配收入不断增长；另一方面，结合网民的职业结构来看，2008—2018年，网民职业分布的特征是个体户/自由职业者的数量剧增，推动了较高收入网民数量的增长。

第四节　中国网民演变的趋势与
互联网的未来

本章基于创新与扩散理论的视角，利用CNNIC发布的共计43次互联网统计报告，结合国家统计局和世界银行发布的相关数据，探讨了1997—2018年间我国网民在规模、年龄、性别、城乡差异、学历、职业、收入等方面的变化趋势，并进行了必要的比较，试图描绘中国网民的集体画像及其历史变迁。研究发现，我国网民的群像及其变迁体现在以下几个方面。

一是20年来，中国互联网经历了巨大的变革和发展，网民规模增长迅速。2018年与1997年相比，已不可同日而语。无论是城镇还是农村，互联网都得到了更为深入的扩散。本章发现，2007年是网民数量快速增长的"历史拐点"，除却政策、商业和技术进步等原因，互联网统计报告的统计口径的变化也是引起网民数量急剧增长的原因之一。这是一种"技术性的增长"。

二是在互联网扩散之初，"70后"城镇男性居民是使用互联网的主要群体。由于上网费用昂贵、上网速度慢，大多数网民使用互联网不是出于个人目的，而是用于工作。因此，早期接触互联网的群体大多是专业技术人员、科研人员、国家行政管理人员以及办事员等。他们大多收入较高，而且拥有较高的学历。

三是随着互联网的深入扩散和普及，"80后""90后"成为互联网使用的主要人群，而早期以城镇男性为主的网民结构也发生了变化，女性以及农村居民逐渐加入网民的行列。随着基础设施建设不断完善、互联网接入门槛不断降低、互联网服务不断丰富，较低学历和较低收入的群体开始有能力和有兴趣使用互联网。由于越来越多的网民出于个人需求和爱好使用互联网，网民群体的面貌得以改变，不再局限于最初的专业技术人员等，更多的职业群体开始出现，如个体户/自由职业者等。

四是我国网民的发展呈现大众化趋势。早期的互联网使用具有精英化倾向，但随着技术发展与费用门槛降低，互联网逐渐向大众化方向发展。然而，我国目前的互联网发展仍不充分。城镇的互联网普及程度较高，而农村的互联网发展还相对落后。由于一些农村居民的教育程度不高、信息素养较差，他们无法使用互联网，造成了城乡之间的"信息鸿沟"。互联网在年轻群体中的扩散接近饱和，但在较高年龄群体中的扩散仍不充分。

中国网民集体群像的改变与互联网扩散的进程相对应。影响互联网扩散的因素很多，例如，人力发展水平、互联网连接价格和使用语言等①。不同国家的国情不同，本章认为在早期阶段，中国互联网的快速发展得益于政府的政策和资金支持。例如，早期的"三金工程"建设，支持中小学生使用互联网的"校校通"工程，等等。加之大量资金的投入，政府在提升和普及互联网这项新技术的过程中发挥了关键性的作用。互联网扩散到一定程度后，市场的作用逐渐显现，一大批互联网企业带来了丰富的互联网产品和服务，推动了互联网的深入扩散。此外，在上网设备上，智能机的发展与革新是推动互联网深入扩散的影响因素。

基于本章的分析，笔者认为，中国网民的发展和互联网的扩散在未来或呈现如下趋势。

首先，农村人口、低龄人群和高龄群体是未来网民的增长点。不过，互联网在这几类人群中的扩散受到教育程度、信息素养以及硬件设施的影响，其扩散是一个长期的过程。中国网民规模将会持续上涨，普及率也会提升，但增幅会逐渐放缓。适应新网民群体的增长，未来的互联网发展需要开发更多适合儿童以及老人使用的服务与产品。

其次，中国互联网在总体上将凸显更多的女性化特征。虽然目前中国网民的男女比例已趋近于普通公民的性别比例，但是在网络经济迈向"他时代"的过程中，掌握着家庭"财政大权"的女性是网络消费的主要人群，将会催生更多"偏向"女性喜好的设计、服务产品。互联网将具有越来越多的女性气质。不过，互联网在中国的这种"性别偏向"虽然受到中国家庭文化的影响，但是在全球并不是孤例。从全球层面看，互联网的"女性化"发展，是对"男权社会"的一种回应。

对我国互联网群像变迁的探讨，为进一步认识与理解创新扩散理论提供了经验材料。创新扩散理论认为，由于一项创新的早期采纳者常常比晚期采纳者受过更多的正规教育，拥有更高的社会地位，

---

① Lin, J., "Factors Influencing the Diffusion of the Internet in China: 1997—2001," *Conference Papers—International Communication Association*, 2003, pp. 1 – 33.

因此，他们受到大众传播渠道的影响更多，与创新机构的接触也更多。① 这与我国网民的"群像"吻合。早期采纳互联网的人群，大多拥有大学本科及以上学历，他们主要从事的是计算机、科研教育、商业等职业，精英化倾向明显。而随着互联网的深入扩散，大众化趋势愈加突出。然而，这不能说明互联网在我国的扩散实现了均等化。创新扩散理论指出，创新精神与创新需求存在着悖论。这种相悖关系可能导致社会上层与下层之间的经济地位的悬殊扩大，两极分化会更加严重。② 因此，我国互联网使用的地域性以及群体性差异不容忽视。

在对我国网民年龄结构的分析中，本章发现，早期互联网的使用者大多在 30 岁及以下。随着互联网的深入扩散，越来越多的老龄/高龄群体开始使用互联网。创新扩散理论认为，早期采纳者与后期采纳者在年龄上无明显差别，年龄与创新的扩展之间并不存在一致的对应关系③。这与我国互联网扩散的情况有所不同。创新扩散理论是在美国农业技术推广经验的基础上提出的，在这一背景下，年龄与创新的扩散之间的关系或许并不密切。但是，对于互联网这一创新而言，在早期阶段年轻群体的接受度更高（国家政策鼓励实现网络的"校校通"是影响因素之一）。由此可见，年龄与互联网创新之间存在着一定的对应关系。

按照创新扩散理论，互联网属于交互式创新，存在着临界大多数点。一旦采纳曲线通过了临界大多数点，创新的采纳速度就会明显加快，速度也高于普通的 S 形曲线④。从我国互联网的普及率来看，虽然存在着临界大多数点（时间在 2007 年 6 月前后），在此之后互联网

---

① ［美］埃弗雷特·M，罗杰斯：《创新的扩散》，辛欣译，中央编译出版社 2002 年版，第 184 页。

② ［美］埃弗雷特·M，罗杰斯：《创新的扩散》，辛欣译，中央编译出版社 2002 年版，第 258 页。

③ ［美］埃弗雷特·M，罗杰斯：《创新的扩散》，辛欣译，中央编译出版社 2002 年版，第 252 页。

④ ［美］埃弗雷特·M，罗杰斯：《创新的扩散》，辛欣译，中央编译出版社 2002 年版，第 297—298 页。

普及进入了快速发展期。但是，与韩国、美国等发达国家相比，我国互联网普及率的增长速度并不高，而且没有达到饱和点，S 形曲线还未成型。由此来看，虽然互联网属于交互式创新，但是由于各国的国情不同，达到大多数临界点后的采纳速度也有所差异。从我国的具体情况来看，互联网在年轻群体中的扩散已然接近饱和，农村群体和高龄群体是未来网民的增长点，但是在这两个群体中实现互联网的深入扩散道阻且长。这意味着，我国互联网普及率或将放缓，S 形曲线将会逐渐显现。

在对 CNNIC 发布的统计数据进行分析时，本章发现，CNNIC 的统计有一些值得商榷之处。首先，在对网民的定义上，二十年来发生了两次改变。网民定义是统计的基础，因而定义的改变会影响数据统计与分析。其次，在 43 次统计报告中，CNNIC 采用的有关网民年龄、学历、职业以及收入的统计指标，发生了多次变化，使数据难以统一，不利于数据的积累和数据库建设。再次，在有关网民职业的统计中，CNNIC 没有对职业的概念进行界定。如何定义自由职业者，虽然学界并未达成共识，存在一些模糊之处。但是，调查统计若无相关界定，会使数据缺少精度和准度。

本章在人口统计学维度描摹我国网民的群像及其变迁，为我们理解我国网民的历史演变提供了参考。但是，全面认识网民的变迁，还需要考虑网民使用网络的方式、网络接入环境等因素对于网民的观念与行为的影响。这是后续研究可以聚焦的议题。由于 CNNIC 使用的一些统计指标前后不统一，因此本章在部分分析中采用了阶段性数据，这会导致分析与结论的连续性不够，需要我们在利用分析结论时保持警惕。

第 四 章

网民的互联网使用、网络
自传与生命故事

第三章探究了中国网民的群体变迁，本章以网络自传作为研究方法和研究对象，阐述个体网民使用互联网的过程。网络自传是网民以自传式记忆的方式呈现属于自己的互联网历史，是互联网口述历史和互联网记忆的一种，亦是研究互联网历史的路径之一。本章基于 224 份网络自传，考察网络自传呈现的互联网记忆的主题以及历史线索。①

第一节　问题的提出与研究设计

网络自传指的是特定社会中的网民使用互联网的自传式记录（区别于个人的网络"数据痕迹"），它不仅是网民个人的历史记录，而且还折射着群体与社会变迁的历史。我们可以通过网民个体的经验与记录，洞察个人和社会的网络历史，了解互联网的技术史、社会史与文化史，乃至总体社会变迁的历史。网民能够利用互联网书写与记录自己，这为网络自传的生产、保存、传播与研究提供了便利。

网络自传是互联网记忆和数字记忆的一种。本章基于网络自传考

---

① 本章部分内容杨国斌教授曾发表于《国际新闻界》2019 年第 9 期（《"我是网民"：网络自传、生命故事与互联网历史》）。

察网民的互联网记忆，提出如下研究问题：网民的网络自传呈现了互联网记忆的何种主题？网络自传再现了中国互联网历史的哪些线索？

本章于 2017 年 7 月至 2019 年 2 月间，邀请了 224 位网友（男性78 位，占比 34.8%，女性 146 位，占比 65.2%）自愿撰写了个人的网络自传，并收集了撰写者的人口统计学信息（包括年龄、性别、网龄、婚姻状况、常住地、个人月收入等）。撰写网络自传时，笔者给出了提示：请讲述您使用互联网的历史、故事与体验。最终收集的网络自传的字数从 2000 余字到 1.6 万字不等（总计 90 余万字），不少撰写者较为详细地记述了自己使用互联网的历史、故事与体验等。

本章基于拟定的研究问题与分析提纲，主要采取文本分析的路径，通过反复阅读网络自传的文本以发掘它们呈现的互联网记忆的主题，以及再现的互联网历史线索。在分析中，笔者沉浸于网络自传的文本之中，尽可能地让"文本"现身"说话"，以排除笔者可能存在的先入为主的"偏见"。

第二节　生命故事、媒介记忆与网络自传

在记忆研究中，记忆与文化文本之间的关系是一个关键问题①。Bourdon 主张将生命故事法与媒介记忆研究结合起来②，强调生命故事在记忆研究中的语境作用③。生命故事是建立在个体自传式记忆之上的、关于个人生活的故事④，它提供了考察个体记忆媒介的诸多有趣

---

① Bourdon, J., & Kligler-Vilenchik, N., "Together, nevertheless? Television memories in mainstream Jewish Israel," *European Journal of Communication*, Vol. 26, No. 1, 2011, pp. 33 – 47.

② Bourdon, J., "*Media Remembering: the Contributions of Life-Story Methodology to Memory/Media Research*," In: Neiger, M., Meyers, O., & Zandberg, E. (Eds.), *On Media Memory: Collective Memory in a New Media Age*. Basingstoke: Palgrave Macmillan, 2011, pp. 62 – 73.

③ Kortti, J., & Mähönen, T. A., "Reminiscing Television: Media Ethnography, Oral History and Finnish Third Generation Media History," *European Journal of Communication*, Vol. 24, No. 1, 2009, pp. 49 – 67.

④ Thomsen, D. K., Olesen, M. H., Schnieber, A., Jensen, T., & Tonnesvang, J., "What characterizes life story memories? A diary study of Freshmen's first term," *Consciousness and Cognition*, Vol. 21, No. 1, 2012, pp. 366 – 382.

的方式①。通过将生命故事与媒介记忆结合起来，研究者们可以收集并分析个体在生命历程中对某一媒介从早期或初期开始的使用历程，及其相应的回忆与叙述②。生命故事提供了一套不同于专业人士和研究人员所使用的"语法"，它不仅是关乎媒介自身的语法，而且包括个体在日常生活中与媒介相关的体验及其产生的意义，以及诸多出乎意料的接触点③。这是生命故事法在媒介记忆研究中的力量所在④。

生命故事法在媒介记忆研究领域中的应用并不常见，但是最近呈现流行态势⑤。其中，在有关电视记忆的研究中运用较多。研究者认识到，电视研究不能仅仅把电视作为技术来谈论⑥，理解电视记忆应当与家庭⑦及社会制度联系起来⑧，并且将其置于更广泛的日常生活实践之中，以理解电视记忆的形成及其在日常实践中的作用⑨。由于电

① Kortti, J., & Mähönen, T. A., "Reminiscing Television: Media Ethnography, Oral History and Finnish Third Generation Media History," *European Journal of Communication*, Vol. 24, No. 1, 2009, pp. 49 – 67.

② Bourdon, J., "*Media Remembering: the Contributions of Life-Story Methodology to Memory/ Media Research*," In: Neiger, M., Meyers, O., & Zandberg, E. (Eds.), *On Media Memory: Collective Memory in a New Media Age*, Basingstoke: Palgrave Macmillan, 2011, pp. 62 – 73.

③ Bourdon, J., & Kligler-Vilenchik, N., "Together, nevertheless? Television memories in mainstream Jewish Israel," *European Journal of Communication*, Vol. 26, No. 1, 2011, pp. 33 – 47.

④ Dhoest, A., "Audience retrospection as a source of historiography: Oral history interviews on early television experiences," *European Journal of Communication*, Vol. 30, No. 1, 2015, pp. 64 – 78.

⑤ Bourdon, J., "*Media Remembering: the Contributions of Life-Story Methodology to Memory/ Media Research*," In: Neiger, M., Meyers, O., & Zandberg, E. (eds.), *On Media Memory: Collective Memory in a New Media Age*, Basingstoke: Palgrave Macmillan, 2011, pp. 62 – 73.

⑥ Bourdon, J., "Some Sense of Time: Remembering Television," *History & Memory*, Vol. 15, No. 2, 2003, pp. 5 – 35.

⑦ Bourdon, J., "Some Sense of Time: Remembering Television," *History & Memory*, Vol. 15, No. 2, 2003, pp. 5 – 35.

⑧ Turnbull, S., & Hanson, S., "Affect, upset and the self: memories of television in Australia," *Media International Australia Incorporating Culture and Policy* (157), 2015, p. 144.

⑨ Turnbull, S., & Hanson, S., "Affect, upset and the self: memories of television in Australia," *Media International Australia Incorporating Culture and Policy* (157), 2015, p. 144.

视的基本消费单位是家庭而不是个人①，因而家庭与国家是理解电视记忆的重要框架②。布尔登（Bourdon）通过考察个体对电视的记忆，发展出了壁纸记忆（wallpaper）、媒体事件（media events）、闪光灯记忆（flashbulb）与亲密接触（close encounters）四种记忆类型。他认为，个体对电视的记忆不仅仅是记住电视节目那么简单，而且记住了自己与电视世界的互动。这种记忆可以在观看电视时发生，也可以在观看之后发生③。

在生命故事的视域中，人们的电视记忆受到文化、地域、性别等多种因素的影响。Penati 在考察意大利人的电视记忆时发现，个体的不同经历及其生命故事揭示了他/她对电视迥然不同的"想象"方式。例如，那些见证了电视进入农村地区这一特定时期或事件的人们，当他们在谈到首次接触电视（是当时的新媒体）时，倾向于使用"魔术"与"奇迹"的概念④。Lepp 和 Pantti 通过考察在苏联占领的几十年里爱沙尼亚人对芬兰电视的记忆，发现爱沙尼亚人会将芬兰电视记忆为一种事件、一种区分手段、一种通向富裕世界的窗口以及一种专制教育的工具⑤。电视在个体记忆中的形象具有性别差异，女性常常将电视置于更加广泛的社会、家庭以及家庭事务的框架中追忆⑥，对

---

① Morley, D., *Television, Audiences, and Cultural Studies*, London: Routledge, 1992, p. 138. 转引自 Kortti, J., & Mähönen, T. A., "Reminiscing Television: Media Ethnography, Oral History and Finnish Third Generation Media History," *European Journal of Communication*, Vol. 24, No. 1, 2009, pp. 49 – 67。

② Bourdon, J., & Kligler-Vilenchik, N., "Together, nevertheless? Television memories in mainstream Jewish Israel," *European Journal of Communication*, Vol. 26, No. 1, 2011, pp. 33 – 47.

③ Bourdon, J., "Some Sense of Time: Remembering Television," *History & Memory*, Vol. 15, No. 2, 2003, pp. 5 – 35.

④ Penati, C., "'Remembering Our First TV Set'. Personal Memories as a Source for Television Audience History," *Journal of European Television History & Culture*, Vol. 2, No. 3, 2013, pp. 4 – 12.

⑤ Lepp, A., & Pantti, M., "Window to the west: memories od watching finnish television in estonia during the Soviet period," *Journal of European Television History & Culture*, Vol. 3, No. 2, 2012, pp. 76 – 86.

⑥ Collie, H., "'It's just so hard to bring it to mind': The significance of 'wallpaper' in the gendering of television memory work," *Journal of European Television History & Culture*, Vol. 3, No. 2, 2012, pp. 13 – 20.

她们第一次接触电视时小心翼翼地把它放在家里的场景记忆深刻。女性在记忆中把电视作为一件家具对待，甚至是一种她们必须处理和妥善履行的新的社会仪式①。而男性对电视的记忆，更多的是与熟悉一个相当复杂的技术，或者消费第一个电视节目有关②。

记忆具有选择性，对媒介的记忆亦是如此③。尽管人们普遍认为并非所有的记忆在个体的生命故事中都同等重要，但是在某些记忆被选择成为生命故事的一部分时，究竟是何种机制在起作用，还未形成共识④。因此，在个体与媒介共同的历史中，何种记忆被选择作为生命故事的一部分而被回忆起来，其中的影响因素为何，是学者们热衷探讨的问题。事件特征被认为是选择生命故事的重要机制之一。具体来说，与目标追求高度相关、具有较高情感强度、重要的事件更有可能成为个体追忆的生命故事的一部分⑤。Turnbull 和 Hanson 认为，当一个事件、人物或情境被情绪所吸引，或者是不寻常的，或者在某种程度上融入了观众的生活时，其在电视记忆中便会更加令人难忘⑥。Conway 和 Dan 认为，生命故事是一个个人化的故事结构，因而它与自我、个体的身份紧密相关⑦⑧。因此，情感、超越规范的事件与行为、

①　Penati，C.，"'Remembering Our First TV Set'. Personal Memories as a Source for Television Audience History，" *Journal of European Television History & Culture*，Vol. 2，No. 3，2013，pp. 4–12.

②　Penati，C.，"'Remembering Our First TV Set'. Personal Memories as a Source for Television Audience History，" *Journal of European Television History & Culture*，Vol. 2，No. 3，2013，pp. 4–12.

③　邵鹏：《作为人类文明记忆的媒介》，*China Media Report Overseas*，Vol. 11，No. 3，2015，pp. 57–67。

④　Thomsen，D. K.，Olesen，M. H.，Schnieber，A.，Jensen，T.，& Tonnesvang，J.，"What characterizes life story memories? A diary study of Freshmen's first term，" *Consciousness and Cognition*，Vol. 21，No. 1，2012，pp. 366–382.

⑤　Thomsen，D. K.，Olesen，M. H.，Schnieber，A.，Jensen，T.，& Tonnesvang，J.，"What characterizes life story memories? A diary study of Freshmen's first term，" *Consciousness and Cognition*，Vol. 21，No. 1，2012，pp. 366–382.

⑥　Turnbull，S.，& Hanson，S.，"Affect，upset and the self：memories of television in Australia，" *Media International Australia Incorporating Culture and Policy*（157），2015，p. 144.

⑦　Conway，M. A.，"Memory and the self，" *Journal of Memory & Language*，Vol. 53，No. 4，2005，pp. 594–628.

⑧　Dan，M. A.，"Personality，Modernity，and the Storied Self：A Contemporary Framework for Studying Persons，" *Psychological Inquiry*，Vol. 7，No. 4，1996，pp. 295–321.

自我认同是个体选择与电视之间的生命故事记忆的主要因素①。这也即是说,生命故事包括那些对自我和个体而言非常重要的记忆②。尽管生命故事是动态的,但是仍然存在一些特定的记忆被个体认为是生命中重要的,这些记忆常常被个体唤醒与讲述。这表明,生命故事具有一定的稳定性。这种稳定性或许源于事件的目标相关度、情感强度等因素③。

媒介记忆研究既关注个体的媒介使用以及个体与媒介的交往,又关注媒介的历史,具有回忆者个体自传与媒介传记的双重性质④。个体作为媒介使用的"亲历者"产生媒介记忆,其自身的视角常常被"代入"媒介记忆,从而赋予媒介记忆以自传的"气质",形成自传式记忆。

由于每个网民都有一段属于自己的网络历史,正如每个人、每个家庭都有自己的历史⑤。因而,自传式记忆之于网络媒介可以体现为网络自传。也即是说,网络自传能够以自传式记忆的方式呈现网民的网络历史。这是互联网历史必不可少的组成部分。在更为宽泛的意义上,网络自传是互联网口述历史和互联网记忆的一种,是研究网民记忆的重要素材,也是研究网民的可行路径之一。当前,不少关于互联网创业英雄或技术精英的传记,构成了网络自传与互联网历史的一个侧面⑥⑦。但是,网民视角的互联网历史书写比较鲜见,而缺少网民视

---

①　Turnbull, S., & Hanson, S., "Affect, upset and the self: memories of television in Australia," *Media International Australia Incorporating Culture and Policy* (157), 2015, p. 144.

②　Thomsen, D. K., Olesen, M. H., Schnieber, A., Jensen, T., & Tonnesvang, J., "What characterizes life story memories? A diary study of Freshmen's first term," *Consciousness and Cognition*, Vol. 21, No. 1, 2012, pp. 366 – 382.

③　Thomsen, D. K., Jensen, T., Holm, T., Olesen, M, H., Schnieber, A., & Tonnesvang, J., "A 3.5 year diary study: Remembering and life story importance are predicted by different event characteristics," *Consciousness and Cognition*, Vol. 36, 2015, pp. 180 – 195.

④　吴世文、杨国斌:《追忆消逝的网站:互联网记忆、媒介传记与网站历史》,《国际新闻界》2018 年第 4 期。

⑤　吴世文:《互联网历史学的前沿问题、理论面向与研究路径——宾夕法尼亚大学杨国斌教授访谈》,《国际新闻界》2018 年第 8 期。

⑥　方兴东、潘可武、李志敏、张静:《中国互联网 20 年:三次浪潮和三大创新》,《新闻记者》2014 年第 4 期。

⑦　方兴东主编:《互联网口述历史第 1 辑:英雄创世纪》,中信出版集团 2021 年版。

角的互联网历史是不完整的。"人民是历史的创造者"，也可以是历史
书写的参与者。由于网民可以在互联网时代发声与进行"公众书写"，
卡尔·贝克尔的"断语"——"人人都是他自己的历史学家"① 有了
新的可能性，即"人人都可以是互联网历史学家"。更为重要的是，
关注网络自传与研究网民，实则是研究互联网历史中的"人"，可以
超越偏重技术、商业、事件的互联网历史研究而回归对人的研究，召
唤互联网中的"我"，从而使互联网历史获得更为开阔的空间和开放
的视角。

　　研究网民的网络自传，有何意义？第一，是从使用者视角自下而
上地书写互联网社会史的必要组成部分；第二，是记录与研究网民个
体与群体的态度、情感与网络行为的可行路径；第三，是记录与洞察
时代变迁的"窗口"；第四，是保存网络档案（互联网历史研究的
"史料"）的基础性工作。这意味着，研究网民的网络自传是可行的，
而且具有不可忽视的意义。

　　总之，网络自传呈现了网民的生命故事，而其再现的互联网记忆
构成了互联网历史的一部分。本章不仅将网络自传作为研究对象，也
作为方法来研究网民以及互联网的社会史。

第三节　网民使用互联网的历史
及其生命历程

　　通过解读收集的网络自传发现，网民在自传中讲述了自己使用互
联网的历史线索以及互联网与个人生命历程的"关联"，这构成了网
民互联网记忆的主题之一。

一　互联网使用与网友的成长历程
　　网民的网络自传相当于网民在网络社会中的"私人生活史"。从

---

① ［美］卡尔·贝克尔：《人人都是他自己的历史学家：论历史与政治》，马万利译，北京
大学出版社 2013 年版。

本章收集的资料看，互联网使用嵌入了网民的成长历程，与网民生命历程中的重要节点，例如高中、大学和工作等紧密联系在一起。这意味着，互联网使用记忆可以记录与保存网民生命中的"重要事件"。网民的互联网的使用及其迁移与"生命节点"分不开，而这些"生命节点"反过来推动着互联网使用的变迁。

（一）互联网使用中的开端记忆

上网或接触互联网是网络自传的开端，因而，开端记忆是互联网记忆的主题之一。例如，网友记忆了第一次看到电脑、第一次使用电脑、第一次上网、第一次拥有自己的电脑、第一部手机、第一部智能手机、第一次打游戏等使用互联网的起点。这其中既有对上网设备的拥有，又有具体的网络使用活动，形成了丰富的开端记忆。自传者 CK 回忆道："2013 年，高考结束后，我拥有了人生中第一部可以上网的智能手机。在咨询店员后，我知道了'流量'的作用，每月 100M 就足够我使用 QQ 等聊天软件了。因为家中只有我一个人使用智能手机，所以当时并没有购置 Wifi，全家的主要娱乐活动还是看电视和玩电脑，低头玩手机的情况并没有出现。同年，我申请了微信账号，刚开始使用发现功能并没有 QQ 丰富，但是出于流行，我还是下载到手机上，虽然从没有和高中同学在上面聊过天、发朋友圈。此时的微信对于我们来说还是一个可有可无的社交软件。"[①]

进一步分析网络自传发现，电脑、手机这些上网设备常常作为"礼物"被赠予网友。例如，"随着高考的结束，紧张的学习生活也告一段落了，再加上我高考考的比较理想，父母为了庆祝特地给我买了一台笔记本电脑。买到电脑的那天我激动了一个晚上都没有睡着，玩电脑玩到了晚上十二点多，但是基本上都是在用浏览器浏览一些新闻网站，看看一些视频，其他的应用基本上也用不来，确切地说是想不起来其他的应用"[②]。

又如，TM 回忆道："属于我的第一部手机我还记得是在我上初中

---

① 来自 CK 的网络自传，25 岁，男。
② 来自 WYT 的网络自传，26 岁，男。

的时候得到的，那是作为考试奖励的一部滑盖手机，三星、黑色的。当时，妈妈带我去现代城挑选手机，在那个时候卖场里面大部分手机都是直板机，翻盖和滑盖的款式也很有限，在卖场里我其实有点不知所措，最终经过再三比较买下了这款手机，它也陪我度过了大半中学时光……我的手机也有拍照功能……只能存不到百张的空间和略感模糊的画面，也有着它难以替代的温馨。"①

从中可见，不少自传者是以接受馈赠的方式获得上网设备的，它们有些是生日礼物，有些是作为网友取得优良的高考或中考成绩的"奖励"，馈赠者以家庭成员与亲属为主。作为奖励的馈赠象征着荣誉，因而会让网友"WYT""激动了一个晚上都没有睡着"。这些情感贯穿网友的互联网记忆。开端记忆与网友读完高中、考入大学等重要的人生历程有关。

电脑或手机"第一次"为网友个体所拥有，意味着媒介成为个人的"私有物品"，区别于作为家庭"共有物"的电视。电脑或手机作为个人物品，网友重视自己的所有权。网友对拥有的"第一台电脑"或"第一部手机"记忆深刻，说明了"第一台电脑"或"第一部手机"对网友的意义。拥有的电脑和手机，是网友成长与社会化的"标志"。因而，拥有电脑或手机是网友社会化的重要节点。这个互联网的开端记忆对于网友的生命历程而言，无疑是重要的。同时，开端记忆是互联网嵌入社会的"开端"，昭示着互联网在青少年中扩散的路径，即通过家庭或亲属赠予互联网终端设备，促进了互联网的扩散与使用。这一过程体现了中国人情社会的特点。

（二）互联网使用与网友生命历程中的"重要节点"

电视记忆往往与生活事件、生活阶段联系在一起。例如，购买电视常常与生活事件（例如结婚）有关，而观看电视节目往往又与特定的生活阶段（例如休假）相联系②。互联网使用亦与重要的生活事件

---

① 来自 TM 的网络自传，26 岁，女。

② Dhoest, A., "Audience retrospection as a source of historiography: Oral history interviews on early television experiences," *European Journal of Communication*, Vol. 30, No. 1, 2015, pp. 64 - 78.

联系在一起，因为这种联系，个体的生命故事和互联网使用的历史才有可能被唤醒、被记忆。Thomsen 等人指出，生命故事包含着对个体而言非常重要的记忆①。分析发现，网友在自传中记述了互联网使用与生命节点（突出表现为高中、大学、工作等）的密切关系。生命节点影响着网民的互联网使用，而互联网的使用记录、建构着这些过程及其社会意义。这些节点记忆构成了互联网记忆。

1. 高考开启互联网使用的高峰

在本章收集的不少网络自传中，高中是"真正接触互联网"的开始。这常常跟自传者拥有了自己的上网设备有关。例如，ZDD 写道："高考结束后，我有了自己的第一台手机和第一台笔记本电脑，也是我真正开始频繁使用 QQ 的时候。第一次使用智能手机的我，可以说是新鲜感十足，下载了各种的手机应用，通过手机来看视频、听音乐和社交。"②

不过，由于我国高中生的学习压力普遍很大，因此学生族在高中及之前的学习阶段并不能频繁地使用互联网。自传者对互联网的频繁使用，大多发生在高考结束之后，尤其是高考结束后的那个暑假。这种频繁使用具有补偿性与"报复性"，亦具有抗争的意味。例如，"高考结束，我们就像是一群被关押已久的囚鸟重新回到了广阔无边的大自然。过去那些在小本子上列下的心愿清单一股脑的呈现在眼前，触手可及。那些现在听起来似乎幼稚得可笑的愿望，例如'我要去网吧上三个通宵的网'、'我要把某某电视剧一口气看个够'等，却在能够实现的时候变得并不那么吸引人了"。③

再如，YZH 回忆道："真正频繁使用 QQ 在高考结束之后，当时最大的变化在于课业压力没有了，随之而来家长的约束也减少了，同时因为面临从高中到大学的重要转变，因此这一时期我逐渐开始频繁使

① Thomsen, D. K., Olesen, M. H., Schnieber, A., Jensen, T., & Tonnesvang, J., "What characterizes life story memories? A diary study of Freshmen's first term," *Consciousness and Cognition*, Vol. 21, No. 1, 2012, pp. 366–382.

② 来自 ZDD 的网络自传，24 岁，男。

③ 来自 XFF 的网络自传，26 岁，女。

用 QQ 与同学保持联系，进入大学以后 QQ 更是成为一个与外界保持联系的重要渠道。不管是班级事务还是社团活动有太多事情依赖于 QQ 这一工具得以实现，通过 QQ 我与外界特别是日常生活中的各个圈子保持互动、增进联系。由此 QQ 也成为我日常花费时间最多的一个互联网产品。"①

在不少男性网友的自传中，高考之后打游戏（甚至是"疯狂地打游戏"）屡被忆及。例如，22 岁的"ZK"回忆道："我第一次接触网吧，当然是在成年之后，也就是高考完的那个暑假，其实还是因为闲暇的时间很多，而自己又对游戏很感兴趣，因此在同学的带领下，一起组队到网吧玩游戏。而我每次去网吧，基本上都会和同学一起，每次大约有 2—4 人同行，这也被戏称为一起去网吧'开黑'。也就是指互相熟悉和认识的玩家一起在网吧组队游戏。"②

"高考之后"这一特殊节点的互联网记忆，具有鲜明的中国特色。对于网友来说，它意味着高考的结束，是通向大学生活或社会生活的过渡时期，是个体成长的一个转折阶段。在网友的自传中，这一阶段是频繁地、不受监控地（"课业压力没有了，随之而来家长的约束也减少了"）使用互联网的一个时期，是个体使用互联网的自主时期。这一阶段的互联网使用具有抗争意味与"仪式感"，构成了网友互联网记忆的重要节点。基于收集的网络自传发现，在这一"自主时期"的互联网使用中，男性网友和女性网友均有不少记忆，并没有体现性别差异。

2. 大学时期的自主使用

在自传者的互联网使用中，进入大学是一个新的节点，常常具有"断代"的意味。不少自传者提到，进入大学后，互联网成为生活的一部分，扮演着举足轻重的角色。例如，网友 CCY 仔细地回忆道："大学时代是互联网对我的生活改变最大的一段时间。首先是 2013 年，在上大学前我拥有了自己的第二个手机，即第一款智能手机，三星

---

① 来自 YZH 的网络自传，24 岁，男。

② 来自 ZK 的网络自传，22 岁，男。

S4，之后又相继使用了 iphone 等其他智能手机，随着 WiFi 的不断普及和全种类 APP 的使用，智能手机逐渐取代了电脑成为我使用互联网的主要工具，而智能手机＋互联网也极大改变了我的生活方式，例如，网购和线上支付。2013 年，我开始使用淘宝，一开始是采取不信任的态度，所以并不敢进行大额消费，但网购使用经验的逐渐增加让我产生依赖……2014 年'双十二'，支付宝开始做线下支付的推广，学校周围的两个大型超市都在进行力度非常大的满减活动，我当时也进行了使用支付平台线下支付的第一次试水……大学时代我还见证了一个社交工具的兴起和另一个社交平台的没落。2013 年大一伊始，由于学生事务沟通需要我被迫注册了微信账号，但仅仅一年后，微信由于其熟人社交的属性已成为我的主要社交工具，QQ 由于早期加了太多其实不怎么熟的人导致好友圈繁杂，所以它的使用与 QQ 空间的写作基本处于停滞状态。同时，2014 年底，我在室友的带动下开始接触人人网，关注了很多多年没有联系的老同学或是想认识的学校里的朋友，但还没等我认真使用它，2015 年我的很多人人关注好友就相继停止了更新，人人网逐渐退出生活舞台。"①

　　进入大学后，不少自传者能够自主地使用互联网，"全面拥抱互联网"（WYT，26 岁，男）。② 但是，有些没有个人电脑的自传者，仍然在策略性寻找使用互联网的机会。例如，网友"FGX"利用学校的机房免费上网，"上大学后（2002—2006 年），电脑和上网开始普及起来，日常的学习和娱乐都会开始和网络有关，记得必修课有编程，上课像听天书一样，可是为了考试还是逼着自己去灌，有点像生病时被妈妈灌药的感觉，但除了把考试应付过就再也没用过，现在都已经完全忘记了，只记得是分理论课和上机课的，我自然是特别期盼上机课，因为可以免费上网 40 分钟，当然有这种想法的不止我一人，所以每次一到上机课，大家都特别积极，早早守在机房门口，乖乖戴好鞋套，等着老师一来，就蜂拥而入，充分利用好课前的边角时间，生怕少用

---

①　来自 CCY 的网络自传，24 岁，女。
②　来自 WYT 的网络自传，26 岁，男。

了一分钟，当然不是在预习功课。因为老师讲解时，屏幕是处于锁定状态，我们不能随意操作的，等老师示范完毕，大家都匆匆按要求提交了作业，然后趁着还没下课，好多玩一会儿，现在想想那真是争分夺秒啊"。①

这体现了互联网在不同人群中扩散与使用的差异。

总的来说，大多数自传者在进入大学之后开始深度接触和使用互联网，是"全面拥抱互联网"的一个时期，互联网因为这些深度使用者的进入而不断向前发展。也即是说，自传者的深度使用与互联网相互成就。自传者在这一阶段的互联网记忆重在记述自己与互联网应用的互动，以及通过这一互动所"打开"或"铺陈"的大学生活，记忆的同质性较高。这可以解释为自传者与互联网"稳态互动"和"相互成就"的一个时期，也是自传者与互联网互动的体验同质化程度较高的一个时期。

3. 工作带来新的自主使用

在 Dhoest 看来，学校、工作、家庭等是传达回忆者与媒介之间特定联系需要考虑的重要因素②。自传者在工作之后的互联网使用出现了新的变化，是其互联网记忆新的时间节点。不过，自传者较少记忆互联网在工作中的具体使用，而是记忆了工作时对互联网应用的选择性使用。例如，自传者"LS"区分了自己对 QQ 和微信的使用，"我们现在使用的社交软件微信，则替代了 QQ 成为日常的必备，微信的诞生也是腾讯在 QQ 之后一次较大的突破，微信相比于 QQ，我觉得更加的私人化，这也是我会在工作时使用 QQ，生活中使用微信的原因。微信我大概是在大学毕业之后开始使用，在微信前其实还有更大的一个用于网络信息分享的平台——微博"。③

自传者对自己早期工作中使用的上网设备（例如电脑）记忆深

---

① 来自 FGX 的网络自传，37 岁，女。

② Dhoest, A., "Audience retrospection as a source of historiography: Oral history interviews on early television experiences," *European Journal of Communication*, Vol. 30, No. 1, 2015, pp. 64 – 78.

③ 来自 LS 的网络自传，32 岁，女。

刻。例如，自传者 GXQ 写道："2000 年大学毕业留校做辅导员，那时中文系的办公室有两台电脑，是那种背后鼓一个非常大的包、显示屏很小、键盘用起来特别不顺手的老式台式机。尽管电脑是放在办公室的，但好像是一个摆设，或者说更多是一个娱乐的设备，用电脑来看影碟，或者有人用它来斗地主或打麻将。那时的办公没有电子化的要求，大量的文字处理如工作简报、计划总结等都是手写，或者请专业的打印复印店来进行处理。"①

从 GXQ 的追忆可见，彼时工作所使用的电脑使用起来"不顺手"，不能满足工作的需要。在这个意义上，自传者是从物质性的角度，而不是从具体应用或者功能性的角度去记忆工作中的互联网使用的。

总之，工作阶段是自传者互联网记忆的节点之一。但是，自传者并未记忆互联网在工作中的具体使用，而是从物质性与使用中的区分意识等维度展开记忆。这涉及互联网记忆与网友的生命故事的选择性问题。事件的目标相关度、情感强度等因素会影响自传者的选择②。这意味着，自传者在工作中的互联网使用可能未产生情感强度大、跟网友个体相关度高的事件。或者说，工作中的互联网使用是一种常规化的、制度性的互联网使用过程，大多时候是在组织与集体的框架内展开的，并未给自传者提供更多的选择性与展示个性的空间。

二　自主使用互联网作为"成人礼"

在网络自传中，不少网友将自主使用互联网作为重要的记忆主题。例如，"上大学前的那个暑假拥有了第一部手机……清楚地记得当时的心情：激动而不安。激动是因为终于不用整天耗在电脑前刷信息了，也终于不用用爸妈的手机号联系同学了，我的通讯圈子开放了自由了。不安是因为不知道该如何去面对有手机的新世界，在我的意识里，有

---

① 来自 GXQ 的网络自传，40 岁，女。

② Thomsen, D. K., Jensen, T., Holm, T., Olesen, M. H., Schnieber, A., & Tonnesvang, J., "A 3.5year diary study: Remembering and life story importance are predicted by different event characteristics," *Consciousness and Cognition*, Vol. 36, 2015, pp. 180 – 195.

手机是一种长大并且自立的仪式，它意味着我要开始管理自己的圈子，并且学会利用网络接触新的世界。一种新奇又紧张的感觉"。①

从 CKL 的记述可见，对于能够自主使用上网设备或互联网，网友不乏激动。

在自主使用互联网的记忆主题中，自传者追忆了父母和老师对互联网使用的"监控"，也即是来自父母和老师的"障碍"。例如，HTT 讲述了来自父母的障碍，包括严格规定使用的时间：

"记忆中是小学五年级的样子，家里有了第一台电脑，那时候还是台式机的天下，显示器也还是'方块'机，买电脑应该有很大一部分是我促成的……但是父母对我的使用时间做了严格的规定，一周一次一个小时，只能在周末，当时对于现在看来如此严苛的要求竟然也没怎么反抗，想想也挺神奇的。"②

自传者在家庭空间内的互联网使用，需要按照父母的要求进行，在学校的互联网使用则受到老师的"监视"。例如，自传者 XFF 生动地写道："我很少把手机带到教室里，一般都是放在寝室，晚上熄灯之后躲在被窝里玩……如何躲着玩手机是一门技术活，从应该采取什么样的姿势、手机应该放在哪里，到万一被逮着时如何迅速应对等等，这一系列的方案我们都设想和实验了无数次。久而久之，我们甚至学会了如何'盲打'，即使眼睛望着黑板，手指也能在桌子底下灵活地按动键盘按钮，因为每一个按钮早已熟记于心……寝室熄灯之后，有手机的同学大多会躲在被窝里玩手机，因为每晚都会有宿管和老师来巡查，可不能露出一点儿亮光来。冬天还好说，被窝暖和又不透光，夏天可就惨了，往往是闷得满头大汗。"③

从上述记忆可见，在初中与高中阶段，电脑或手机的使用需要接受老师与家长的监管。无论是男性网友还是女性网友，这种使用体验是相通的。不过，有时男性网友会表现出反抗的一面，而女性网友

---

① 来自 CKL 的网络自传，27 岁，女。
② 来自 HTT 的网络自传，26 岁，女。
③ 来自 XFF 的网络自传，26 岁，女。

（例如"HTT"）则较少反抗。Chen 和 Katz 将手机描述成父母控制孩子的工具①，Chib 等人则认为手机是父母在孩子面前建立权力的工具②。这些研究结论与本章的经验资料是一致的。

　　面对来自父母与老师的监视，自传者寻求自主使用互联网。其突围的路径包括：一是偷偷使用，例如偷偷去网吧等，二是"正当地"远离父母、摆脱初高中老师，比如上大学、工作等。如果说学生时代受控的互联网使用象征着父母与老师对个体的控制以及权力的约束，那么，自传者由受控的互联网使用阶段进入自主使用阶段，对个体的意义不可低估。自主使用互联网的记忆意味着自传者进入了新的人生阶段，具有"成人礼"的仪式性质。在这个意义上，手机往往作为青少年与他们的父母协商童年（childhood）与成年（adulthood）之间的界线③。从生命故事的角度看，自主的互联网使用意味着网友的成长，也意味着网友需要承担作为成人的责任。因此，互联网使用的过程对自传者的自我与认同具有建构作用，亦折射着网民与互联网的相互建构。随着网民对互联网使用的深入，这种建构作用是否会越来越强化，或许可以成为量化研究的一个假设。

　　总之，网友拥有自己的上网设备，意味着旧的生活（例如高中生活）的结束，以及新的生活（例如大学生活）的开启。开启新生活的意味，较之宣告旧生活结束的意味更为强烈。自传者能够自主地使用互联网（"拥抱互联网"），并利用互联网探索新的可能性，是自传者新的"成人礼"，表征着自传者的社会化进程。因此，使用互联网的历史对于自传者来说，是个人成长的历史，也是生活变迁与转向的历史。

---

　　① Chen, Y. F., Katz, J. E., "Extending family to school life: College students' use of the mobile phone," *International Journal of Human-Computer Studies*, Vol. 67, No. 2, 2009, pp. 179 – 191.

　　② Chib, A., Malik, S., Aricat, R. G., & Kadir, S. Z., "Migrant mothering and mobile phones: Negotiations of transnational identity," *MOBILE MEDIA & COMMUNICATION*, Vol. 2, No. 1, 2014, pp. 73 – 93.

　　③ Chen, Y. F., Katz, J. E., "Extending family to school life: College students' use of the mobile phone," *International Journal of Human-Computer Studies*, Vol. 67, No. 2, 2009, pp. 179 – 191.

第四节　网络自传再现的互联网使用过程

一　互联网使用的性别差异

为了从总体上呈现自传者使用互联网的情况，本章采用质性分析软件 Nvivo11 解析网络自传的常用词与高频词，以考察网络自传的性别差异。

（一）男性网友自传的常用词与高频词

图 4—1　男性网友网络自传的常用词

结合网络自传文本中 1000 个常用词的词云和 30 个高频词（见图 4—1 和表 4—1），男性网友的网络自传提及最多的除了"互联网"之外，便是"游戏"，可见"游戏"的重要位置。"手机"在高频词中排列第 5 位，高于作为另一上网设备的"电脑"（第 7 位）。"网吧"作为上网的场所被男性网友较多地提及。"上网"也是高频词之一（第 15 位），"学习"作为青少年的主要活动，构成了"上网"的对立面。"时间""空间"是影响个体互联网使用的因素，也是被频繁使用的话语，而且提及"时间"更多。在网络自传提及的人物中，"同学"和"朋友"是最多的两个群体。"第一"排在高频词的第 9 位，表明互联网使用中的不少"第一"，被男性网友记忆。

表4—1　　　　　　　　男性网友网络自传使用的高频词

男性网友自传的高频词			
单词	长度	计数	百分比（%）
互联网	3	1593	1.17
游戏	2	1584	1.16
使用	2	1275	0.93
一个	2	1109	0.81
手机	2	1069	0.78
QQ	2	1045	0.77
电脑	2	960	0.70
网络	2	818	0.60
第一	2	772	0.57
没有	2	711	0.52
当时	2	703	0.52
时间	2	571	0.42
同学	2	424	0.31
接触	2	419	0.31
上网	2	408	0.30
个人	2	401	0.29
已经	2	357	0.26
现在	2	355	0.26
网吧	2	350	0.26
生活	2	339	0.25
一些	2	329	0.24
信息	2	319	0.23
之后	2	283	0.21
学习	2	272	0.20
朋友	2	269	0.20
世界	2	266	0.19
后来	2	259	0.19

男性网友自传的高频词			
单词	长度	计数	百分比（%）
空间	2	241	0.18
这种	2	238	0.17
成为	2	234	0.17

（二）女性网友自传的常用词与高频词

图4—2 女性网友网络自传的常用词

分析女性网友自传的常用词和高频词发现（见图4—2和表4—2），和男性网友一样，"手机"在高频词中排位靠前（第4位），高于"电脑"（第6位）。"时间""空间"也分别被女性网友在自传中使用，"学习"亦是女性网友使用的高频词。和男性网友一样，"同学"和"朋友"也是女性网友记忆较多的人物。"第一"排在第10位，跟男性网友自传对"第一"的记忆相类似，对"信息"（第22位）的使用也与男性网友类似。"游戏"一词在男性网友的自传中提及较多（高居第2位），但是女性网友提及较少（仅位列第7位）。女性网友在自传中更多地提及了"学校""大学"这类表征场所的内容，并提及了"社交"（排在第28位），但是没有提及"网吧"。

表4—2　　　　　　　　**女性网友网络自传使用的高频词**

女性网友自传的高频词			
单词	长度	计数	百分比（%）
互联网	3	4573	1. 01
qq	2	4480	0. 99
使用	2	4023	0. 88
手机	2	3553	0. 78
一个	2	3446	0. 76
电脑	2	3444	0. 76
游戏	2	3351	0. 74
没有	2	2602	0. 57
网络	2	2182	0. 48
第一	2	2173	0. 48
当时	2	2144	0. 47
时间	2	1675	0. 37
同学	2	1598	0. 35
现在	2	1551	0. 34
个人	2	1454	0. 32
生活	2	1402	0. 31
朋友	2	1309	0. 29
上网	2	1287	0. 28
一些	2	1223	0. 27
空间	2	1099	0. 24
已经	2	1076	0. 24
信息	2	1043	0. 23
接触	2	981	0. 22
之后	2	945	0. 21
学习	2	929	0. 20
后来	2	922	0. 20
大学	2	889	0. 20
社交	2	877	0. 19
学校	2	854	0. 19
觉得	2	854	0. 19

二 网民互联网使用的"迁移"过程

分析收集的网络自传发现，网友从使用者与自传式记忆的角度呈现了互联网历史，其中又以互联网的使用史为主。尤其是，网络自传揭示了网友使用互联网的"迁移"过程。例如，自传者"MYZ"记述了自己从使用 MSN 迁移到 QQ 的过程，她写道："2005 年，我的 MSN 账号以寥寥 5 个好友的情景告终，从此离开我的应用列表。也是在这一年，和很多我的小学同学一样，我注册了我的 QQ 号。每逢节假日、寒暑假，除了电话，我和我的小伙伴有了更便捷，并且省钱的交流方式，即使对方不在线也能默契地'离线请留言'。小小的我们还没有那么多把'隐私'和'秘密'挂在嘴边，上学的日子则再三拜托妈妈帮我挂着号，因为在线时间的长短会用不同数量的星星、月亮、太阳标识等级。当然，偶尔也会缠着爸爸帮忙给自己的账号充几个 Q 币或是黄钻会员，换上新颖的 QQ 秀满足小小的虚荣心。小学毕业的时候，在同学录上很郑重地写下自己的 QQ 号。"[①]

与 MYZ 迁移至 QQ 不同，自传者"YZH"讲述了从 QQ 迁移至微信的历史："对于微信的使用相对很晚，在进入大学初期因为 QQ 在生活中的应用具有霸主地位，大家都在用，所以我也是一直在频繁使用 QQ，并渐渐将其作为最为重要的通信工具。当然，除了其使用方便外，最主要的原因还在于身边的人都在用，那么为了和身边的人联系我也不得不使用……在重度使用 QQ 的同时，出于好奇我开始使用微信（大一下学期，即 2014 年）。起初微信的使用极为简单，只将其作为一个和 QQ 高度类似的通信工具。如有人寻求添加好友便添加，一般不会主动添加他人微信。这一时期添加微信的好友主要是身边的同学及其他偶然机会认识的社会人士。"[②]

从"YZH"的讲述可见，自传者因为社交等原因，而不仅是因为技术进步而放弃使用 QQ，转而使用微信。

---

① 来自 MYZ 的网络自传，24 岁，女。
② 来自 YZH 的网络自传，24 岁，男。

网友互联网使用的"迁移"过程受到了多种因素的影响。自传者对于使用的迁移，并不总是表现出"顺从"或者"兴奋"，而是不乏对旧的互联网应用的怀旧，以及对新的互联网应用的批判。例如，22岁的自传者"LJB"写道："在一段时间后，我学会了打字，然后更是第一次使用了互联网与别人联系，第一次使用了当时最流行的MSN，当年的MSN可谓相当的简洁，不像现在的微信或是QQ那样有相当丰富的社交功能，也没有像脸书和推特那样的与一大群志同道合的'陌生人'展示自己生活的功能，MSN就只是一个实时通信平台，功能相当的局限，但对于当时与人交往只能在现实生活中，还没有手机来发短讯的我来说可以说是非常新奇，我马上找到了朋友，添加了他们作为MSN的好友，这样我们在各自回到家后依然可以继续聊天。我不习惯与陌生人交往所以都只是与现实生活中认识的朋友在MSN中聊天，但我有些朋友在MSN认识了一些陌生人，我觉得这十分奇妙。这就是我在互联网与人社交的开端。"①

在"LJB"的记述中，她觉得作为"旧媒介"的MSN"十分奇妙"，并没有否认MSN。

总之，网友的网络自传所呈现的互联网使用"迁移"过程，不是线性的互联网技术发展史，而是融合了网友与互联网互动的复杂过程，并附带地书写了互联网应用演变的历史。从自传者使用的角度呈现的"迁移"过程，能够再现自传者与互联网的互动过程，以及自传者使用互联网的体验、情感与故事，呈现了"历史的细节"。这不仅有助于互联网历史回归对人的研究，而且能够丰富互联网历史的研究视角。

第五节　网络自传中的家庭故事与家庭历史

网友的网络自传不仅关乎自己，也关乎其家人和家庭。分析网络自传发现，由于互联网使用受到家庭因素的影响，因此，网络自传在

① 来自 LJB 的网络自传，22 岁，女。

一定程度上书写了自传者的家庭故事与家庭历史。第一，网友追忆了家庭接入互联网的历史。例如，自传者 YC 回忆家里 1999 年购买了第一台电脑，"我一九九零年出生，大约一九九九年，当时上四年级，家里买了第一台台式电脑，是清华同方的。当时没怎么用它上过网，我偶尔玩玩小游戏，如《雷电》，我爸一般用它玩玩《红警》"。①

第二，自传者记忆了家人"阻止"自己使用互联网的故事。例如，20 岁的男性网友 ZHD 的记述非常生动与形象，"直到今日，我第一次接触游戏时的情形仍然历历在目一般停留在我的记忆里，我操纵着谭雅（游戏中的女主人公）在水中潜入，炸毁船只，操纵着美国大兵消灭敌人……此后便有些一发不可收拾的趋势，每天醒来后就跑去二楼，把自己关在储物间里玩电脑，吃饭的时候大人都叫了好几次才姗姗来迟地下楼吃饭，晚上也一直不睡觉，他们喊我出去玩我也不回话，家长都说我玩电脑玩着魔了。直到有一天，我上楼之后，发现储物间大门紧闭，我试了半天也打不开，那个门像是一个怪物，挡在了我和电脑之间。我跑下楼去找大人理论，但是无论我说什么他们都不在乎，他们只说了一句话：'别再想碰电脑了'，我顿时崩溃了，哭着跑上了楼，哭了一会儿，也没人上来看看我，我知道，大人们是想让我彻底绝了这份心思。泣极而怒，我决定把门撞开，我退开几米，向门上撞去，结果除了让自己肩膀疼了半天，没有任何效果，我又开始踹门，一脚，两脚，三脚……直到我听到了'砰'的一声，门被我踹破了一层（门是那种中空的木头门），我突然意识到我闯祸了，赶紧不作声了。直到后来开饭时家长上楼来找我，发现门被我揣了个洞。但是也没怎么怪我，后来我就变成了'为了玩电脑把门都踢破了的坏小子'，成为之后去老家时长辈间的一个笑谈"。②

自传者 FRJ 也讲述了同样精彩的故事，他写道："在初中之前，我并没有属于自己的手机，何况那时的移动梦网实在不是个能吸引孩童的东西。电脑上网是我的唯一途径。上网对我来说几乎是等价于游

---

① 来自 YC 的网络自传，30 岁，男。
② 来自 ZHD 的网络自传，20 岁，男。

戏的。也是从这个时候开始，我对电脑的热情疯狂上涨。父母依旧限制着我的上网时间，但我开始尝试各种各样的方法来延长这样的时间。父母上班的时间一度是我打开电脑捣鼓的机会。父亲当然是给电脑设了密码的，于是我在一个对电脑认识尚且十分有限的年岁开始想方设法试图破解电脑开机密码。第一步自然是在父母记密码的小本子上翻找，也自然不可能找到结果。于是后来我利用本来玩游戏的时间搜索如何破解。彼时 Windows XP 也不是多么完备的操作系统，网上关于破解开机密码的教程竟然不少。我已经记不清最后自己有没有破译成功，但记忆中确实是有关于被下班回家的母亲摸机箱温度发现偷玩电脑的片段。"[1]

第三，一些自传者记录了教长辈使用互联网的故事。这是"后喻时代"的"技术反哺"，但是自传者认为是一件"有意义的"事情。例如，ZK 写道："这一件事情发生在我高考完的那个暑假。彼时恰逢智能手机的广泛普及与移动互联网时代的到来，我家中的父母和爷爷奶奶等长辈也开始尝试使用智能手机和互联网应用。自然，作为家里面'很懂互联网的小伙子'，我就当仁不让地成为他们在互联网方面的'小老师'。也正是在教家中的父母和长辈使用互联网的过程中，我开始切身体会到互联网的强大力量和其动人的魅力所在。"[2]

在"ZK"的记述中，他变成了家人的"小老师"，拥有了不同于"孩子"的身份。

CL 教姥姥使用微信的故事同样生动与有趣："2016 年，高考后假期，将去黑龙江见 10 余年未见的姥姥，挑选礼物时想使八十余岁的她进入网络时代成为数字移民学会使用智能手机。于是挑选了自带老人模式的小米智能手机……教姥姥微信时她上手也很快，上大学后，常常能收到姥姥通过微信发来的各种文章配一段姥姥的长语音。教授老人使用智能手机，不能给他们说各种术语尤其不能用英文的名词，于是我将 WIFI 叫作小扇子，告诉姥姥小扇子亮了就可以发微信，等等。

---

① 来自 FRJ 的网络自传，22 岁，男。

② 来自 ZK 的网络自传，23 岁，男。

当时姥姥家没有 WIFI 网络, 我们巧妙问到姥姥楼下住户的 WIFI 密码, 但都隔着厚墙, 人家 WIFI 在姥姥家的信号很弱且不稳定, 我告诉姥姥这是'蹭'人家网用, 姥姥被逗得哈哈大笑。临走之时, 我留下一张智能手机使用说明给姥姥, 当她遇到困难时即可看说明先自行解决, 此将我所写说明附于下方。2017 年 5 月, 姥姥家接入了电信网络, 配上了 WIFI 和网络机顶盒电视。"[1] CL 仔细讲述了自己教姥姥使用互联网的故事, 还保留了当时写给"姥姥"的使用说明。

第四, 不少自传者回忆了基于互联网而生产的新代际关系与家庭关系。例如, ZXC 同忆了因为 QQ 使用问题与妈妈产生的"紧张关系", "上了高中, 莫名其妙成了班上的'热点人物', 还比较受男孩子们喜欢, 但是灾难却来了! 先是塞在书包里的情书被我妈偷看到, 然后被语重心长地教育要以学业为重, 事实上当时我自己对别人并没有什么意思, 但是我妈还是不放过我……我非常气恼她这种私自偷看并且没事找事的行为, 有一天, 我竟然发现她私自登录我的 QQ! 她把我的 QQ 设置了自动登录, 并且添加了她自己的 QQ 号, 被我发现后, 我和她大吵了一架, 我哭诉她不尊重我的个人隐私, 她觉得她关心我, 自己并没有做错什么, '小孩能有什么隐私!' 她加上我 QQ 后就开始了监视我的日常生活, 比如, 当我小女生的时候发个心情动态她去下面评论'你怎么了, 好好学习'这类的话, 谁发个心情动态希望看到这样的评论呢? 让其他 QQ 好友看到也很尴尬啊! ……在经历 N 次吵架后我怒删其好友, 但没想到, 她却加了我的 QQ 好友为好友, 妄想通过别人来视奸我的生活! 或许是太讨厌被她控制的生活了吧, 高考填志愿没有填一个离家近的学校, 最后去了大西北待了整整四年, 在逃离被我妈控制的四年里, 我和我妈之间的关系反而缓和了许多"。[2]

上述故事呈现了互联网进入中国家庭的历史过程, 自传者与家人基于互联网使用所进行的互动 (尤其是代际互动), 以及互联网时代的代际关系与家庭关系, 构成了家庭历史与家族历史的一部分。一方

---

① 来自 CL 的网络自传, 20 岁, 男。
② 来自 ZXC 的网络自传, 25 岁, 女。

面，它们反映了家庭接入互联网的历史过程，家庭对互联网扩散的支持或阻碍。例如，或购买电脑与手机等上网设备实现互联网接入，为青少年的互联网接入创造条件；或阻碍、限制青少年上网，等等。这折射着家庭的经济条件、教育理念及其差异。另一方面，网络自传呈现的家庭关系，包括新的家庭关系以及基于技术的代际反哺关系，折射着中国的家庭伦理与家庭文化。网民使用互联网的历史，根植于中国的家庭伦理社会，家庭对自传者互联网使用的"调控"时有发生。因此，在研究互联网原住民的互联网使用行为时，需要考虑家庭与家庭文化的影响。

第六节　网络自传折射时代变迁

分析收集的网络自传发现，它不仅呈现了前述的网民个人成长史、家庭史与互联网历史，而且从个体的视角记录了网友所经历的中国社会转型的历史，折射着互联网与时代的互动。

一　记录社会转型

网友的网络自传记录了网友所经历的中国社会转型发展过程。例如，教育改革推动的互联网使用合法化过程。有自传者写道："整个初中阶段对互联网的接触更多的来说不是主动式的接触，而是一种被动式的接触。初次接触互联网应该是在我六年级（2006 年）的时候，接触的地点当然也是学校，因为自己从一年级到五年级都是在村里的小学上的学，那时候的农村的教育条件非常的落后，学校是没有计算机课程的。六年级和初中是在镇上的中学上的，所以条件相对好一些，学校开设了一些计算机教育方面的课程，从那时起也算是真正开始接触互联网了。"①

青少年上网不被家庭与学校所许可，父母和老师常常去网吧"抓回/抓住"正在上网的青少年并进行惩戒。后来，因为小学与初中陆

---

① 来自 TXD 的网络自传，24 岁，男。

续开设了与计算机相关的课程，青少年学生有机会接触与了解互联网，他们使用互联网的行为得到肯定。这是青少年合法使用互联网的过程。

网友 ZZ 在自己的网络自传中记述了有关农村、农业与农民的话题。他写道："我出身于普通的农民家庭，父母文化程度较低，家里的经济条件也一般，因而早期家里并没有购置计算机。家乡所在的县城也是一个'贫困县'，地区整体经济水平较低，科教事业落后，设施不完善，师资力量也弱。地区经济水平的整体落后导致了基础设施建设的落后，同时科技、教育、文化等事业的发展也相应滞后。谈及互联网的发展，我想说的是互联网在我们那个地区的发展速度非常慢，推广到教学上的速度同样慢，而且购置的计算机整体性能落后，网络速度也是相当的慢。用一句话总结即是：出生于互联网时代的自己却是一位互联网时代的'贫民'。"①

由于 ZZ 出身的农民家庭的经济条件差，直接导致他无法拥有属于自己的电脑。这是中国社会的写照，网友通过网络自传把这些结构性的问题呈现了出来。

总之，网络自传从侧面记录了中国社会在当下转型发展的过程。其记录的切入点常常是某些社会问题及其演变过程，例如教育改革问题、城乡二元结构的问题，等等。从中可见，网络自传基于网友的体验，记录了诸多社会问题的历史，是一部"时代历史"。

二 标识"一个时代"的变迁

网友对时代变迁的感知，是网络自传中的重要叙事。一方面，自传者倾向于运用互联网应用（例如微博、QQ 等）作为话语资源来描述、表征"时代"。例如，"互联网时代""QQ 空间时代""QQ 时代""PC 时代""百度时代""人人网的时代""WIFI 时代"等。在自传叙事中，互联网应用的变迁被认为是一个时代的"转换"，互联网及其应用变成了一个个"时代节点"。例如，网友 WJJ 写道："对于博客我没有什么使用经验，只记得在我初中的时候，应该是 2007 年前后吧，

---

① 来自 ZZ 的网络自传，24 岁，男。

英语老师在课堂上问我们知不知道什么是博客，班级里没有同学知道，英语老师很鄙夷对我们说你们连博客都不知道，都学傻了吧，都是书呆子。我当时想博客肯定是一个很流行的东西。没想到我直接跳过了博客时代来到了微博时代。"①（WJJ，24岁，女）

　　互联网应用与时代的关联，是媒介化社会的语态，它们在网络自传中将时代切割（"断代"）为"重叠的"乃至零散的"时间段"。"时代"因此变成非线性的、复杂的历史存在。

　　另一方面，网络自传描摹了网友所经历的时代及其变迁。例如，"大学四年的时间，从移动互联网络的发展和科技的进步方面来看，我觉得自己每时每刻经历着这个时代的转变发展，亲眼见证着每一个巨变的现在和即将成为伟大历史的每一刻。比如：苹果手机的问世以及之后出现的其他品牌的智能手机、微信的出现和被运用、4G网络的发展等，这些变化都是在我的大学四年里发生的，我们生活中的方方面面都在变化，吃饭、天气、购物、社交、工作、娱乐都可以通过一部智能手机实现"。②

　　从"LDD"的记述可见，由于互联网技术的快速变迁，自传者感觉时代的变迁在"加速"。

　　不过，对于时代的快速变迁，自传者认为，人们可能还没有意识到。"十四年的个人互联网史，几乎就是我生命中记忆尚存部分的全部。十四年前，互联网对生活的影响还相当有限；十四年后，我们已经很难再想象一个没有互联网的世界。我们俨然就是互联网时代的原住民，见证了这个生活新元素的崛起。时代的变革如此之迅猛，偏偏又如此无声无息，生活在其中的人甚至难以意识到明确的、彻底的变化。现在身边的很多东西都在因网络化而变化着，但正因为变化的东西多，反倒是让我们难以注意到。即便身在这个互联网将要连接一切的数字化社会里，我们也对这个社会的互联网发展得不出清楚完整的

---

① 来自WJJ的网络自传，24岁，女。
② 来自LDD的网络自传，26岁，女。

认识。"①

在黄旦看来，互联网是中国当下社会的最大"变量"，②在自传者的眼中，互联网是社会变迁的"标志"。基于互联网应用的演变，自传者认为社会变迁在"加速"，网友所经历的时代，是一个快速变迁的时代。于是，网络自传成为时代变迁的"记忆之所"，是时代变迁的一个缩影。在此意义上，互联网及其应用成为时代变迁的"尺度"。

第七节　网络自传作为方法与视角

互联网历史不仅关乎互联网自身的历史，还涉及互联网与社会诸方面发生联系与互动的历史。因此，互联网历史折射着社会诸方面的历史。在此意义上，理解我们与互联网"共在"的时代，对互联网历史的研究必不可少。③④网络自传是互联网记忆与互联网历史的重要组成部分。网友的网络自传不仅可以呈现互联网的发展史与网民的个人成长史，而且还折射着家庭史与社会变迁史。因此，网络自传具有公共书写的意义，可以用来洞察个人与社会的网络历史，以及社会变迁的历史，而网络自传研究拥有丰富的话题。

网民的网络自传之所以能够呈现如此丰富的内容，是因为如下原因：一是网民的自传式记忆基于互联网体验而产生，是鲜活的，更是具体的、多元的和丰富的。二是互联网进入大众化使用以来，越来越深入地渗透社会的方方面面，与社会、群体、个体建立了密切的关联。因此，互联网历史是社会的"镜子"，而个人的网络自传是一枚枚"镜片"，能够折射多彩的社会生活、群体经验与个体经历。在此意义

---

① 来自 FRJ 的网络自传，22 岁，男。

② 黄旦：《媒介变革视野中的近代中国知识转型》，《中国社会科学》2019 年第 1 期。

③ Brügger, N., "Website history and the website as an object of study," *New Media & Society*, Vol. 11, No. 1 & 2, 2009, pp. 115 – 132.

④ Brügger, N., "Australian Internet Histories, Past, Present and Future: An Afterword," *Media International Australia*, 143 (theme issue: Internet Histories), Brisbane 2012, pp. 159 – 165.

上，网民的网络自传是网络生活的"存储器"，更是当代人的网络生活的"清明上河图"。正因为如此，基于网民的网络自传从总体上了解和把握互联网历史，是可行的，也是必要的。

那么，如何收集、保存与研究网民的网络自传？在收集与保存网络自传方面，网民和公共机构均有责任与义务。Balbi 指出，作为互联网历史的创造者，网民有责任保存网络档案，并且能够在网络档案的保存中发挥决定性的作用。[①] 一些公共机构正在有意识地保存网友自传式的素材。例如，致力于保存粉丝群体的"创作"的项目"Archive for our own"在 2017 年收录了 300 余万件粉丝的作品，为研究粉丝保存了大量的史料。[②] 在"前互联网"时代，获得每个人的传记几无可能，但是进入互联网时代之后，互联网自身即是收集网络自传的平台与工具。研究网民的网络自传，也是收集与保存网络档案的过程。

在网络自传研究方面，第一，需要注重研究网民。网民是互联网的创造者，互联网历史研究离不开对网民的研究。但是，由于网民规模极其庞大，异质性高，对其研究是困难的，网民视角的互联网历史研究一直是当下欠缺的。公众书写以及互联网行为数据，为研究网民和互联网历史提供了新的可能。网络自传是研究网民的可行路径，而网民研究亦能够升华网络自传的研究。

第二，生命故事方法可以用于网络自传研究。一个人就是一部历史，由个人主观建构出来的生命故事构成。个人通过生命故事的叙述来定义、评估、解释自己在特定文化与社会环境中的生活，并由此回忆并传达某种生活与社会文化情境[③④]，形成了身份与自我

---

① Balbi, G., "Doing media history in 2050," *Westminster Papers in Communication and Culture*, Vol. 8, No. 2, 2011, pp. 133 – 157.

② Horbinski, A., "Talking by letter: the hidden history of female media fans on the 1990s internet," *Internet Histories*, Vol. 2, No. 3 – 4, 2018, pp. 247 – 263.

③ Kortti, J., & Mähönen, T. A., "Reminiscing Television: Media Ethnography, Oral History and Finnish Third Generation Media History," *European Journal of Communication*, Vol. 24, No. 1, 2009, pp. 49 – 67.

④ Ribak, R., Rosenthal, M., "From the field phone to the mobile phone: a cultural biography of the telephone in Kibbutz Y," *New Media & Society*, Vol. 8, No. 4, 2006, pp. 551 – 572.

理解的基础①。因此，生命故事的方法可以帮助我们了解自己，并建构自我认同②。分析网民的网络自传可见，互联网使用对于个体具有重要的建构作用，网民使用互联网的过程是网民建构自我认同与社会化的过程。互联网的使用是个人的，更是社会的。对于"互联网一代"来说，互联网是他们建构自我认同与实现社会化的重要资源。

第三，网络自传研究需要引入多元的研究视角。Rosenzweig 认为，我们需要在传记、官僚主义、意识形态三个维度之外，增进社会史和文化史视角的互联网历史研究③。我们可以将传记和制度研究结合，或将完全语境化的社会史与文化史研究结合，以丰富网络自传的研究视角。

网民的数量异常庞大，而且异质性高，其记录的时代变迁能够呈现丰富的差异性。个体视角的时代书写是可贵的，其异质性与差异性值得张扬。但是，如何从中发掘网络自传书写的时代变迁的共性，需要进一步考察。在网民的网络自传中，哪些互联网使用的体验、事件与故事得以被记述，受到自传者的选择、故事的特质等因素的影响。Turnbull 等指出，事件特征是影响生命故事选择的重要机制④。当记忆者对某一事件、人物或情境抱有情感，对其的记忆尤为深刻⑤。网络自传中的不少互联网体验、事件与故事富含情感，例如对父母的情感、对其他网友的情感等。情感及其作用于网络自传的机制，值得进一步探究。记忆受到当下的情境的影响，因此，后续研究既需要考察网络

---

① Thomsen, D. K., Olesen, M. H., Schnieber, A., Jensen, T., & Tonnesvang, J., "What characterizes life story memories? A diary study of Freshmen's first term," *Consciousness and Cognition*, Vol. 21, No. 1, 2012, pp. 366 - 382.

② Thomsen, D. K., Jensen, T., Holm, T., Olesen, M. H., Schnieber, A., & Tonnesvang, J., "A 3.5year diary study: Remembering and life story importance are predicted by different event characteristics," *Consciousness and Cognition*, Vol. 36, 2015, pp. 180 - 195.

③ Rosenzweig, R., "Wizards, Bureaucrats, Warriors, and Hackers: Writing the History of the Internet." *The American Historical Review*, Vol. 103, No. 5, 1998, pp. 1530 - 1552.

④ Bourdon, J., & Kligler-Vilenchik, N., "Together, nevertheless? Television memories in mainstream Jewish Israel," *European Journal of Communication*, Vol. 26, No. 1, 2011, pp. 33 - 47.

⑤ Turnbull, S., & Hanson, S., "Affect, upset and the self: memories of television in Australia," *Media International Australia Incorporating Culture and Policy* (157), 2015, p. 144.

自传的真实性，又需要关注自传书写时的情境。从网络自传的角度，可以洞察互联网在中国的扩散及其影响因素，例如家庭因素的影响，这是后续中国互联网历史研究可以探究的命题。此外，网络自传收集与使用的伦理问题需要引起我们的重视。

第 五 章

BBS 记忆：追溯中国 BBS 的
文化与遗产

虽然 BBS 的时代已然过去，但使用 BBS 作为早期中国网民的重要经历，一直是网友记忆的对象与话题。本章研究网友的 BBS 记忆叙事，侧重追溯中国 BBS 的文化与遗产，以期书写中国 BBS 的社会史。本章首先介绍了中国 BBS 的发展历史，然后从个体与社会两个层面讨论了网友对中国 BBS 的记忆，以及记忆中的 BBS 为何。最后，透过网友的记忆阐述了中国 BBS 的文化与遗产。

第一节　中国 BBS 发展简史

BBS 是中国互联网早期的重要应用。它发轫于 1990 年代中后期，兴盛于 2000 年代早期与中期，自 2000 年代后期与 2010 年代早期没落。中国 BBS 的发展受到互联网发展水平、政策、技术、商业等诸多因素的影响，具有阶段性特征。第一阶段（1994—1999 年）是起步阶段。1994 年，"曙光 BBS"上线，标志着大陆第一个 BBS 诞生。[①] 由于 1990 年代中后期是中国互联网的探索发展阶段，因而 BBS 的发展相应地处于起步阶段。不过，不少后来产生了广泛影响力的 BBS 在彼时创立。例如，清华大学"水木清华 BBS"（1995 年），网易社区

---

① CNNIC：《1997 年—1999 年互联网大事记》，2009 年 4 月 12 日，http：//www.cac.gov. cn/2009 – 04/12/c_126500441.htm，最后浏览日期：2021 年 5 月 2 日。

（1997 年），南京大学"小百合"BBS（1997 年），西祠胡同（1998 年），天涯论坛（1999 年），等等。这一时期以高校开通的 BBS 居多，政策对 BBS 的规制基本处于空白状态，BBS 的发展也是"摸着石头过河"。

　　第二阶段（2000—2008 年）是快速发展时期。进入 2000 年后，随着中国互联网的快速发展，越来越多的高校、新闻媒体乃至政府网站纷纷开通 BBS，商业站点继续增长，个人站点亦涌现。个人站点的出现得益于个人计算机的普及与上网费用的降低。在这一时期，BBS 成为中国网民在网络中发表观点、进行互动的重要场所。[①] 其中，2005—2008 年是中国 BBS 发展的黄金时期。CNNIC 于 2005 年 1 月发布的《第 15 次中国互联网络发展状况统计报告》显示，"用户经常使用的网络服务/功能"中，"论坛/BBS/讨论组等"占五分之一强（20.8%）[②]，而同年 7 月，这一比重上升到了五分之二强（40.6%）[③]，在 2006 年 7 月该比重达到了峰值 43.2%[④]。由于当时的 BBS 具有开放、包容、鼓励讨论、信息丰富等特征，因此备受用户推崇，"逛论坛"成为当时的一种时尚。BBS 催生了新的网络文化，"潜水""置顶""盖楼""斑竹""大虾""叶子"等 BBS"热词"在这一时期流行。"孙志刚案"（2003 年）、"彭水诗案"（2006 年）等事件通过 BBS 在网络迅速扩散，引起了巨大的社会反响，BBS 也因此凸显了其作为公共讨论平台的地位。此外，各类专业性、小型 BBS 在这一时期涌现，推动了早期网络社群的形成。

　　不过，在这一时期，有关部门对互联网的规制增多。例如，2004 年，全国打击淫秽色情网站专项行动开始；自 2005 年起，《互联网 IP 地址备案管理办法》《非经营性互联网信息服务备案管

---

　　① 胡泳：《众声喧哗：网络时代的个人表达与公共讨论》，广西师范大学出版社 2008 年版。

　　② CNNIC：《第 15 次中国互联网络发展状况统计报告》，2005 年 1 月，http://www.cac.gov.cn/2014-05/26/c_126548154.htm，最后浏览日期：2021 年 5 月 2 日。

　　③ CNNIC：《第 16 次中国互联网络发展状况统计报告》，2005 年 7 月，http://www.cac.gov.cn/2014-05/26/c_126548165.htm，最后浏览日期：2021 年 5 月 2 日。

　　④ CNNIC：《第 18 次中国互联网络发展状况统计报告》，2006 年 7 月，http://www.cac.gov.cn/2014-05/26/c_126548277.htm，最后浏览日期：2021 年 5 月 2 日。

理办法》《互联网新闻信息服务管理规定》等一系列政策出台，工业和信息化部成为互联网行业主管部门。这跟互联网的社会影响越来越凸显有关，也与互联网带来的社会问题有关。例如，2002年的北京"蓝极速"网吧大火等。受到政策的规制，一些 BBS 改版或关站，同时，实名制开始推行。虽然 BBS 在这一时期遭遇挫折，但整体仍处于上升期。

第三阶段（2009 年至今）是衰落期。2009 年，BBS 使用率首次下降，从 2008 年底的 30.7% 降至 30.4%①，此后逐年下降。与此同时，大批 BBS 关站，BBS 发展进入"寒冬时期"。随着"猫扑"（2012年变更所有权）、"Chinaren"（2012 年关闭）、"网易社区"（2012 年关闭）等相继关闭或变更所有权，以及"天涯论坛"（中国 BBS 的重要代表之一）的衰落，宣告了中国 BBS 时代的谢幕。在 2017 年 8 月发布的《第 40 次中国互联网络发展状况统计报告》中，对"论坛/BBS"的网民使用率的统计最后一次出现②，似乎正式宣告了 BBS 时代的"落幕"。究其原因，新的互联网应用兴趣对 BBS 形成的挤压是主要原因。博客、百度贴吧、微博、豆瓣、知乎等新互联网应用的陆续出现，它们在取代 BBS 功能的同时，还开拓了新功能，从而吸引大批 BBS 用户"迁移"。当前，因为经营不善、站长个人因素、政策原因而关闭的各种 BBS 亦不在少数。

根据 CNNIC 的统计数据，本章分析了 1997 年 10 月至 2018 年 12月中国网民数量变化，以及 1999 年 6 月至 2006 年 12 月、2008 年 6 月至 2017 年 6 月 BBS 用户数量的变化和 BBS 用户数量比重的变化，以期说明 BBS 在中国的发展演变（见图 5—1，缺少统计数据的年份未做统计）。从图 5—1 可见，在 2012 年之前，BBS 的用户数量一直波动上升，2012 年 6 月达到最大用户数量（近 1.56 亿）。而 2012 年后，BBS

---

① CNNIC：《第 24 次中国互联网络发展状况统计报告》，2009 年 7 月，http://www.cac.gov.cn/2014-05/26/c_126548684.htm，最后浏览日期：2021 年 5 月 2 日。

② 《第 40 次中国互联网络发展状况统计报告》发现，"论坛/BBS"的使用率为 17.6%，仅高于互联网理财和网上炒股或炒基金。参见 http://www.cac.gov.cn/2017-08/04/c_1121427728.htm。

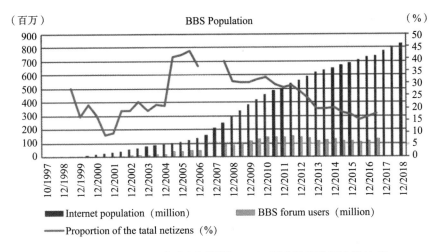

图 5—1　1997—2018 年中国网民数、BBS 用户数以及用户数比重

用户数量波动下降。不过，从 2006 年 6 月起，BBS 用户数量占网民总数的比例逐步下降。

　　当前，为数不多的 BBS 仍在坚守。例如，综合性论坛中的"天涯论坛"、"华声论坛"和"强国论坛"，专业类论坛中的体育类 BBS "虎扑社区"（几经转型而生存），小型 BBS 站点中的各大字幕组 BBS（如"深影论坛"）。此外，还有一些小型站点（如"人大经济论坛""小木虫"等关注学术话题）依然活跃。总之，中国 BBS 昔日的辉煌不在。随着 BBS 使用的减少，以及 BBS 时代的落幕，不少网友追忆 BBS，使 BBS 存活于人们的记忆之中。

第二节　问题的提出与研究设计

一　问题的提出

　　BBS 的式微、关闭引起了"BBS 一代"的记忆与怀念。网友开展了诸多形式多样的记忆实践与悼念活动。第一，一些网友希望书写死去的 BBS 的历史，为其"树碑立传"。例如，在百度贴吧中，有吧友呼吁大家为撰写高校 BBS 简史贡献自己的力量，"昨晚草拟了一个长春理工大学 BBS 的简史，仅有一个大纲，里面有很多历史资料缺失，很多人物需要添加、丰满（毕竟我接触的 ID 还是有限的，希望大家提交自己熟悉的 ID 的资料），特别希望大家能竭尽所能地补全这些资料"。① 第二，一些网友希望通过收集、整理资料，以再现消逝的BBS。例如，听草阁 BBS 关闭后，网友"dingdingd2005"在"天涯论坛"发帖，"我还问一下以前听草的文件还在吗？如果还在的话可以给我吗？我想把听草做起来"。② 第三，一些网友试图重建或"复活"BBS。例如，"搜狐社区"关闭后，网友自发组织众筹，希望建立新的平台，"复活"搜狐社区。当时的众筹帖《再建家园——让我们，一起共建家园》写道："当网易社区关闭时，没有人站出来，当猫扑社区搬走时，没有人站出来，当凤凰社区关闭时，还是没有人站出来。当搜狐社区要关闭时，我希望，你，和我一起站出来。"③ 发起者呼吁大家一起"站出来"。第四，一些网友希望通过 QQ 等社交媒体重建BBS 社区，重新与 BBS 中的朋友建立联系。此外，还有一些网友发起了线下悼念活动。例如，南京大学"小百合"BBS 关站后，"小百合"BBS 的众多用户冒雨自发举行了纪念活动。④

网友对 BBS 的记忆丰富多样，形成了一种新的社会文化现象。本章聚焦网友的 BBS 记忆叙事，探讨网友如何记忆 BBS 以及记忆中的BBS 为何的问题。透过媒介记忆的视角，本研究希望启发人们重新认识 BBS。BBS 是中国互联网早期的重要应用，BBS 历史是中国互联网

---

① 木鱼精灵：《长春理工大学 BBS 风云》，2003 年 9 月，http：//webcache. googleusercontent. com/search？q＝cache：F6zpgvWntY4J：www. ywsy. net/BBS. htm＋&cd＝1&hl＝zh－CN&ct＝clnk&gl＝hk，最后浏览日期：2019 年 9 月 4 日。

② dingdingd2005：《怀念曾经的 BBS——听草阁》，2005 年 9 月 23 日，http：//BBS. tianya. cn/post－no16－57109－1. shtml，最后浏览日期：2019 年 2 月 20 日。

③ 刺猬公社：《搜狐社区关闭，网友众筹再建 BBS，不到一小时就达到众筹目标，但 BBS 时代确实过去了》，2017 年 3 月 29 日，https：//www. sohu. com/a/130857907_141927，最后浏览日期：2019 年 2 月 25 日。

④ 搜集的资料记述道："2005 年 3 月 19 日中午 13 点，小百合 BBS 用户 Steady 在自己的 Blog 里发布文章称自己会在 3 月 21 日晚上 8 点在南京大学鼓楼校区南园小广场摆上'一束百合一只白色纸鹤'为百合送行，一时间被众多百合用户纷纷转载，这条消息通过手机短信几乎传遍了全校。"《南京大学小百合 BBS 论坛关闭始末》，南京大学考研网，2015 年 5 月 27 日，http：//www. nandakaoyan. com/yuanxijieshao/8115. html，最后浏览日期：2021 年 7 月 4 日。

早期历史的组成部分，发掘 BBS 的历史是书写早期中国互联网历史的重要线索，亦可以为 BBS 历史书写提供中国样本。当前，由于互联网历史研究发展缓慢，而 BBS 的历史面临消逝的危险，因而研究与保存 BBS 历史显得迫切而重要。本研究从网友记忆角度考察 BBS 的文化与遗产，能够丰富 BBS 历史研究，并为早期中国互联网历史研究积累史料、提供线索。

二　资料收集与分析方法

本章收集资料的方法与过程如下：首先，在 2018 年 10 月 16 日至 23 日以及 2019 年 3 月 11 日至 17 日，使用关键词"回忆/记忆/怀念/悼念/纪念/想念 + BBS"于百度、搜狗、豆瓣小组、新浪微博、天涯中分别检索，翻页直至没有新的内容出现，获取网友记忆和悼念 BBS 的资料。2021 年 5 月 26 日至 28 日，按照同样方法进行了补充检索。其次，选取主体内容是记忆中国 BBS 的文章作为样本，剔除主题不清晰以及篇幅较短的资料。最终收集到记忆 BBS 的文章共 329 篇，微博 413 个，具体包括网络论坛上的主帖与回帖，博客与微博中的记忆文字（包括正文和评论）等。需要说明的是，本章收集的资料包括记忆性文章和悼念性文章两类，它们都可以视为记忆 BBS 的文本，因此本章在具体分析中将它们同等对待。

第三节　个人层面的 BBS 记忆

BBS 既是私人的，又是公共的。基于本章收集的资料发现，网友对 BBS 的记忆从个体与社会两个层面展开。在个体层面，网友追忆个人与 BBS 的交往以及 BBS 所中介的社交、从中获得的帮助与成长等，倾诉、社交、友谊等是记忆的主题。在社会层面，网友记忆公共表达与公共参与，BBS 的精神与遗产是记忆的主题。两个层面展开的 BBS 记忆，不仅可以生产与维系集体记忆，而且体现了互联网记忆的层次性与丰富性。下文将先详述从个体层面展开的记忆。

一 在 BBS 中倾诉

BBS 作为中国互联网第一个成熟的应用，也是早期中国网民最先独立使用的应用。网友在记忆中指出，BBS 是他们倾诉的对象。不少网友追忆在 BBS 中倾诉的情形。例如，"agui10"在回忆"天涯论坛"时写道："当初来天涯的初衷是什么，已经有点模糊了，也许就是在我最忧伤最迷茫的时候，我来到了这里，一点一滴的记录着那些曾经的过往，那些对于生活的困惑，对于未来的不确定，那样迷失的一个自己，需要找一个地方去倾诉，于是，我来到了这里，这个叫作天涯的地方，从此，不曾离开过。"[①]

无独有偶，网友"ty_初心不變"把天涯论坛视为"这是我唯一能倾诉的地方"。[②] 在"文学城 BBS"关闭后，网友"安娜"发帖感慨，"谢谢，文坛让我们多了一个倾诉和交流的地方，虽说大家都相互看不到，可贴如其人，文如其人"。[③]

从中可见，网友在记忆中认为 BBS 是一个"可以倾诉的地方"。网友倾诉的内容是个人化的，是他们不希望在现实中倾诉或无法倾诉的。例如，豆瓣用户"摩羯座胖师傅"回忆道："每个人都有每个人的压力。每个人的生活都不容易。而倾听别人的烦恼，会加倍感觉到压力。因此向亲近的朋友发泄抱怨，只会给朋友增加烦恼。倒不如就在陌生的地方发泄一下。譬如 BBS。可以纵情地说，也不需要指明明确的对象。而听的人其实也不会当真。但也会适当的给予一些回应。这样，其实不是挺好么？"[④]

---

① agui10：《在天涯那些忧伤和明媚的日子》，2010 年 9 月 18 日，http：//BBS. tianya. cn/ post－810－4660－1. shtml，最后浏览日期：2019 年 4 月 2 日。

② ty_初心不變：《唯一能倾诉的地方》，2018 年 2 月 19 日，http：//BBS. tianya. cn/post－ feeling－4335285－1. shtml，最后浏览日期：2019 年 3 月 31 日。

③ 文学城 BBS 用户@青昀帖子："顶正能量美贴。。。有趣。谢谢"：下文学城 BBS 用户@ 安娜的回帖，2014 年 3 月 1 日，http：//BBS. wenxuecity. com/rdzn/3338970. html，最后浏览日期：2019 年 3 月 31 日。

④ 豆瓣用户@ Eiffel 提问："为什么喜欢向陌生人诉苦呢？"下豆瓣用户@摩羯座胖师傅的回答，2013 年 8 月 25 日，https：//www. douban. com/group/topic/42967987/，最后浏览日期：2019 年 3 月 31 日。

有时，网友不仅向陌生人倾诉，而且还向 BBS 倾诉，BBS 是一个"倾听的对象"。例如，网友"白云"在 2007 年写了一篇追忆"商都 BBS"的"三十以后"版的文章，他们把"三十以后"版当作"家"，在那里"栖息"，也在那里"倾诉"与"宣泄"，"就像很多人把三十当成自己的家，家的属性是什么？当然是针对个体而非整体。能把版面当成家的人，无疑是把三十当成了网络栖息地，于是便会衍生出了无尽的倾诉、热辣的愤怒、温情的期待，暖心的回忆。爱恨情仇的宣泄于一个版面，这意味着最高看重！别忽视了这样的看重，黄金白银都买不到的东西，怎么可以视而不见？"①

网友选择在 BBS 中倾诉，不仅因为当时可替代的网络应用少（或者可获得的/可供的网络应用少），而且因为早期 BBS 的匿名属性保障网友可以用匿名身份向陌生人倾诉，而不用背负现实交往的负担。网友的倾诉与当时的社会语境有关。在中国 BBS 发展的 1990 年代后期和 2000 年代早期和中期，中国社会改革开放的持续推进、社会主义市场经济的快速发展以及总体社会的转型，给人们带来了新的不确定性与压力。人们难以或无法在现实生活中倾诉与纾解这些压力，而 BBS 提供了倾诉的机会与空间，满足了网友的需求。

从倾诉的角度追忆 BBS，网友将其喻为"心灵圣殿"②"灵魂的延伸"③"仙居"④"乌托邦"⑤ 等。这表明，对于网友来说，BBS 是精神的"居所"。网友并未追忆 BBS 物质性或者技术性的一面，而且选择性地追忆 BBS 精神性的一面。网友记忆中的 BBS 是倾诉的场所与对

① 白云：《写一点网络记忆：商都 BBS 三十以后》，2015 年 3 月 3 日，http：//blog. sina. com. cn/s/blog_5387d5390102viel. html，最后浏览日期：2021 年 7 月 3 日。

② 一介女流：《天涯，我的心灵圣殿》，2010 年 8 月 6 日，http：//BBS. tianya. cn/post - 810 - 3449 - 1. shtml，最后浏览日期：2019 年 2 月 19 日。

③ 彼得堡的大师：《写在一塌糊涂关站一周年》，2012 年 9 月 12 日，https：//www. douban. com/note/236442130/，最后浏览日期：2019 年 2 月 23 日。

④ xunzhao5i：《亦菲仙居被关闭的始末全解》，2008 年 11 月 30 日，http：//BBS. tianya. cn/post - funinfo - 1319053 - 1. shtml，最后浏览日期：2019 年 2 月 26 日。

⑤ 孤云：《BBS，即将沦丧的乌托邦？——为了怀念，让我们回顾论坛上的纷争岁月》，2002 年 7 月 20 日，http：//BBS. tianya. cn/post - no01 - 23345 - 2. shtml，最后浏览日期：2019 年 3 月 9 日。

象，寄托着个人的情感，是个人化的，具有私人性质和个人"日记本"的功能。

二　陌生人社交与友谊

不少网友追忆在 BBS 中的社交与结下的友谊。例如，在怀念"腾讯论坛"时，网友"金子"写道："当看到那些熟悉的 ID 热闹跟帖时，想念朋友的情结油然而生，有一种想哭的冲动，想念老朋友，想念当初在 BBS 和朋友一起的快乐交流，想念在 BBS 和朋友一起写贴的美好时光。"①

网友"万物 C"在百度贴吧发帖，希望找到以前一起"刷"校园 BBS 的朋友们："那些年，我们乐不知倦地刷着校园 BBS，计算机课上总是第一时间打开 BBS 主页（实际上也只能开这个）讨论着学校的时事新闻，校园趣事，各种八卦，是多么欢乐。我们比着人气，帖子回复排行，那时我的帖子还去过第一哇。怀恋那段逝去的时光，找寻那些离散了的人……"②

网友想念 BBS 中的朋友，怀念跟这些朋友一起在 BBS 中的快乐时光。这些朋友大多由陌生人"演变"而来，网友并不知道他们真实的名字，只知道他们的"网络 ID"。网友记住了这些网络 ID，这是他们怀念朋友的方式，也是记住的一种努力。网友"朔月夜真弓"在怀念"LOOKGAMEBBS"中的朋友时，写下了朋友们的"名字"（即"网络ID"）："极乐净水（还记得那年正值仙三发布，LG 的仙区很火爆，净水的头像是景天，也是仙区的资深元老了。文笔不错，那年他应该是高一或者高二）、冰激凌（冰激凌的头像是长卿，本人貌似蛮精通 IT的，非常乐于助人）、我爱轩辕剑（活泼的小璇，仙区的可爱小宝，记忆深刻的是你的头像——蓝龙葵与红龙葵的渐变，真的好美）……S＋一串数字（头像类似岩井俊二《情书》海报封面，侧脸四十五度

---

① 金子：《怀念在 BBS 的日子（一）》，2006 年 11 月 29 日，http://blog.sina.com.cn/s/blog_4a059c52010006rz.html，最后浏览日期：2019 年 3 月 2 日。

② 万物 C：《（回忆贴）找寻那些年一起玩校园 BBS 的大龄学长学姐们》，2013 年 4 月 6日，http://tieba.baidu.com/p/2253769812? see_lz＝1，最后浏览日期：2019 年 3 月 2 日。

望天，雪花降落）、滔滔不绝（才女，貌似是 S 的女友？）陆续回忆，这种感觉既幸福又心酸，快十年了，不知大家散落在何方……写下的大家的名字，以及，原谅我，一些没写下的名字，感谢大家曾给我那么温暖的回忆。我想，在某种意义上，我们终会在另一个次元的世界里重逢，届时请一定握手相认。"①

网友的上述记忆意味着，BBS 是早期中国网友结交朋友的途径之一。这些朋友主要源自"陌生人社交"，区别于传统社会中的"熟人社交"。陌生人在 BBS 中可以产生友谊，这是 BBS 吸引网友的地方。

对于通过 BBS 结交的朋友，网友常常比较了解这个朋友的情况。例如，《电影世界》的一份采访写道："史航觉得论坛跟 qq 的朋友完全两回事儿，'qq 不知道是男是女，也许跟你爸在聊天。论坛是先看文字，明心见性，知道你这个人的本性什么样。见面从不打听职业，不知道是否结婚，但是知道你最喜欢哪部电影，对哪句台词最感兴趣'。"②

在被采访者史航看来，透过 BBS 的文字与交流，网友能够了解和把握自己所结交的朋友。这是 BBS 社交的特点。

网友忆及 BBS 中的爱情，对当年爱与"被爱"的故事娓娓道来。例如，网友"平行空间的幸福人生"写道："y 娟要我不要再回忆了，说这个阶段不适合回忆。可是，为什么我还是忍不住地想翻看以前的BBS，想联系曾经的那些人。边看边自我安慰，太久忘却了的细节，读出了当年感受不到的体贴和温馨，还有被爱。是寻找被爱的感觉，还是告别过去的仪式？内心深处没有回答。"③

---

① 朔月夜真弓：《LG BBS 片面回忆录大家的名字》，2012 年 2 月 16 日，https：//tieba.baidu.com/p/1415026703？pid=17272896950&cid=0&red_tag=2764142197#17272896950，最后浏览日期：2019 年 3 月 9 日。

② 张晓琦：《有关〈后窗看电影〉〈香港制造〉〈电影夜航船〉混在论坛的日子》，《电影世界》2011 年第 9 期。

③ 新浪微博"@ 平行空间的幸福人生"，2013 年 5 月 24 日，https：//weibo.com/u/3172646185？refer_flag=1001030103_&is_all=1&is_search=1&key_word=y%E5%A8%9F%E8%A6%81%E6%88%91%E4%B8%8D%E8%A6%81%E5%86%8D%E5%9B%9E%E5%BF%86%E4%BA%86，最后浏览日期：2019 年 3 月 16 日。

再如，网友"wanghaisan"扬扬得意地写道："2000年秋天的一个晚上，喝过酒，与死党一起到网吧通宵，用新申请的8位数的QQ，随便搜索了一个叫木鱼的女子聊天，没承想聊成了女朋友。2001年暑假，远赴大连见面，2003年抛弃乡镇公务员的工作来到深圳与她团聚，2005年结婚，2007年下半年怀孕，今年5月我将成为父亲。如此说来，其实我也算是时代的先行者吧，至少在网恋一事上我敢说算得上数一数二的了。"①

从中可见，BBS所催生的爱情有不少是基于"陌生人社交"发展而来的，这是中国"网恋"的发端，影响着后来中国的"网络爱情"。这些"网恋"区别于中国现实社会或传统社会中的爱恋，与"门当户对"、身份、地位关系不大，有些甚至没有见过真人或照片，而只是单纯地从喜欢对方的文字或观点开始，近乎"爱屋及乌"。BBS的网络爱情故事常常通过文字娓娓道来，又似乎无法言说。

三 获得帮助与自我成长

网友在BBS中获得的帮助与成长，是他们记忆的主题之一。例如，网友"云随风卷"在追忆"163论坛"时写道："在这总对社会极度不满的背景下，我看到了163，看到了那句'捍卫你说话的权利'。我被深深的吸引了，在论坛畅所欲言，觉得几年的憋屈得到了发泄。如此发泄了一年，说够了，我也逐渐地学会如何变得成熟，开始学会从各方面包括心理学、哲学等角度去客观的分析问题。"②

网友"浅蓝叶长城"的网络经历很丰富，在回忆"天涯论坛"时，写下了类似的记忆："在天涯，当斑竹、当酋长、杀广告、斗邪教、战国骂等，经历很丰富，视野也开阔了许多，朋友资源也广。从中发现，没有谁可以100%得到支持，也没有谁可以100%获得反对。不同的声音，通过千万天涯之友发出。诸多思想的交互，使我们成长；

---

① 铁血社区：《回忆混在〈舰船知识〉论坛的日子》，2008年2月18日，http：//bbs.tiex-ue.net/post_2591098_1.html，最后浏览日期：2021年5月3日。

② 云随风卷：《怀念163时事论坛同感的顶》，2005年10月19日，http：//BBS.tianya.cn/post‐free‐360522‐1.shtml，最后浏览日期：2019年3月11日。

也认识到网络世界的多元化，太自我不是出路，包容才有前途。"①

这表明，在网友的记忆中，BBS 可以启发思考和提升认识，在精神层面帮助网友成长。

网友追忆在 BBS 中获得的有形的帮助。例如，网友"贾伟光"从使用 BBS 中获得了最早的上网技能，提升了网络媒介素养："作为一个职业网民，从中学开始上网，到毕业专职从事网络相关工作十多年，可以说网络已经渗透到我生活的方方面面。这其中 BBS 对我的网络知识启蒙，起到极大的作用，而且到现在依然还在发挥作用。从一点一滴学会在论坛用标签发表情、学会给字体加粗、加颜色，学熟练打字，到学会在各种论坛寻找自己需要的知识，最重要的是学会了这种学习的能力，非常感谢当年的 BBS 氛围……通过各种各样的 BBS 熏陶，零碎的信息拼凑起来，经过自己的分析感受，对这个世界的了解，清晰了不少。这是一笔不可估量的财富。当然当下有更快捷的方式，但是在当年，BBS 可是最佳途径。"②

此外，有网友通过"民航论坛"了解有关飞机的知识，克服了"恐飞症"。③ 另有网友受到"走遍欧洲 BBS"的帮助，办下了英国签证，然后抱着回报的目的回来发布经验贴。④

有关获得帮助与成长的记忆，在 BBS 站长的回忆中多有提及。例如，"tanmy0527"写道："在 BBS 这个大家庭里面收获颇多，认识了几个小伙伴，学到了很多关于网页，服务器方面的知识。从委员到技术部副部长到技术站长。慢慢地让我成长了起来，非常荣幸地加入到

---

① 浅蓝叶长城：《拥抱天涯，自我成长》，2010 年 8 月 30 日，http：//BBS. tianya. cn/post - 810 - 3794 - 1. shtml，最后浏览日期：2019 年 3 月 26 日。

② 贾伟光：悟空问答"你最怀念的一个互联网产品是什么，为什么怀念它？"问题下的跟帖，2019 年 1 月 6 日，https：//www. wukong. com/question/6507377021629235460/，最后浏览日期：2019 年 3 月 29 日。

③ youher：《感谢这个论坛，治好了我的恐机症～～～》，2010 年 10 月 17 日，https：//BBS. feeyo. com/thread - 5044970 - 1 - 1. html，最后浏览日期：2019 年 3 月 28 日。

④ ivy811112：《昨天拿到英国签证了，发个帖感谢下论坛～》，2012 年 3 月 29 日，ht-tp：//BBS. eueueu. com/thread - 374756 - 1 - 1. html，最后浏览日期：2019 年 3 月 28 日。

了BBS。"①

由此可见，BBS在精神层面与实用层面给予网友的帮助，令网友记忆深刻，网友认为这是自己成长的经历之一。这些帮助可能来自BBS，也可能来自其他网友。虽然这些记忆具有"功利主义"的性质，但是BBS的帮助却是无私的，是"义气的""仗义的"。网友记忆在BBS中的成长，具有"自传式记忆"的意味，从中可以瞥见网友的一些经历与成长过程。从个体层面展开的BBS记忆跟个体的情感、社交、成长联系在一起，既是网友使用BBS、与BBS互动的历史，也是网友个体成长的历史，构成了网友的"过去"。

第四节　网友记忆中 BBS 的公共遗产

网友在社会层面对BBS的记忆，主要沿着公共表达与公共讨论两个维度展开。网友的记忆认为，这是中国BBS重要的精神遗产。

一　催生公共表达

在BBS出现之前，民众较为匮乏自主表达的畅通渠道，BBS是中国首个开放的网络公共平台，赋予了普通网民公共表达的机会。从网友的记忆可见，除了版主和少数较为活跃的BBS网友会占据BBS的部分话语空间外，BBS的话语空间对普通网友是开放的，这是网友所珍视的。

网友追忆BBS相对开放和宽松的独特氛围，由于BBS未被更多地规制或被商业力量垄断，因此它们给普通网民提供了表达机会，普通网民能够"共享与分享"。例如，有网友写道："每每与网友交流，发现大家都还是有那些精神在的，虽然我们不能说了，虽然我们不如原来活跃了，虽然网络没有以前方便了，但是，我们精神还是在的，论

---

① 武汉科技大学BBS（作者"tanmy0527"）：《回忆那时在BBS的日子》，2016年3月13日，http：//BBS. wust. cn/forum. php? mod = viewthread&tid = 11031，最后浏览日期：2019年5月2日。

坛上我们依然能看到共享和分享……我们都还有那颗心……或许我们说的话总会被恶意的‘误解’、扭曲、断章取义、拼接合成，但我觉得，我们还是会以实际的行动给网络增添一些活力，至少，我们可以在论坛多发几帖，哪怕是灌水，至少我们可以多回复几贴，哪怕只是一句‘多谢楼主分享’……"①

网友利用 BBS 提供的表达机会，热情地开展公共表达，超越了个体的叙述，而进入了社会的层面，这是网友记忆深刻的网络经历。例如，有网友分析道："一系列的事件，让一大批天涯杂谈的 ID 成为网络世界的焦点，也造就了一大批的写手砖手，吸引了更多的人来到天涯杂谈。"②

还需要指出的是，BBS 所催生的公共表达，不仅体现在公共讨论中，还体现在娱乐八卦、网络文学等领域。这些公共表达是改变中国社会的一种力量。网友追忆在 BBS 中开展公共表达的经历，是怀念，也是对 BBS 之后公共表达减弱或缺失的一种批判。

二　关注公共事务和激发公共讨论

BBS 曾经是网友关注与讨论公共事务的重要场所，这是中国 BBS 的特色。彼时，不少网络事件在 BBS 上发生，然后进入公众视野。例如，1995 年"朱令铊中毒"事件发生后，"天涯论坛"关于该事件的梳理和分析绵延至今。截至 2021 年 5 月 3 日 22 时，以"朱令"为关键词在"天涯论坛"搜索，共有相关帖子 685766 篇。最新一篇文章《关于朱令案件，贫道的一点看法》发表于 2019 年 5 月 4 日。③"朱令铊中毒"事件成为一个"事件"和公共话题，BBS 发挥着关键作用，而这一事件成为公共事件引起了人们对朱令及其家人的关注，并推动

---

① 人人网（作者"冰凌火"）：《仅以此文怀念当年的互联网 - 博客里、论坛内终不似当年》，http：//blog. renren. com/share/265207328/2830926301。

② 《众神之殇：怀念一个逝去的 BBS》，天涯社区，2007 年 9 月 17 日，http：//bbs. tianya. cn/post－174－437723－1. shtml，最后浏览日期：2021 年 7 月 5 日。

③ 静月河：《关于朱令案件，贫道的一点看法》，2019 年 5 月 4 日，http：//bbs. tianya. cn/post－647－53112－1. shtml，最后浏览日期：2021 年 5 月 3 日。

了有关案件的信息公开工作。

在中国 BBS 快速发展的 2000 年代早期与中后期，当时重大的社会公共事件都曾在 BBS 上引发公共讨论，激起了网民的公共参与，是中国网民参与公共事务的早期实践。例如，在 2002—2003 年"非典"暴发期间，"一塌糊涂" BBS 于 2003 年 4 月开辟了"SARS 版"。随后，该版面迅速成为网友们讨论非典话题的"公共空间"。① 网友"滕彪"指出，"孙志刚事件、孙大午事件、郑恩宠事件、李思怡事件、甘德怀事件、萨斯黑幕、北航招生黑幕、宝马撞人案、罢免张和案等，都在一塌糊涂 BBS 上有热烈的讨论"。② 这意味着，BBS 在公共事件中能够发声和敢于发声，给网友留下了深刻的印象。网友在对"关天论坛"的回忆中写道："在'9·11 事件'引发的大讨论中，当时'网络中国'与'媒体中国'是两个断裂的世界，媒体上见不到任何讨论，关天在一夜之间出现大量讨论帖，对此，关天对所有鼓吹和同情恐怖主义的帖子，强硬地全部标以'黑脸'，以春秋笔法进行褒贬。另一方面，版主也坚持不删除任何帖子。"③

从上述记述可见，对于"关天论坛"论坛在公共讨论中"不删除任何帖子"的做法，该网友予以肯定，令网友记忆深刻。

在有关公共事务的网络讨论中，网友能够在 BBS 中争论，不同的观点相互碰撞，这是网友印象深刻的网络体验。例如，有网友这样描述自己在公司 BBS 的"辩论"经历，"那一段时间，我生活的重点改为每天上 BBS 与人辩论 911。至今我仍诧异我竟能投入那么多精力，亦感慨那时的我好像一只颈毛倒炸的恶狼，任何反对我观点的人都会被我毫不留情的反击，我似乎异常地享受这种紧张的脑力劳动，既为自己如长江般源源不断的说词而骄傲，又常常被对手的回复气得手指

---

① 叙拉古的诱惑：《季天琴：BBS 往事》，2017 年 8 月 25 日，https：//www.douban.com/note/634586998/，最后浏览日期：2019 年 5 月 10 日。

② 滕彪：《为什么要捍卫"一塌糊涂"？》，2004 年 10 月 8 日，http：//www.epochtimes.com/gb/4/10/8/n683766.htm，最后浏览日期：2019 年 3 月 14 日。

③ 叙拉古的诱惑：《季天琴：BBS 往事》，2017 年 8 月 25 日，https：//www.douban.com/note/634586998/，最后浏览日期：2019 年 5 月 10 日。

颤抖。显然，与我同样享受这种激烈辩论的不止我一个，估计但凡能上电脑的会打字的都参与了这场世纪辩论，而且都不得不选择一个立场。所以这场大战，据我模糊印象，高峰至少持续了一个星期，如果统计过点击率，怎么也能挤入中国百强 BBS"。[①]

在网友的记忆中，BBS 的这些精神遗产代表着"一个时代"。网友回忆 BBS 的公共价值（包括独立、开放等），以及 BBS 对公共事务的关注、对公共利益的维系，体现了网友对这些价值的肯定与珍视，以及希望在当下与未来传承这些精神与价值。这是 BBS 重要的公共遗产。

第五节　网友记忆中作为"朋友"的 BBS

BBS 可以推动网友之间形成友谊，这已被不少研究证实。例如，孟新研究大学生的 BBS 使用发现，大学生认为在 BBS 上可以找到更多志同道合的人，而不必担心因为自己的性格缺陷招来他人的厌恶。[②] BBS 容易形成同质性友谊。例如，赖丁斯（Ridings）和格芬（Gefen）指出，在网络中寻找友谊，试图寻找符合自己想象的他人，是网友进入虚拟社区的目的之一。[③] Wellman 进一步分析到，网络上的大多数友谊是人们基于共同的兴趣或利益而自愿建立的。[④] 在麦肯纳（McKenna）、格林（Green）和格里森（Gleason）看来，这是因为，人们更容易被与自己相似的人吸引，并且更愿意与这些人交流。[⑤] 同质性的友谊并不意味着友谊的质量不高。帕克斯（Parks）和科利（Kory）将网

---

① 《怀念 BBS 时代》（作者"幻化无端"），天涯社区，2014 年 7 月 7 日，http：//bbs. tianya. cn/post – free – 177837 – 1. shtml，最后浏览日期：2019 年 5 月 5 日。

② 孟新：《BBS 对大学生的影响及对策研究》，《南京工业大学学报》（社会科学版）2003 年第 4 期。

③ Ridings, C. M., & Gefen, D., "Virtual Community Attraction：Why People Hang Out Online," *Journal of Computer-Mediated Communication*, Vol. 10, No. 1, 2004.

④ Wellman, B., "An Electronic Group is Virtually a Social Network," in：Sara Kiesler ed., *Culture of the Internet*, New York：republished by Psychology Press, 1997, pp. 179 – 205.

⑤ McKenna, K. Y. A., Green, A. S., & Gleason, M. E. J., "Relationship Formation on the Internet：What's the Big Attraction?" *Journal of Social Issues*, Vol. 58, No. 1, 2002, pp. 9 – 31.

络空间比作"平行宇宙"，在那里，人们能够拥有相比于现实中质量更高、更深入的友谊，他们对网友的认识甚至会超过现实中的老友和挚交。①

BBS 能够形成友谊，主要是因为：一是匿名的自我与身份。由于网民与现实世界、不同站点的网民之间存在时空距离，因而 BBS 中的相对匿名能够得到保证。② 匿名对于交友具有促进作用。麦肯纳等人的研究发现，互联网缺少"门控特征"（gating feature），因此人们不必表现真实的自我（real me）。③ 彭兰④、黄少华⑤和屈勇⑥的研究发现，在网络平台中，每个人都只有"网友"这一个身份，人们几乎可以按照自己的意愿进行自我呈现，可以选择自己想要的身份或别人所期待的身份，从而打破了身份对于交友的限制。随着社会的流动性与服务性增强，中国传统的"熟人社会"逐渐转型为"陌生人社会"。在陌生人社会中，人们需要更多的朋友，而 BBS 等网络应用提供了新的交友途径，满足了人们的需求。

二是信息交流。信息交流可以产生与维系友谊。基尔伯特（Gilbert）和卡拉哈利奥斯（Karahalios）认为，媒介对所有用户一视同仁，而当一个人选择与另一些人多次互动时，二者之间的关系力量（tie strength）就会显著增强。⑦ 柯林斯（Collins）和米勒（Miller）从信息透露/信息暴露的角度指出，人们会喜欢向自己透露信息（disclosure）

---

① Parks, M. R., & Floyd, K., "Making Friends in Cyberspace," *Journal of Communication*, Vol. 1, No. 4, 1996, p. 4.

② Mary Beth Rosson, "I Get by with a Little Help from My Cyber-Friends: Sharing Stories of Good and Bad times on the Web," *Journal of Computer-Mediated Communication*, Vol. 4, No. 4, 1999, pp. 80 – 97.

③ McKenna, K. Y. A., Green, A. S., & Gleason, M. E. J., "Relationship Formation on the Internet: What's the Big Attraction?" *Journal of Social Issues*, Vol. 58, No. 1, 2002, pp. 9 – 31.

④ 彭兰：《网络中的人际传播》，《国际新闻界》2001 年第 3 期。

⑤ 黄少华：《论网络空间的人际交往》，《社会科学研究》2002 年第 4 期。

⑥ 屈勇：《去角色互动：赛博空间中陌生人互动的研究》，南京大学博士学位论文，2011 年。

⑦ Gilbert, E., & Karahalios, K., *Predicting Tie Strength With Social Media*, Boston: Proceedings of the SIGCHI Conference on Human Factors in Computing Systems, 2009, pp. 211 – 220.

的人，也会向喜欢的人透露信息。这能够形成一个"反馈循环"，从而使相互之间的关系更加紧密。① 威廉·罗林斯（William Rawlins）和桑迪·罗林斯（Sandy Rawlins）认为，陌生人之间的互相建议以及互相寻求建议本身，可以视作友谊的建立。② 具体到中国语境，露易丝·于（Louis Yu）和瓦莱丽·金（Valerie King）研究中国社交网络中的友谊演变发现，中国的 BBS 用户倾向于在论坛子版（"板块"）中参与讨论，这些讨论往往会跨越多个版面，他们希望在这一过程中获得更多的信息并建立友谊。③

　　BBS 鼓励用户之间的信息交流，这有助于形成友谊。金立文（Li-wen Jin）指出，BBS 没有"守门人"，加之匿名性带来的安全感，可以鼓励和加速用户之间的信息交换。④ 这种信息交流具有双向性，⑤ 有助于友谊的生成。在 BBS 中，信息的交流很少中断。玛丽（Mary）研究在线论坛中的网络故事发现，80% 的帖子至少能够获得一条回复。⑥ 惠特克（Whittaker）进一步指出，数量庞大的用户群体保证了知识的多样化，即使抛出一个话题的人无法直接与某个具体的知情人取得联系，最后也总有机会找到知情且乐于交流的人。⑦ 莱茵戈德将这种交流方式比作"沙龙"——着眼于想法和沟通，私下里会有单独的讨论与辩论；以及"团队思维"（groupmind）——给出回答、给予灵感和

---

① Collins, N. L., & Miller, L. C., "Self-disclosure and Liking: A Meta-Analytic Review," *Pyschological Bulletin*, Vol. 116, No. 3, 1994, pp. 457 –475.

② Rawlins, W. K., & Rawlins, S. P., "Academic Advising as Friendship," *NACADA Journal*, Vol. 25, No. 2, 2005, pp. 10 –19.

③ Yu, L., & King, V., *The Evolution of Friendships in Chinese Online Social Networks*, Minneapolis: 2010 IEEE Second International Conference on Social Computing, 2010, pp. 81 –87.

④ Jin, L., *Chinese Online BBS Sphere: What BBS Has Brought to China*, Massachusetts: Massachusetts Institute of Technology, 2008.

⑤ 陈洁：《BBS：中国公共领域的曙光》，《中国青年研究》1999 年第 5 期。

⑥ Igbaria, M., "The driving forces in the virtual society," *Communications of the ACM*, Vol. 42, No. 12, 1999, pp. 64 –70.

⑦ Whittaker, S., "*Talking to Strangers: An Evaluation of the Factors Affecting Electronic Collaboration*," Boston: CSCW'96 Proceedings of the 1996 ACM conference on Computer supported cooperative work, 1996, pp. 409 –418.

支持的人可能从未听说过，之后也不会相见。[①] 在 BBS 中，积极的互动能够维系和强化后续的互动。萨丹拉彻（Sundararajan）通过分析学生们在 BBS 中的"学习型对话"发现，人们在互动中可以认识到自身的价值，而当这种价值得到肯定之后，他们会更加积极地与同伴互动，人与人之间的信任度也会随着讨论的深入而增加。[②] 总之，BBS 能够实现与维系信息交流，从而促生与维系友谊。

三是情感交换。情感交流是信息交换的延伸，同样有利于产生与维系友谊。人们在 BBS 中相互交流，以期获得情感支持。斯普劳尔（Sproull）和法拉杰指出，由于人们在现实生活中难以遇到和自身处境相同的人，因此常常会认为一切过失都在于自己，而网络小组和网络社区可以打消人们的孤单感并为其提供情感支持。[③] 富尔隆（Furlong）[④] 以及希尔兹（Hiltz）和威尔曼（Wellman）[⑤] 的研究进一步发现，计算机中介的传播除了提供信息，也使人们能够与他人分享情感，在人们无法实现面对面交流的情况下，为对方提供情感支持和陪伴。网友在 BBS 等网络社区中获得的情感支持，受到诸多因素的影响。根据约翰逊（Johnson）和劳维（Lowe）[⑥] 以及普利斯（Preece）[⑦] 等人

---

① Rheingold, H., "A Slice of Life in My Virtual Community," In: Harasim, L. M. (eds.), *Global Networks: Computers and International Communication*, London: MIT Press, 1996, pp. 413 – 436.

② Sundararajan, B., "Emergence of the most knowledgeable other (MKO): Social network analysis of chat and bulletin board conversations in a CSCL system," *Electronic Journal of e-Learning*, Vol. 8, No. 2, 2010, pp. 191 – 208.

③ Sproull, L., & Faraj, S., "Atheism, sex and databases: The Net as a social technology," In: Kiesler, S. (eds.), *Culture of the Internet*, New York: republished by Psychology Press, 1997, pp. 35 – 51.

④ Furlong, M. S., An electronic community for older adults: The SeniorNet Network, *Journal of Communication*, Vol. 39, No. 3, 1989, pp. 145 – 153.

⑤ Hiltz, S. R., & Wellman, B., "Asynchronous learning networks as a virtual classroom," *Communications of the ACM*, Vol. 40, No. 9, 1997, pp. 44 – 49.

⑥ Johnson, D. S., & Lowe, B., "Emotional support, perceived corporate ownership and skepticism toward out-groups in virtual communities," *Journal of Interactive Marketing*, Vol. 29, 2015, pp. 1 – 10.

⑦ Preece, J., "Empathic communities: Balancing emotional and factual communication," *Interacting with computers*, Vol. 12, No. 1, 1999, pp. 63 – 77.

的研究，虚拟社区的可获得性、匿名性、及时性和开放性，影响着人们的情感交换。当然，网友在虚拟社区中获得的情感支持可能是有限的。

　　分析收集的记忆文本发现，不少网友在记忆中把 BBS 视为"朋友"。例如，在怀念"时代论坛"时，网友"郑安然"写道："老朋友，你今年三十岁，比我年长一岁。你陪伴我成长，也颠覆我一生。'时代论坛'，生日快乐。"① 在悼念水木清华 BBS 时，网友"Game"用"打油诗"的形式写道："和暖的阳光带来了春的讯息/可是亲爱的朋友你却要远离/年轻的时候我们一起走过水木/愿往日的欢笑永驻心底。"②

　　从中可见，"朋友"是网友记忆 BBS 的一个隐喻。那么，BBS 何以在记忆中成为网友的"朋友"？笔者发现，BBS 在建立、维系网友之间的友谊的同时，BBS 自身也被网友视为"朋友"。个中原因，主要有两点：首先，网友可以与 BBS 进行沟通。白淑英和何明升的研究指出，除了"发帖人"和"回帖人"之外，许多 BBS 用户充当着"读帖人"的角色，即只看不互动，这是一种特殊的互动参与方式。③"帖子"成为一个互动符号，"人人对话"成为"人对符号"的单方面互动。白淑英④和黄少华⑤等进一步指出，BBS 的滞后性互动，是一种"不在场的"互动。于是，人与人之间的沟通成为人与帖子、人与站点的沟通，而这种沟通具有永久性。这意味着，网友在不少时候是在与 BBS 进行互动。这些互动的过程，促使用户把 BBS 视为"朋友"。

　　其次，网友在与 BBS 互动的过程中获得了朋友般的满足，包括情

---

　　① 郑安然：《时代论坛与你》，2017 年 9 月 1 日，https：//christiantimes.org.hk/Common/Reader/News/ShowNews.jsp？Nid = 152458&Pid = 103&Version = 0&Cid = 2196&Charset = gb231，最后浏览日期：2019 年 4 月 21 日。

　　② 《SMTH，水木之殇——水木语录》，新浪博客，2006 年 6 月 26 日，http：//blog.sina.com.cn/s/blog_417b217c010004aj.html，最后浏览日期：2021 年 7 月 3 日。原文"水木已死"（http：//blog.csdn.net/mopper163/article/details/507952）已无法打开。

　　③ 白淑英、何明升：《BBS 互动的结构与过程》，《社会学研究》2003 年第 5 期。

　　④ 白淑英：《基于 BBS 的网络交往特征》，《哈尔滨工业大学学报》（社会科学版）2002 年第 3 期。

　　⑤ 黄少华：《论网络空间的人际交往》，《社会科学研究》2002 年第 4 期。

感的、精神的满足，以及实质性的帮助。崔东胜（Dong Seong Choi）
和金振宇（Jinwoo Kim）将人与系统的互动称为"个人交互"（person-
al interaction），他们认为，当人与系统能够有效的互动时，用户就会
拥有最佳的体验。这种体验使得用户乐于登录网站、对网站的忠诚度
也会提升。[①] 瓦斯科（Wasko）和法拉杰（Faraj）指出，人们进入虚
拟社区的原因之一在于欣赏其中的对话，他们能够从中获得满足感。[②]
对于 BBS 来说，从前文的分析可见，网友追忆在 BBS 中的倾诉、社
交、友谊以及获得的帮助，跟追忆一位朋友有诸多相似。

　　网友使用了"朋友"的隐喻来追忆 BBS，在网友心目中，BBS 是
有生命的存在。BBS 不仅可以为网友间的友谊架起桥梁，而且 BBS 自
身也是网友的"朋友"。那么，在网友的记忆中，BBS 是怎样的一位
"朋友"呢？随着 BBS 的衰退和死亡，网友的追忆、怀念与悼念总有
"盖棺定论"的意味。基于本章收集的材料，我们发现，网友追忆的
BBS 是可以倾诉的"朋友"、精神的朋友以及天下为公的朋友。BBS
所中介的友谊，在某种程度上，可以视为"朋友的朋友"。网友通过
追忆这样的 BBS 实现了对 BBS 的再定义以及对其社会意义的再阐释，
发掘了 BBS 的意义与价值。

第六节　网友记忆再现的 BBS 文化与"朋友"的隐喻

一　网友追忆的 BBS 文化与 BBS 遗产

　　网友的 BBS 记忆基于自下而上的视角展开，书写了中国 BBS 的历
史。从网友的记忆来看，一是 BBS 是中国首个开放的网络应用与平

---

① Choi, D., & Kim, J., "Why people continue to play online games: In search of critical de-
sign factors to increase customer loyalty to online contents," *Cyber Psychology & behavior*, Vol. 7, No. 1,
2004, pp. 11 – 24.

② Wasko, M. L., & Faraj, S., "'It is what one does': Why people participate and help oth-
ers in electronic communities of practice," *Journal of Strategic Information Systems*, Vol. 9, No. 2 – 3,
2000, pp. 155 – 173.

台，早期中国网民热情地使用 BBS，在网友的互联网使用过程中扮演着不可忽视的角色，亦给网友留下了深刻的印象。二是早期的中国 BBS 开放程度高，包容性强，网友可以在 BBS 中相对自主地表达，并围绕公共话题开展公共讨论。因此，BBS 的历史，不失为一部网友参与公共事务和开展公共讨论的历史。三是中国 BBS 的发展是曲折的，因为与互联网治理、技术变迁的互动而出现起伏。从这一起伏的过程，可以洞察 BBS 与中国社会互动的过程。上述线索是中国 BBS 社会史的组成部分。

透过记忆，网友再现与诠释了中国 BBS 文化。第一，网友记忆诠释了"乐于助人"的 BBS 文化。网友追忆从 BBS 中获得的来自其他网友或 BBS 的帮助，心存感激，而其他网友或 BBS 给予帮助（付出）是分享或共享的行为，不计报酬。这推动 BBS 形成了乐于助人的文化，包括在中国互联网全功能接入国际互联网不久后的 1995 年，对朱令发起的救援。当下"众筹"的网络救助形式，可以从 BBS 助人文化中找到起源。BBS 催生的不计报酬的助人文化以及免费共享的行为，在传统上可以接合中国"助人为乐"的文化，在现实中跟我国互联网发展早期通过免费共享凝聚人气和维系社区有关。BBS 作为一个社区，需要通过共享或提供帮助来建立与维系社区。如今，不少社区网络或"两微一端"强调服务功能，致力于通过服务来建立与维系社区共同体，其逻辑与 BBS 的助人文化如出一辙。

第二，网友记忆所再现与阐述的 BBS 文化，还体现为开放与包容的文化。网友在 BBS 中可以利用匿名身份，相对自主地表达他们的观点与看法，而不用过多地考虑现实身份的压力。不同的观点与看法可以在 BBS 中获得可见性，甚至得到其他网友的回复与共鸣，从而激励网友的表达行为，维系着 BBS 社区。作为中国第一个发展起来的互联网应用，BBS 为网民的网络表达与网络社交创造了条件，也激发了网民的表达热情，而较为宽松的政策环境则为网民的表达打开了空间。这种开放与包容的 BBS 文化令网友记忆深刻，也是他们怀旧 BBS 时代的原因之一。

第三，网友记忆凸显了 BBS 关注公共事务和服务公共利益的文化。BBS 在其黄金时代积极介入公共事务，通过激发公共讨论来维系公共利益（尤其是在网络公共事件中），成为网友记忆中一道独特的风景。在网友看来，BBS"心系天下"，具有奉献精神，能够不被权力或商业所利用与垄断，颇有中国传统"士大夫"的风骨。

透过网友的记忆不难发现，BBS 的上述文化是 BBS 重要的精神遗产，体现了中国 BBS 的独特性及其社会功能，在某种程度上是无可替代的。后来，随着互联网生态的演变，BBS 的这些文化难以再现。因此，网友追忆这些 BBS 文化，把它们珍视为重要的精神遗产，并希望保护与传承它们。

二　"朋友"的隐喻、中国人的友谊观与 BBS 记忆

网友在记忆中把 BBS 作为"朋友"来追忆与怀念（乃至悼念），这并不突兀，但却是有趣的现象。基于前文的分析不难发现，BBS 是四种意义上的朋友：一是可以倾诉的朋友，二是乐于助人的朋友，三是精神上的朋友，四是天下为公的和仗义执言的朋友（在此意义上，BBS 也是一位公共的朋友）。这些不同类型的朋友，体现了 BBS 记忆的丰富性与复杂性，可以从中国人的友谊观，以及德里达的"友谊法则"中得到解释。

中国自古以来是一个熟人社会，"关系""面子"在人际交往中占据着重要地位。黄光国曾将中国的人际关系分为"富有表现力的关系（the expressive tie）"，即相对稳定和持久，可以给人温暖、依恋和安全感；"工具性的关系（the instrumental tie）"，即不稳定的，是为了达到某种物质目标的手段和工具；以及"混合的关系（the mixed tie）"，即通过"人情"和"面子"维系的关系，往往处在社会关系网之中。[①] 这三种分类与杨国枢的三个分类"家人"（家庭成员）、"生人"（陌生人）以及"熟人"（除家庭成员外的亲戚、朋友、邻居、同学、同

　　[①]　Kwang-kuo Hwang, "Face and Favor: The Chinese Power Game," *American Journal of Sociology*, Vol. 92, No. 4, 1987, pp. 994 – 974.

事）相对应。① 在熟人社会模式下，人们的集体主义意识较强，倾向于划分"自己人"和"外人"群体，并常常给予前者更多的信任。② 而随着社会发展，人们的社交圈扩大，中国已逐渐从熟人社会向陌生人社会转变。在陌生人社会中，基于信任可以产生友谊，但很多时候会被当作"熟人"对待，或者被"转化"成为"熟人"。在熟人社会中，朋友的朋友常常被作为朋友对待，也即形成了"朋友圈"。在陌生人社会中，人与人的关系有变得冷漠的倾向，朋友显得尤为珍贵。BBS 可以倾听网友，是一个替代性的朋友，而且有助于形成"朋友圈"（即通过 BBS 交流把网友变成朋友）。

中国人注重朋友间的"义气"，这是产生友谊与维系友谊机制之一。于海青将中国早期互联网社会形象地比作"江湖"③，它和传统意义上的"江湖"，即远离权力中心的、非官非私的、相当宽松的互动公共空间④⑤有类似之处。"江湖"的传统在价值模式上体现为"义气"⑥，"聚集众力为苍生""绿林好汉"等话语描述了"江湖义气"的积极价值。中国 BBS 形成的"江湖"，是一个替代性的公共空间，它的"义气"表现为出于维护公共利益的目的或援助社会弱势群体而发声，主要体现在精神层面而不是物质层面。网友之间的相互支持（比如回帖）也是"义气"的一种体现，不仅可以将陌生的、疏远的人群变成好友，而且可以维系社区以延续"义气"的行为。

---

①　Yang, K. S. , "Do traditional and modern values coexist in a modern Chinese society," *Proceedings of the Conference on Chinese Perspectives on Values*, Taipei：Center for Sinological Studies, 1992, pp. 117 – 158.

②　张建新、Bond, M. H.：《指向具体人物对象的人际信任：跨文化比较及其认知模型》，《心理学报》1993 年第 2 期，第 164—172 页。

③　Haiqing Yu, "Social Imaginaries of The Internet in China," *Selected Papers of Internet Research 15：The 15th Annual Meeting of the Association of Internet Researchers*, 2014.

④　胡小伟：《试论宋代的"江湖社会"》，张其凡、范立舟主编《宋代历史文化研究：续编》，人民出版社 2003 年版，第 238—266 页。

⑤　李恭忠：《"江湖"：中国文化的另一个视窗——兼论"差序格局"的社会结构内涵》，《学术月刊》2011 年第 11 期，第 30—37 页。

⑥　李恭忠：《"江湖"：中国文化的另一个视窗——兼论"差序格局"的社会结构内涵》，《学术月刊》2011 年第 11 期，第 30—37 页。

　　中国的文化传统注重宣扬精神上的朋友，以超越实用主义的羁绊。例如，山巨源绝交书、管宁割席、"桃园三结义"等有关朋友的传统故事，都强调了价值观念一致在建立和维系友谊中的重要性。如果说BBS是网友的朋友，它首先是作为精神的朋友而存在的，是网友一位志同道合的精神朋友。此外，中国传统的士大夫文化信奉"天下为公"，人们常常以此来选择和要求朋友。如果朋友以天下为重，克己奉公，会被认为是道德的，能够获得美名乃至青史留名。如果有这样一位朋友，人们会感到"与有荣焉"。因此，人们乐于和这样以天下为公的人交朋友，也对自己的朋友有这样的期待。BBS服务于公共利益，关心公共议题和天下大事，它符合人们对"天下为公"的朋友的期待，也是这样一位令人骄傲的朋友。

　　网友自发地追忆与悼念BBS，并呼吁大家加入追忆与悼念的行列，乃至希望一起"复活"BBS，既体现了对BBS的价值与遗产的珍视，又揭示出在记忆BBS的网友看来，记忆与悼念BBS是大家的责任。这体现了"哀悼的政治"。德里达指出，在朋友死亡后，我们有责任哀悼他们，记住他们。他说，人们不可能向活着的朋友表白"精神上的友爱"，只有朋友的死亡才能带来这一机会。"感谢死亡，友爱才得以表白。"[1] 朋友中一方的死去，等同于宣告双方友谊的死亡，朋友间的友爱"是幸存者的生命"。[2] 因而，哀悼朋友的责任是友谊的法则之一。由于BBS是网友的朋友，因此，网友在记忆中认为大家有责任记忆与悼念BBS。网友通过记忆与悼念BBS形成了有关BBS的共同记忆，使网友在BBS死亡或衰落之后依旧拥有共同的身份认同。"记忆使人们能够生存在群组中，而能够生活在群组中，使得人们能够构建记忆。"[3] 这说明了BBS记忆何以绵延不绝，以及它们对于BBS网友

---

　　[1] ［法］雅克·德里达：《〈友爱的政治学〉及其他》，胡继华等译，吉林人民出版社2006年版，第398—399页。

　　[2] ［法］雅克·德里达：《〈友爱的政治学〉及其他》，胡继华等译，吉林人民出版社2006年版，第27页。

　　[3] Assmann, J., & Czaplicka, J., "Collective Memory and Cultural Identity," In: Meusburger, P., Heffernan, M., & Wunder, E. (eds.), *Cultural Memories: the Geographical Point of View*, Heidelberg: Springer Science & Business Media, 2011, pp.15-27.

的意义。

网友在记忆中将 BBS 视为朋友，赋予了 BBS 以及 BBS 记忆特别的意涵。在 BBS 之后，随着互联网使用的深入，虽然互联网成为人类的朋友并不是特别之事，但 BBS 这位朋友带来的以及它所离去的方式，都激起了网友的诸多记忆。因为网友在记忆中把 BBS 视为朋友，因此他们热烈地纪念和悼念 BBS。而通过朋友的隐喻，网友对 BBS 的情感得到释放与寄托。从朋友的隐喻的角度，BBS 这样的朋友值得记忆与怀念。第一，BBS 是一位精神上的朋友，而不是物质上的朋友。因此，网友在记忆中呼吁继承 BBS 的"精神遗产"。第二，网友希望以众酬等方式"复活"BBS，延续 BBS 这位朋友的生命，从而使"他/她"可以继续做自己的朋友。第三，BBS 倾听网友，帮助网友成长，是一位乐于付出的朋友。这使网友觉得自己对 BBS 有所亏欠，从而更加不舍 BBS 的离去。第四，BBS 的公共精神，和中国人主张的天下为公、"义气"等相吻合，凸显了品格与道德正义，使 BBS 值得被记忆与怀念。网友在记忆中以朋友隐喻 BBS，具有深刻的文化与社会根源，揭示了 BBS 的社会与文化意义，体现了"哀悼朋友"的法则。

网友给 BBS 撰写回忆文章，好比在为自己的朋友撰写悼念文字，存在美化的危险。德里达指出，"任何一种杰出的友爱话语，都无法避免葬礼演说的伟大修辞，以及某种固定的赞美幽灵的伟大修辞"。[①] 美化的做法体现了回忆者的重视，也许无意为之，有时还是网友批判当下的互联网的资源，是一种策略性表达。但是，这涉及记忆与真实的问题，需要我们保持警惕。

由于 BBS 的丰富性与复杂性，网友的 BBS 记忆涉及诸多内容，本章主要讨论了个体层面与社会层面展开的记忆，而且侧重讨论了朋友的隐喻。之所以选择探讨这些记忆，主要是为了书写中国 BBS 的社会史与文化史。从朋友的隐喻看，网友把 BBS 视为朋友的做法，折射着人与媒介的关系（人与 BBS 站点形成的互动关系）以及媒介所中介的

---

① ［法］雅克·德里达：《〈友爱的政治学〉及其他》，胡继华等译，吉林人民出版社 2006 年版，第 134 页。

关系。从本章的研究来看，人与媒介的关系中夹杂着媒介所中介的关系，形成了一种混合的关系。也即是说，这种人与媒介的关系，包括了两种关系：人与媒介的关系，媒介所中介的关系。从朋友的角度看，是"朋友"与"朋友的朋友"。这一视角是有趣的，并提示在互联网记忆中回归对人的研究。

第 六 章

消逝的网站及其记忆：媒介
传记与网站历史

本章以追忆消逝的网站作为切入点考察网友对网站的记忆。消逝的网站及其记忆是媒介研究和互联网历史研究尚未开掘的话题，为理解互联网社会史提供了新视角。本章首次关注该话题，以集体记忆、媒介记忆和媒介传记作为理论资源，通过分析 250 余篇/节网友回忆、277 个消逝的网站的文本，聚焦探讨网友记忆什么网站，为何记忆，以何种方式记忆等问题。①

第一节　消逝的网站及其社会记忆

和报纸可以用来了解过去一样，网站也是我们了解过去的媒介。网站历史可以讲述有关网络、媒介以及文化或政治的历史故事。② 那么，如何研究网站的历史？由于网站以数字形态存在，而且数据量庞大，因此，不少研究者关注如何保存网站以作为研究网站历史的档案。萨马尔（Samar）等人探索收集未被归档的网站的方法。③ 罗杰斯从技

---

① 本章部分内容和杨国斌教授合作发表于《国际新闻界》2018 年第 4 期（《追忆消逝的网站：互联网记忆、媒介传记与网站历史》）。

② Rogers, R., "Doing Web history with the Internet Archive: screencast documentaries," *Internet Histories*, 2017, Vol. 1, No. 1 - 2, pp. 160 - 172.

③ Samar, T., Huurdeman, H., Ben-David, A., Kamps, J., & de Vries, A., "Uncovering the unarchived web," *SIGIR' 14 Proceedings of the 37th international ACM SIGIR conference on Research & development in information retrieval*, July 06 - 11, 2014, pp. 1199 - 1202.

术及技术实践的角度指出，截屏存档（screencast documentaries）不失为保存网站历史的一种可行方法。[1] 本·戴维（Ben-David）和赫德曼（Huurdeman）则提出"以搜索作为研究"的方法（"search as research" method）来保存网站。[2] 虽然可以保存网站的资料用于研究，但是，书写网站历史仍然面临着不少挑战。安科尔森（Ankerson）基于与广播电视史学（broadcast historiography）的比较，指出书写网站历史需要解决权力、保存以及"易消逝的媒介"（ephemeral media）带来的挑战。[3]

作为互联网最早发展起来的应用之一，网站并不是经久不变的技术形态。有些网站会出于各种原因而关闭、消失，从而中断了其历史。在中国，网站的消逝是一个不可忽视的社会现象。从统计数字看，中国网站大量消逝的现象出现在 2010 年 6 月，网站数量减少到 279 万个，比 2009 年减少 13.7%。[4] 到 2010 年 12 月，网站数量降至 191 万个（比 2009 年减少 40.8%），这一数字在 2011 年 6 月继续降至 183 万个（比 2010 年减少 4.2%）。[5] 此外，2014 年 6 月的网站数量比 2013年底减少 14.7%（47 万个）。[6] 可见，消逝的网站不在少数。

如果我们把网站视为互联网历史的一部分，那么消逝的网站，就如同互联网历史这本大书中的"缺页"。如何在互联网历史的书写中，挽救那些"缺页"，并通过对"缺页"的研究，来补充、修正和完善互联网历史，是值得关注的问题。对于早期那些或已消逝的网站，有

---

① Rogers，R.，Doing Web history with the Internet Archive：screencast documentaries. Internet histories，Vol. 1，No. 1 – 2，2017，pp. 160 – 172.

② Ben-David，A.，& Huurdeman，H.，"Web Archive Search as Research：Methodological and Theoretical Implications，"*Alexandria*，Vol. 25，No. 1，2014，pp. 93 – 111.

③ Ankerson，M. S.，"Writing web histories with an eye on the analog past，"*New Media and Society*，Vol. 14，No. 3，2012，pp. 384 – 400.

④ 中国互联网络信息中心：《第 26 次中国互联网络发展状况统计报告》，2010 年 7 月，http：//www. cnnic. net. cn/hlwfzyj/，最后浏览日期：2016 年 12 月 27 日。

⑤ 中国互联网络信息中心：《第 28 次中国互联网络发展状况统计报告》，2011 年 7 月，http：//www. cnnic. net. cn/hlwfzyj/，最后浏览日期：2016 年 12 月 26 日。

⑥ 中国互联网络信息中心：第 37 次《中国互联网络发展状况统计报告》，2016 年 1 月，http：//www. cnnic. net. cn/hlwfzyj/，最后浏览日期：2016 年 12 月 25 日。

论者提出应当注重从媒介考古学的角度发掘与保存实物，从而在物理上延续网站。① 在这一脉络中，互联网档案馆（the internet archive）、数字博物馆和百度快照等可以保存网站或网页。不过，由于保存的网站区别于正常运行的网站，因此，Brügger 认为需要反思二者的关系，以及如何利用保存的网站。② 对于保存的网站历史数据，其作为新近的数据（"young" data）的隐私与伦理问题也引起了 Alberts 等的关注。③

消逝的网站，正因为它们的消失，所以缺少资料，给研究造成困难。但有些网站在消失之后，却在人们的记忆中存活下来，并通过记忆叙事，在网络空间得以表达和流传。因此，关于消逝的网站的记忆，便成为研究网络历史"缺页"的宝贵资料。通过对记忆叙事的分析，可以研究什么样的网站被记忆，为什么会被记忆，又是如何被记忆的。

研究消逝的网站的记忆，不仅能够丰富网络历史的研究，而且也是媒介记忆研究和互联网记忆的重要议题（媒介记忆和互联网记忆的问题已在本书第二章探讨）。④⑤ 消逝的网站只是互联网的一部分。本章研究的不是对整个互联网的、泛泛的记忆，而只是对于互联网的一个部分的记忆。因此本章无意于对互联网的社会影响做一般性的讨论。我们关心的问题是，作为互联网历史的"缺页"，消逝的网站是否被人记忆以及如何记忆。从这个角度来看，本章给媒介记忆研究提供了

---

① Association of Internet Researchers：404 History Not Found：Challenges in Internet History and Memory Studies，2016，http：//aoir. org/aoir2016/preconference-workshops/#history，2019/3/10.

② Brügger，N.，"The Archived Website and Website Philology A New Type of Historical Document?" *Nordicom Review*，Vol. 29，No. 2，2008，pp. 155 – 175.

③ Alberts，G.，Went，M.，& Jansma，R.，"Archaeology of theAmsterdam digital city：why digital data are dynamic and should be treated accordingly，" *Internet Histories*，Vol. 1，No. 1 – 2，2017，pp. 146 – 159.

④ Neiger，M.，Meyers，O.，& Zandberg，E.，"On Media Memory：Editors' Introduction，" In：Neiger. M，Meyers. O.，& Zandberg，E. (eds.)，*On Media Memory：Collective Memory in a New Media Age*，Basingstoke：Palgrave Macmillan，2011，pp. 1 – 24.

⑤ Niemeyer，K.，"Introduction：Media and nostalgia，" In：Niemeyer，K. (ed.)，*Media and Nostalgia：Yearning for the Past，Present and Future*，New York：Palgrave MacMillan，2014，pp. 1 – 23.

新的资料和视角。

本章通过分析 250 余篇/节网友回忆、277 个消逝的网站的文本，探讨关于消逝的网站的记忆叙事，发现网友回忆较多的，是创办较早的网站，特别是早期出现的 BBS 论坛和在线社区。在回忆的内容方面，消逝的网站在网友记忆中是有生命的个体，网友对网站的回忆，常常夹伴着对自己的网络生活的回忆。因此可以说，网友通过回忆，不仅为网站立传，而且书写了个人的网站生活、友谊与青春岁月。另外，网友也追忆了变迁的时代，怀念中国互联网的"黄金时代"，并表达了对当下互联网发展的批判与期待。

以上经验发现，对媒介历史、媒介传记和媒介记忆三个方面的研究都有一定的理论意义。首先，从媒介历史的角度看，本章首次从消逝的网站的角度探讨中国互联网网站的历史，透过对互联网历史的"缺页"的研究，呈现有关互联网历史的替代性叙事，丰富了中国互联网历史研究的视野。其次，从媒介传记角度看，本章印证了媒介传记的视角同样适用于对网站的分析。同时，拓展了媒介传记的分析方法，发现关于媒介的传记性记忆也是关于记忆者本人的自传性叙事。最后，从媒介记忆角度看，本章开拓了中国互联网的记忆研究，发现中国网民对互联网的记忆，偏重早期的 BBS 和论坛，最怀念的是早期互联网的相对开放的环境。

进一步讲，从社会记忆角度研究网站历史的意义，在于网民对消逝的网站的记忆，提供了一种自下而上的、经验的和个体的视角，弥补了政府叙事与大众媒介报道只见技术、媒介或商业，而不见鲜活的个体的不足，提供了一种互联网发展的替代性历史，有助于呈现多维的互联网历史。

第三，网友的记忆保存了网站历史的史料，能够还原互联网历史中的"片段"。这些"片段"突出了互联网发展过程中的中断，而不是连续性，在一定程度上弥补了线性互联网史观的不足。

第四，本章获取与保存了网络空间中消逝的网站的故事。网站承载的符号内容以数码形态存在于互联网空间之中，是无形的，区别于书籍、报纸、广播、电视等有形的媒介。网站消逝之后，随着相关的信息丢失，网站会难觅踪迹并存在被遗忘的风险。本章获取了消逝的网站的故事。这些故事散落于在线论坛、网络社区、博客和微博等网络空间，是中国互联网历史的档案资料。它们与以社会调查法、访谈法以及口述史方法获取的资料不同，是"原汁原味"的。它们亦不同于藏于图书馆的档案，其本身是易逝的，而且很多已经消失，尚存的也面临着随时消失的危险。因此，检索与研究这些史料，是"保存历史"的过程。

第二节　问题的提出与研究设计

基于前文的探讨，本章提出如下研究问题：何种消逝的网站被网友记忆？为什么会被记忆？记忆的主题是什么？又是如何被记忆的？

本章收集资料的方法与过程如下。第一，基于前期研究和在百度与谷歌中搜索"消失/消逝的网站"的结果，列出消逝的网站的初步名录。第二，在2016年5月9日至13日集中检索资料，使用关键词"回忆/记忆/怀念/悼念/纪念/想念＋网站名称"于百度、谷歌、新浪微博、天涯论坛、百度贴吧、豆瓣小组中分别检索。第三，循着已找到的线索，采用滚雪球方法补充检索。第四，补充收集媒体报道和网络专题以求证有争议的资料。第五，删除主题不明确或表达不清晰的以及无法求证的资料。

最终收集的资料包括网友在网站关闭之初的反应与回忆，以及网站关闭后较长一段时间内的追忆，具体资料包括网络论坛的主帖与回帖、博客文章、微博发帖，以及网站的关闭公告与讣告、站务人员的回忆录等。在文体上，既有成篇（一段以上连续且表达明确含义）的文章，也有不成篇的回帖或评论。最终获得成篇的记忆文章133篇，关闭公告与讣告（23篇）等不成篇的文字120节，共提及网站277个。需要指出的是，部分媒体报道保存了网友的记忆。因此，本章引述这些报道，将其作为佐证性的资料使用。总体上看，本章处理的是综合性的资料，但以网友的记忆为主。

上述资料收集方法所得，偏重有影响的网站和使用关键词搜索易于获得的回忆性文章。这样一来，小型网站容易遗漏，难以通过关键词检索获取的资料未能纳入样本范畴。不过，这不会影响本章的分析。一方面，网友对网站的记忆散落在网络空间，无法穷尽，而且有些已经丢失，无法全部获得。[①] 另一方面，本章无意揭示所有消逝的网站的历史，而是从我们所关注的理论问题出发，探讨关于消逝的网站的记忆叙事，如何形成新的媒介，又呈现哪些内容。从这个角度来看，我们收集的样本，为我们的分析提供了较为充足的资料来源。

本章遵循如下过程开展资料分析：首先，两位研究者分别阅读文本，根据事先议定的研究提纲独立分析；然后，进一步讨论与完善提纲，并结合各自的分析"求同存异"，重点讨论分歧之处；在必要时，回归文本进行反复阅读，直至达成共识。

第三节　网友记忆为消逝的网站"立传"

研究媒介传记的学者勒萨热和纳塔利发现，关于媒介变化的叙事结构，类似关于人的生命历程的叙事结构。因此，他们认为可以采用媒介传记的视角来分析媒介的变化。本章分析发现，关于消逝网站的记忆叙事，也具有明显的媒介传记特征。消逝的网站，如同逝去的生命，被网友哀悼和纪念。记忆者往往对网站的早逝或原因不明的关闭，表示痛惜之情。这类传记体的叙事，有的庄严，有的随意，有的哀怨，但都满怀深情，给早期中国网站的历史，涂上了悲剧性的"人生"色彩。

一　哀悼与追忆逝去的网站

消逝的网站虽多，但引起网友回忆的却是少数。我们收集的资料显示，具有如下属性的网站被回忆的较多（如表6—1所示）：一是创办较早的网站，例如"一塌糊涂"BBS和网易社区，都是在1990年代后期创办的。二是BBS论坛和在线社区，除却刚刚提到的"一塌糊

---

① Ben-David, A., "What does the Web remember of its deleted past? An archival reconstruction of the former Yugoslav top-level domain," *New Media & Society*, Vol. 18, No. 7, 2016, pp. 1103 – 1119.

涂"、网易社区外，网友记忆较多的还有南京大学的 BBS"小百合"、清华大学的 BBS"水木清华"、猫扑社区、西祠胡同社区，等等。网站关闭的原因很多，有的涉及版权纠纷，有的是在"扫黄打非"等净网运动中被关闭，还有的是因为技术进步造成的，经营困难和人事变动等内部问题也会导致网站关闭。

对于创办较早的 BBS 论坛和在线社区，网友回忆较多。究其原因，是这些网站曾经给早期网民提供了两种重要的精神寄托。一种是网络社区所提供的个人归属感；另一种是时事论坛和社区提供的言论空间。这在下文的内容分析中，可以看得更为清楚。

表6—1　　　　　　　被网友追忆较多的网站（举例）

网站名称	功能类型	创办年份	关闭年份	追忆文章篇数
一塌糊涂	北京大学 BBS	1999	2004	23
牛博网	博客网站	2006	2009	17
网易社区	在线社区	1997	2012	18
网易论坛		1999	2016	
人人影视	影视字幕网站	2006	2014	12
8u8. com	提供免费个人空间的网站	1999	2004	11
射手网	影视字幕网站	2000	2014	7
小百合	南京大学 BBS	1997	2005	6
百度空间	在线社区	2006	2015	7
猫扑	在线社区	1997	2004 年与 2012 年两度变更所有权，2006 年曾转型成为门户网站	8
西祠胡同	在线社区	1998	2000 年、2015 年两度变更所有权	8
世纪中国	在线社区	2000	2006	4
水木清华	清华大学 BBS	1995	2005	15

续表

网站名称	功能类型	创办年份	关闭年份	追忆文章篇数
闪客帝国	专业性（兴趣类）网站（Flash 网站）	1999	2009	5
Chinaren	在线社区	1999	2012	4
中国博客网	博客平台	2002	2013	3
大旗网	综合性网站（论坛聚合网站）	2006	2015	6
瀛海威	综合性网站	1995	2004	5
爱枣报	新闻博客	2007	2011	4
FM365	门户网站	2000	2004	6

  对于消逝的网站，网友常常依照悼念"逝者"的仪式来哀悼它们，因此悼念类文体的使用较为频繁。在本章收集的资料中，共有 23 份为 22 个网站所撰写的关闭公告与讣告。他们有的为网站写悼词，例如在悼念水木清华 BBS 的文章中，网友写了六节悼词追悼消逝的版面。[1] 有的则呼吁为网站默哀，例如"世纪学堂"的"堂主"（版主）呼吁网友在 2006 年 7 月 25 日至 27 日为"学堂""默哀"。[2] 还有的发起祭奠活动，例如水木清华 BBS 大改版后，清华大学师生进行了"公祭"。[3] 用哀悼死者的文体来哀悼网站，说明网站在人们心中的重要位置。

  哀悼传达着人们的悲伤情绪。网友在哀悼中表达哀伤，也透着对网站的依恋。例如，在《哀悼百度空间》一文中，网友写道："多事的春夜，多情的春雨，怀念百度空间那一篇篇有血有肉的文字，却不

---

① 《SMTH，水木之殇——水木语录》，新浪博客，2006 年 6 月 26 日，http：//blog. sina. com. cn/s/blog_417b217c010004aj. html，最后浏览日期：2021 年 7 月 3 日。原文"水木已死"（http：//blog. csdn. net/mopper163/article/details/507952）已无法打开。

② 萧锐博客二世：《重要通知：世纪中国系列论坛今日关闭》，http：//xiaorui - 1982. blog. 163. com/blog/static/1316367152009102764437/，最后浏览日期：2017 年 1 月 2 日。

③ 《SMTH，水木之殇——水木语录》，新浪博客，2006 年 6 月 26 日，http：//blog. sina. com. cn/s/blog_417b217c010004aj. html，最后浏览日期：2021 年 7 月 3 日。原文"水木已死"（http：//blog. csdn. net/mopper163/article/details/507952）已无法打开。

肯去点开去浏览，怕触了情伤了心又落泪。清明节刚过，那就再过一次清明节，为将断气的百度空间送别哀悼，一路走好!!!"①

二　记忆"有生命的"网站

在网友的记忆中，消逝的网站是"有生命的"。他们对逝去的生命的记忆，是情感化的记忆。人们常常用拟人化的称谓米指称网站。例如，把网站亲切地称为"你"，"你去的突然，我想这一定非你所愿，许是你有你的不便与无奈……我不敢说我会在这里等你多久，但我会永远地怀念你"。②"没人能取代记忆中的你，和那段青春岁月一路，一路我们曾携手并肩，用汗和泪写下永远。"③ 第三人称"她"也被用来称呼网站。例如，网友在纪念文学网站"听草阁"时写道："听草阁，我接触到的第一个文学网站。如今她关闭了。原因不明。我无数次想写些什么来纪念她，心有千言下手无序。从另一意义上讲，听草阁即使永远的关闭了，也是一种成功，因为她已经如此深刻地被我们记忆。"④ 网站还是"爱人"，在怀念文学网站"竹露荷风"时，网友"绿杯2010"认为"如同怀念一个爱人"。⑤

在网友看来，网站作为"朋友"，"陪伴"自己度过了难忘的年月。"含笑花"回忆道："我同'黔山缘'自从认识后就一直形影不离。它伴我走过了01，和我一同进入了02，又拉着我一块踏进了03，然后几乎没有一天不与我相伴地陪我跨入了04，直到今天。"⑥ 网站还

---

① 《哀悼百度空间》，http：//tieba. baidu. com/p/3686314548，最后浏览日期：2019 年 8 月 29 日。

② 绿杯2010：《怀念竹露》，2011 年 5 月 26 日，http：//BBS. tianya. cn/post－5185－2259－1. shtml，最后浏览日期：2016 年 12 月 25 日。

③ 岳清：《［绿茵天下］没有想到，真的没有想到，怀念，我很怀念。。。》，2008 年 6 月 4 日，http：//BBS. tianya. cn/post－fans－125113－1. shtml，最后浏览日期：2016 年 12 月 28 日。

④ dingdingd2005：《怀念曾经的 BBS——听草阁》，2005 年 9 月 23 日，http：//BBS. tianya. cn/post－no16－57109－1. shtml，最后浏览日期：2016 年 12 月 26 日。

⑤ 绿杯2010：《怀念竹露》，2011 年 5 月 26 日，http：//BBS. tianya. cn/post－5185－2259－1. shtml，最后浏览日期：2016 年 12 月 25 日。

⑥ 含笑花：《［心情乱弹］贵州最大的同志网站就要关闭了》，2004 年 2 月 28 日，http：//BBS. tianya. cn/post－motss－35809－1. shtml，最后浏览日期：2016 年 12 月 30 日。

被网友称作"老师"。《南方都市报》引用的网友回忆写道："很长一段时间里，牛博网都是我的政治兼语文老师。谢谢老罗，谢谢牛博。"① 还有网站被网友誉为"先烈"② "猛士"③ 等。

　　在网友的记忆中，网站经历了孩提、少年、青年、中老年等生命过程，是一个个有着不同年龄的"生命体"。"好听网"是网友眼中的"好孩子"，"今天（12月28日）早上，照例打开常进的音乐门户'好听音乐网'，结果出现一个通告栏，一个跟大家分别的通告。……一个好孩子的离去，总会是让人们怀念的"④。"一塌糊涂"BBS是网友"彼得堡的大师"笔下的"小姑娘"，"作为姥姥不亲舅舅不爱，没有婆家形影相吊的一个不满5岁却又闻名天下的小小小小姑娘来说，能够一步步发展起来是相当不容易的"⑤。分析收集的资料发现，网友记忆的网站是有性别的，以女性居多。例如，微博名为"帮帮那个主"的男网友写道："人人是我的初恋。"⑥ 分析个中缘由，这与中国互联网的早期用户以男性网民居多有关。⑦

　　以上可见，网友对网站投入了很多情感，他们对网站的消逝感到悲伤。

---

　　① 张东锋、张嘉：《牛博网关闭国际站走入历史》，《南方都市报》2013年7月6日，第AA12版。

　　② 阑夕：《18年，中国互联网的产品墓场》，2013年8月23日，https://www.huxiu.com/article/19147/1.html，最后浏览日期：2016年12月29日。

　　③ 菜菜子：《一个时代的起落，纪念人人影视》，2015年12月26日，http://huabao.duowan.com/detail/585.html，最后浏览日期：2017年1月12日。

　　④ 被封杀1年：《那个音乐网站终于也走了，瑾以此文纪念》，2010年12月30日，http://BBS.tianya.cn/post-develop-542829-1.shtml，最后浏览日期：2016年12月30日。

　　⑤ 彼得堡的大师：《写在一塌糊涂关站一周年》，2012年9月12日，https://www.douban.com/note/236442130/，最后浏览日期：2016年12月30日。

　　⑥ 新浪微博"@人人影视字幕分享"：《离别》，2014年12月20日，http://weibo.com/1660646684/BBGfrQQVG? type=comment#_rnd1468122764581，最后浏览日期：2017年1月1日。

　　⑦ 第3次中国互联网络发展状况统计报告显示，截至1998年12月31日，我国上网用户数210万，男性占86%，女性占14%（参见《第3次中国互联网络发展状况统计报告》）。此后，女性用户数逐步上升，但男性用户数量仍占据优势。例如，第9次中国互联网络发展状况统计报告显示，截至2001年12月31日，男性占60.0%，女性占40.0%（参见《第9次中国互联网络发展状况统计报告》）。

三 记录网站的"生命轨迹"

人类学者考皮托夫（Kopytoff）曾写道，当我们为物（things）来立传的时候，"我们会像为人立传那样来问：从社会层面看，该物体有哪些可能的'生命轨迹'？这些'生命轨迹'又是怎样实现的？"[①]从这个角度来审视关于消逝的网站的记忆叙事，我们发现，网站的记忆叙事具有明显的传记性特征，表现在对网站生命轨迹的记忆。网友在回忆中记录了网站诞生、成熟、衰老和死亡等"生命事件"，仿佛在为消逝的网站立传。

在对网站的生命轨迹的记述中，网友回忆网站生日、忌日或周年（诞辰）最多。网站的生卒年月，犹如人的生卒日期一样，是生命的开始，在生命事件中占据着重要位置。网友较多地回忆了消逝的网站的生命起点，折射出对这一生命事件的重视。例如，对"一塌糊涂"BBS 的记忆中，博客用户"冯用军"写道："被关时（笔者注：2004年9月13日），它还有四天就要过五岁生日。五年来，'一塌糊涂'从日常上站人数仅一二百人，发展到注册网友超过 30 万、拥有讨论区700 多个、最高同时在线 21390 人的规模，成为教育网内在线人数最多的 BBS，成为中国高校民间 BBS 的代表、深受学生青年以至海内外华人喜爱的网络社区。"[②]

周年（诞辰）是人们追忆逝者的重要契机，也是激起网友记忆网站的一个时间节点，因此被较多地追忆。在提供免费个人空间的网站8u8.com 诞辰 15 周年，名为"苹果-九把刀"的网友温情地追忆到，"8u8.com，全称深圳市发又发网络有限公司，粗俗的名字下，打造了一个早期中国站长发展平台。2000 年起，8u8 提供个人主页服务。它

---

① Kopytoff, I., "The cultural biography of things: Commoditization as process," In: Appadurai, A. ed., *The Social Life of Things*: *Commodities in Cultural Perspective*, Cambridge, England: Cambridge University Press, 1986, p. 66.

② 冯用军的博客：《北大一塌糊涂致胡主席、温总理公开呼吁信》（转载），2009 年 8 月 20日，http://blog.sciencenet.cn/home.php? mod = space&uid = 45571&do = blog&id = 250526，最后浏览日期：2017 年 1 月 3 日。

所提供的个人主页空间虽不大，却拥有百万用户之多"。①

与生日、忌日或周年（诞辰）相比，网友对消逝的网站的成熟与衰老回忆得较少。这主要是因为，不少网站的消逝不是一个自然的衰老过程，而可能是突然被关闭（早逝或"夭折"），另一些网站的消失是一个偶然事件。同时，不少消逝的网站也未经历成熟期，而且有些成熟期也不容易辨识。这意味着，记忆具有选择性，网友选择性地记忆了网站重要的生命轨迹。这些生命轨迹是网站传记的重要组成部分，是传记性质的轨迹。

网友记录的网站的生命轨迹呈现如下特征：一是很多网站的生命轨迹并不平坦，经历了起伏涨落。例如，牛博网经历了关闭、重开、再被关闭、重开，最终被关闭的反复过程，被形象地称为"开关厂"。这种起落跟中国社会转型与互联网产业发展的起伏相关。二是网站的生命轨迹是非连续的和非线性的。这一方面表现为网友较多地追忆了网站发展中的重要节点，例如生卒日期和诞辰等。另一方面表现为网友记录了网站发展中的大事记，是一种基于事件的记忆。大事记类似于电视记忆中的"镁光灯记忆"（flashbulb memory），② 重在叙述网站的辉煌时刻，也是网站重要的生命轨迹。例如，牛博网为山西黑砖窑事件中的获救窑工组织捐款活动，等等。③ 这似乎是为网站撰写"生平事迹"，突出了网站生命中的"高光时刻"。三是某一类型的网站，因受到宏观政策或技术因素的影响，而呈现共同的生命轨迹。

在记录网站生命轨迹的同时，网友还对网站进行评价，界定其历史方位。因此，出现了诸多评价性的回忆。这些评价犹如人物传记界定"传主"的历史方位或社会坐标，颇有意味。网友在记忆中常常高度评价网站。例如，在"红孩儿"对"清韵书院"（www. qingyun.

---

① 苹果－九把刀：《在 8u8，15 周年之际，再怀念一下》，2014 年 12 月 20 日，https://www.douban.com/note/472920671/，最后浏览日期：2016 年 12 月 22 日。

② Bourdon, J., "some sense of time: remembering television," *History & Memory*, Vol. 15, No. 2, 2003, pp. 5 – 35.

③ wetpaint：《牛博网被封》，2010 年 2 月 4 日，https://www.douban.com/note/59175749/，最后浏览日期：2017 年 8 月 1 日。

com）的追忆中，创建于 1998 年 2 月 "是一个以文化为主题的互联网网站，自创办以来，一直深受海内外对中国文化与历史有兴趣的读者喜爱，被公认为中文网上最有影响力的文化站点和中文原创基地之一"。① 网友还将某些消逝的网站界定为 "圣地"，"圣地" 承载着网友对消逝的网站的诸多想象，也折射出网站在网友心中的崇高地位。

第四节　回忆者的自传式记忆

勒萨热和纳塔利等学者的媒介传记研究，着眼点是对媒介的传记特征进行分析。然而，在我们搜集的记忆叙事中，网友作为网站的 "亲历者"，不仅在回忆中为消逝的网站立传，也开展了自传式回忆，回忆自己与网站交往的故事、网站生活与自己的朋友、青春岁月和网络成长史等。这说明，网站、网页绝不是简单的技术和媒介形态，而是与使用者的日常生活紧紧地交织在一起，从而使网站的历史，同时成为一代人成长的历史。

关于消逝的网站的自传式回忆，集中在三个方面。一是对个人网络生活的记忆，二是对友谊的记忆，三是对青春的记忆。相比来说，对家庭生活、父母、学校和工作的记忆反而很少。一般来说，自传性的作品都会对家庭生活、学校和工作做较多叙述。当关于网站的自传性记忆，避开这些话题的时候，也许间接回答了互联网研究中一直存在的一个问题：人们上网的目的是什么？刘凤淑（Liu Fengshu）曾经在研究中国年轻人使用网络的论著中提出，网络给现实中家庭、教育和工作各方面压力太大的年轻人，提供了更为放松和自由的空间。② 也许正是因为同样的原因，在我们搜集的记忆叙事中，记忆者谈到自己的生活，才很少谈家庭、教育和工作。他们怀念的是网络上的快乐、友谊和逝去的青春。

---

① 红孩儿：《清韵书院》，2010 年 10 月 8 日，https：//www. douban. com/note/94364994/，最后浏览日期：2017 年 7 月 23 日。

② Liu, F., *Urban Youth in China*：*Modernity*，*the Internet and the Self*，New York and Abingdon：Routledge，2010.

一　追忆快乐的网络生活

在关于消逝的网站的记忆中，夹杂着很多个人网络生活的记忆。相对于哀悼网站的消逝而言，个人网络生活的记忆充满美好。这包括上网带来的兴奋、在 BBS 论坛发帖带来的表达的喜悦以及在网站中相遇的热情。例如，网友"月光"写道："当时整个西安的 BBS 圈仅只有一个女性站友，叫做 Chen Bo（陈博），她在 BBS 圈子里的知名度那时很大。这种奇特的现象在各地基本都一样，我上深圳晨星 BBS 的时候，那里竟然没有一个女站友，当我介绍 Cat Sun 这个 MM 上这个 BBS 后，曾经引起 BBS 上的一阵骚乱，大家争先恐后跑去冲着 MM 笑一笑……"①

网友"岳清"回忆与"343 足球网"的交往："想说说自己的经历。来北京上学后知道的第一个足球网站是 343 足球网，当时最吸引我的是精选评论，于是一个将自己的文字展现于 343 的美好愿望就此产生。带着这样的愿望，我于 2001 年 10 月份开始在网上码字。记得处女帖《中国足球，你凭什么进 16 强》是在网易体育等 BBS 几经验证之后才小心翼翼地贴到绿茵论坛。我永远都无法忘记当我的文字上了 343 首页后我的心情和感觉，这一刻，我会铭记一辈子。"②

这里的"我会铭记一辈子"的记忆，是因为记忆者在论坛上发现了自我表达的空间，并体验了在论坛上表达（"发帖"）的快乐。

网友在回忆中对网站的消逝感到悲伤与惋惜，但是，在回忆自己的网站生活时，却倾向于追忆其中的"激情与欢乐"。例如，"阿黑哥哥"写道："我想起了我的 1998，想起了第一次在同志网站聊天的日子。那时大学刚刚毕业，百无聊赖的我在网上浩如烟海的信息中发现了这里——花醉红尘……每天下班后，我就会坐上 232 路公交车用半

---

① 月光：《CFIDO BBS 回忆录，世界上最早的 BBS 和马化腾的站长》，2010 年 2 月 26 日，http：//www.williamlong.info/archives/2099.html，最后浏览日期：2017 年 8 月 3 日。

② 岳清：《［绿茵天下］没有想到，真的没有想到，怀念，我很怀念。。。》，2008 年 6 月 4 日，http：//BBS.tianya.cn/post－fans－125113－1.shtml，最后浏览日期：2016 年 12 月 26 日。

个小时的时间到达网吧，然后充满热情地与网友聊天。"①

"幻化无端"也表达了类似的情感，其在《怀念 BBS 时代》中写道："那一段时间，我生活的重点改为每天上 BBS 与人辩论 911。至今我仍诧异我竟能投入那么多精力，亦感慨那时的我好像一只颈毛倒炸的恶狼，任何反对我观点的人都会被我毫不留情的反击，我似乎异常地享受这种紧张的脑力劳动，既为自己如长江般源源不断的说词而骄傲，又常常被对手的回复气得手指颤抖。"②

从回忆的内容来看，网络生活所带来的愉悦，在于交流与表达。

二 怀念网站中的朋友

网站绝不仅仅是电脑屏幕上的一个界面。网站即是生活。所以网友常常在怀念网站时也念及网站中的朋友，突出了网络的社会属性。例如，网友"朱雨佳"在怀念网易论坛时写道："2000 年正式开始混迹的第一个论坛，网易北京站。常出没大学生活板块，有幸结识一群没理想没道德没文化没素质的损友们，有时候回忆回忆还是非常想念你们。"③

有网友怀念在亿唐网结识的朋友，"在亿唐 hompy 里混迹几年，可是有天再也找不到入口了。没心没肺的裸奔的包子，多愁善感的小舞，你们在哪，还好吗？"④

还有网友利用社交媒体等新的沟通工具寻找旧友，试图建立记忆网站的共同体。例如，网友"阿黑哥哥"新建了"花醉红尘"QQ 群，呼吁"当年曾在《花醉红尘》'明月聊斋'聊天的兄弟

---

① 阿黑哥哥：《怀念 1998？花醉红尘：中国同志第一网站（转载）》，2012 年 6 月 4 日，http：//BBS. tianya. cn/post – motss – 398299 – 1. shtml，最后浏览日期：2017 年 1 月 5 日。

② 幻化无端：《怀念 BBS 时代》，2004 年 7 月 7 日，http：//BBS. tianya. cn/post – free – 177837 – 1. shtml，最后浏览日期：2017 年 1 月 5 日。

③ 朱雨佳：《网易论坛宣布即将关闭，那些年泡在 BBS 上的日子一去不复返……》，2016 年 9 月 20 日，http：//chuansong. me/n/831330452584，最后浏览日期：2017 年 3 月 7 日。

④ 岳清：《［绿茵天下］没有想到，真的没有想到，怀念，我很怀念。。。》，2008 年 6 月 4 日，http：//tieba. baidu. com/p/994676151，最后浏览日期：2017 年 1 月 7 日。

请进！"①

　　还有网友写道："当年混一塌糊涂 BBS 的人们，你们还好吗？突然怀念。"② 亦有网友分别回忆了混在"乌有之乡"的日子③和混在《舰船知识》论坛的日子。④ "混"字很有意味，表示共同经历了患难与共的或热火朝天的生活，常用的搭配有"混社会""混江湖"等。网友回忆跟朋友一起"混"网站，突出了朋友之间的情谊，以及在网站中的一种随性、率意的生活方式。

　　基于彼时网站所形成的在线社区，网友们还开展了不少线下活动。线下活动是网络社区的延伸，在网友的回忆中，也如同线上活动那样率意、随性。例如，一网情深 BBS 创始人张春晖在回忆录中写道："1996 年 11 月 23 日是一网网友聚会的日子，聚会的发起人是我们当时一班骨干网友……来了 300 多人，北京、上海、香港、台湾、广州等，太热闹和兴奋了，按 BBS 上的板块分成了经济区、感情区、电脑区什么的，大家按在 BBS 里的习惯扎进各自的区继续灌水和吹水。"⑤

　　再如，网友"张晓琦"回忆西祠胡同电影板块"后窗"的活动："他们搞'六局连放'，先吃晚饭，吃完饭 10 点，找个地方露天喝酒吃串儿，12 点以后去唱歌，唱歌唱到快天亮去喝永和豆浆，喝完永和豆浆，周六完，到周日了，白天去爬一天山，爬完山之后晚上去看电影，正好六件事……大的饭局，出国欢送，能有 6 桌 60 人，像结婚

---

①　阿黑哥哥：《怀念 1998？花醉红尘：中国同志第一网站（转载）》，2012 年 6 月 4 日，http：//BBS. tianya. cn/post - motss - 398299 - 1. shtml，最后浏览日期：2017 年 1 月 5 日。

②　《当年混一塌糊涂 BBS 的人们，你们还好吗？突然怀念。？》，知乎，http：//www. zhihu. com/question/33298467，最后浏览日期：2017 年 1 月 8 日。

③　辛允星：《忆混在"乌有之乡"的那些日子》，2013 年 7 月 4 日，http：//www. 21ccom. net/articles/dlpl/shpl/2013/0704/86938. html，最后浏览日期：2017 年 1 月 8 日。

④　wanghaisan：《回忆混在《舰船知识》论坛的日子》，http：//BBS. tiexue. net/post_2591098_1. html，最后浏览日期：2017 年 1 月 8 日。

⑤　张春晖、韩枝：《张春晖回忆实录：一网情深 BBS 那些人和事》，2008 年 12 月 1 日，http：//tech. sina. com. cn/i/2008 - 12 - 01/00352613627. shtml，最后浏览日期：2017 年 1 月 5 日。

似的。"①

这个例子隐隐表明，这是一群有经济能力的人。在个人经济状况方面，他们与前文提到的因为能够免费上网而激动的大学生应该有所不同。但可以看出，经济状况不同的社会群体，都同样在网站内外的交往中，有情感和友谊的收获成为他们美好的回忆。

三　缅怀自己的青春

网站记忆中的自传性内容，还有一个突出的特点，即网友常常把消逝的网站与自己的青春岁月联系在一起，通过追忆网站缅怀青春。例如，网友"香锅里辣影视娱乐"在回忆"人人影视"时写道："多年后的字幕组不知道会是怎样的存在，正如周杰伦越看越少的演唱会一样。存在过的，都是青春。"② 在网友看来，消逝的网站是青春的一部分，也是寄托或想象青春的载体。

通过把一代人的青春期与中国早期的互联网联系在一起，网友从使用者的角度来回忆网站的消逝，并缅怀一代人的青春。例如，网友"李二狗"写道："我们这一代的青春应该和互联网有关，从我们踏入青春期便开始和互联网有染，而青春也在互联网的陪伴下匆匆流逝。那个曾经拿着100元去网吧站了五个小时，因为怕被人嘲笑连电脑都不会开，最后'无功而返'的小伙子，如今也开始在互联网上指指点点了。"③

网站在网友的成长中扮演了不可忽视的角色，因此，网友把网站中的经历视为重要的成长经历。例如，网友"柴生""在一塌糊涂上认识了成千上百的人。我在北京中最重要的人际关系，有一半以上是通过他搭建起来的，我曾经的员工也是在那里与我相逢的，我的至交

---

① 张晓琦：《混在论坛的日子》，《电影世界》2011 年第 9 期，http：//site. douban. com/widget/notes/131812/note/173653179/，最后浏览日期：2017 年 1 月 8 日。

② 香锅里辣影视娱乐：《怀念人人影视之你该知道它如何离去》，2014 年 12 月 21 日，http：//blog. sina. com. cn/s/blog_54d669d70102v91z. html，最后浏览日期：2017 年 1 月 8 日。

③ 李二狗：《中国互联网的"匆匆那年"》，2014 年 12 月 15 日，http：//news. mydrivers. com/1/353/353505. htm，最后浏览日期：2017 年 1 月 11 日。

好友也是在那上面结交的，直到现在，他们仍然在我的生活中有着十分浓厚的一笔"。① 从中可见，网站的生活经历对网友的成长有帮助，甚至一直影响着网友后来的生活。

网友还表示，网站让自己变得成熟了。例如，牛博网的网友认为，告别牛博，是"向一段段个人成长史告别"。② 有网友表达得更为直接，"这个问题，我说起来可以是部长篇小说，也可以用一句话：网络使我成熟——或者，我说得沧桑一点：网络，使我老了一点——网络对我的思想和生活影响太深了……"③ 还有网友说道："这些年来，Blogcn就像是我的一本旧相册，虽然很少翻，但打开以后记忆犹在，思绪仍然，现在这本旧相册消失了，除了相册里面的照片，消失的还有那些满载青葱岁月的见证，再不回来。"④

消逝的网站，因此成为青春的见证。网站的历史，承载了个人成长的历史。正是在这样的记忆叙事过程中，媒介的历史同时也成为个人与社会和时代的历史。

第五节　追忆"一个时代"

网友在回忆中不仅着眼于为消逝的网站立传和开展自传式记忆，而且还关注时代变迁，表达出一种时代焦虑。一些网友将网站的消逝解读为"一个时代的终结"的标志。例如，网友认为"人人影视"标志着"一个时代的起落"，⑤ 网易社区的关闭意味着"又一时代

---

① 柴生：《纪念一塌糊涂BBS》，2009年6月26日，http：//BBS. tianya. cn/post - develop - 290182 - 1. shtml，最后浏览日期：2017年1月11日。

② 李岩、吴达、张文字：《一种情怀的勃发与殆尽——牛博往事》，《博客天下》第133期。

③ 孤云：《BBS，即将沦丧的乌托邦？——为了怀念，让我们回顾论坛上的纷争岁月》，2002年7月20日，http：//BBS. tianya. cn/post - no01 - 23345 - 1. shtml，最后浏览日期：2017年1月11日。

④ 郑少玲：《中国博客网宣布清除免费用户数据引网友唏嘘回忆》，2013年4月9日，http：//news. ycwb. com/2013 - 04/09/content_4406407. htm，最后浏览日期：2019年8月31日。

⑤ 菜菜子：《一个时代的起落，纪念人人影视》，2015年12月26日，http：//huabao. duowan. com/detail/585. html，最后浏览日期：2017年1月12日。

的落幕"。①

　　那么，终结的是一个什么样的时代？有网友说，牛博网的关闭"代表着一个公共言说时代的落幕"。② 曾长期担任"世纪沙龙"版主的一位学者回忆称，"世纪之交，网络仍是个开放社会，可以从各个方向走，左中右的论争就是以世纪中国作为平台，所有人物都在论坛上"。③ 后来"世纪中国"网站被关闭，网友指出，"或许将世纪中国的被关闭放入'互联网的冬天'的背景更合适些。此前的燕南等网站的被关闭和其他网站的被整治已预示着世纪中国的命运，而且不知又有哪些网站将落得同样的命运"。④ 另有网友不无悲伤地写道："相比很多的老鸟，我网龄很短，上网很晚，可是 03—05 年的网络，感觉真的是快乐与自由并存的网络，而今的网络，充满了金钱和色情……"⑤

　　在网友看来，消逝的网站所代表的时代，是中国互联网最开放的时代，是他们记忆中的"黄金时代"。这种对消逝的"黄金时代"的追忆，固然表达了对过去的一种怀旧情绪。但正如集体记忆学者们所说的那样，⑥⑦⑧ 怀旧往往也是一种批判现实的策略。例如，网友"桃子 forever"批评道："贪婪大陆算是当时最红火的动漫网站之一了吧，比如今下限帝横行喷子乱飘的 AVFUN 强多了，只是后来它的迅速瓦

---

　　① 陈都旗：《网易社区停止服务公告》后的回帖，2012 年 11 月 25 日，http：//club. do-main. cn/forum. php？ mod = viewthread&tid = 2113964，最后浏览日期：2017 年 1 月 12 日。

　　② 李岩、吴达、张文宇：《一种情怀的勃发与殆尽——牛博往事》，《博客天下》第 133 期。

　　③ 季天琴、唐爱琳：《BBS 往事》，《南都周刊》2012 年第 20 期。

　　④ 王中银：《世纪中国被关：权力要让人们变成聋子、瞎子、痴呆》，2009 年 2 月 28 日，http：//blog. sina. com. cn/s/blog_59e48e210100cp5i. html，最后浏览日期：2017 年 7 月 16 日。

　　⑤ 冰凌火：《仅以此文怀念当年的互联网：博客里 论坛内 终不似当年》，http：//blog. ren-ren. com/share/265207328/2830926301，最后浏览日期：2017 年 7 月 12 日。

　　⑥ 李红涛：《"点燃理想的日子"——新闻界怀旧中的"黄金时代"神话》，《国际新闻界》2016 年第 5 期。

　　⑦ Yang, G., "China's Zhiqing Generation: Nostalgia, Identity, and Cultural Resistance," *Modern China*, Vol. 29, No. 3, 2003, pp. 267–296.

　　⑧ Boym, S., *The Future of Nostalgia*, Basic Books, 2008.

解的杯具让人痛心和愤怒。"① 有时，网友还借回忆批判社会问题。例如，网友在回忆"时光网"的文章中写道："我每天要吃饭，于是食品价格上调；我每天要穿衣，结果衣服涨价；我每天要开车，所以车船税要改革；我每天要有地方住——这个真不用我多说了。"②

第六节　记忆即是媒介

本章首次对消逝的中国网站以及网友的记忆进行了研究。对于消逝的网站，主流媒体言之甚少，学界也尚无研究，这导致消逝的网站及其历史容易被遗忘。网友作为历史亲历者，运用民间记忆自下而上地书写网站历史，不仅能够起到抗拒遗忘的作用，而且丰富了中国互联网的社会史。网友对网站历史的书写，是分散的、在线的数字书写，有诸多直抒胸臆的观点与情感表达，亦能呈现丰富的情节，这不同于单个或多个历史学家的叙事。同时，得益于互联网提供的传播赋权、匿名环境和表达边界，网友能够开展记忆叙事。因此，网友记忆能够从以下方面助益我们的理解：一是呈现有关网站历史的替代性叙事，弥补官方历史书写的不足；二是保存有关网站历史的资料；三是从用户视角丰富中国的互联网社会史。

那么，本章通过对消逝网站的分析，所展现出来的中国互联网的社会史，有哪些主要特征呢？第一，早期的中国互联网更为人性化、空间更为宽松，网友可以开展丰富多彩的公共讨论，论题涵盖了时事政治、社会问题和学术讨论等多个方面，其公开讨论的氛围吸引了网友，网友热情地投入其中。从网友对网站的记忆中，我们看到了鲜活的个体及其难忘的网络经验，给人以畅快淋漓之感。后来，互联网发展进入商业和社交主导的时期之后，个体及其经验被商业力量与社交

---

① 桃子 forever：《都在怀念曾经的天涯，来我们也来怀念怀念如今网站的曾经》，2010 年 10 月 15 日，http：//BBS. tianya. cn/post－funinfo－2289828－1. shtml，最后浏览日期：2017 年 1 月 18 日。

② shalimar：《怀念时光网》，2010 年 11 月 3 日，http：//blog. sina. com. cn/s/blog＿5120cc6e0100mowv. html，最后浏览日期：2017 年 1 月 20 日。

话语遮蔽了。第二，人们对于被强行关闭的网站，不会遗忘，而是会纪念，通过纪念延续网站的生命，实现了网站另一种形式的存在。这些记忆自下而上地展开，是互联网记忆的重要体现。第三，总的来看，中国互联网不是线性的发展和进步，而是有断裂和缺失，体现为一个曲折的过程。第四，互联网的社会史，也是当代生活社会史的重要组成部分。这样一些特点，显然不同于任何将互联网历史描写为不断因技术飞跃而进步的技术发展史。或者说，互联网的历史，绝不仅仅是新技术的发展史，更重要的是，社会、文化、政治相互影响和相互作用的历史。

对于消逝的网站，网友记忆呈现如下两个显著的特征：一是网友从个体经历和社交经验的角度，而不是从商业或技术的角度记忆消逝的网站，体现了网站对网友的日常生活经历与社交的影响。二是网友对消逝的网站的记忆具有怀旧特征，并通过怀旧关照现实。过去总是以与现在产生的某种关联而被记忆，记忆也因此成为批判现实的资源或方法（devices）。[1] 在中国，这种记忆与现实的连接有其特殊性。当某些针对现实的批判不能直接表达时，过去的历史就被作为批判现实的一种手段。[2] 例如，在对 SARS 十年的纪念报道中，大众媒介运用"战争""转折点""分水岭"等隐喻重述历史，以此来建立过去和当下的关联，进而反思和批判当下。[3] 网友怀恋消逝的网站的"美好"，其潜台词是批判现实中"并不美好的"中国互联网，体现了一种乌托邦现实主义。[4][5] 同时，网友通过怀旧，也对当下的互联网发展隐含地表达了期望。

基于对消逝的中国网站以及网友的记忆的研究。如果我们结合麦

① Zandberg, E., "'Ketchup Is the Auschwitz of Tomatoes': Humor and the Collective Memory of Traumatic Events," *Communication, Culture & Critique*, Vol. 8, 2015, pp. 108 – 123.

② Han, Le., *"Tweet to Remember: Moments of Crisis as Instantaneous Past in Chinese Microblogosphere,"* Paper presented at ICA 2013 Conference, London, UK, June 14, 2013, pp. 1 – 27.

③ 李红涛：《已结束的"战争"，走不出的"迷宫"——"SARS 十年"纪念报道中的隐喻运用与媒体记忆》，《新闻记者》2014 年第 4 期。

④ Giddens, A., *The Consequences of Modernity*, Stanford, C. A.: Stanford University Press, 1990, p. 154.

⑤ 杨国斌：《连线力：中国网民在行动》，邓燕华译，广西师范大学出版社 2013 年版，第167—169 页。

克卢汉的假说"媒介即是信息"① 来追问：媒介消失之后，信息何在？那么我们的研究表明，媒介消失之后，记忆便成为它的信息。

通常来说，媒介消失后，其信息（包括媒介承载的信息，以及有关媒介自身的信息）的去与存依赖于历史书写与记忆叙事，而在没有历史书写的情况下，其信息便只留存于记忆叙事之中。这意味着，在某种媒介消失之后，它的历史与记忆便成为它的信息。此时，关于消失的媒介的历史与记忆，实际上已经成为新的媒介。也即是说，记忆即是媒介。但是，与麦克卢汉的"媒介即是信息"所不同的是，记忆不仅有形式（例如记忆文体），而且有主体、有内容。因此，当我们以"记忆即是媒介"这样一个命题来研究有关消逝的网站的记忆时，我们的分析视角必须既要分析媒介的形式，也要分析内容。这也促使我们继续思考"记忆作为媒介"的命题，为什么记忆是一种媒介？它在不同的情境下有何差异性？记忆因承载何种内容而成为媒介？记忆又是如何承载这些内容的？应当如何反思作为"媒介"的记忆？

消逝的网站以及网友记忆是一个新开拓的研究话题，后续研究可以从社会史和媒介史等中观维度切入，通过访谈站务人员以及资深网友，更加丰富地讲述网站在政治、资本、技术等力量的共同作用下如何消逝和如何被记忆的故事。消逝的网站是研究中国互联网生态与互联网治理的一个窗口，后续研究能够以之为新的切入点，考察中国互联网治理政策及其演变过程，并探究互联网规制如何作用于网站与网友，产生了何种长期影响。此外，网友记忆的情感问题也值得关注。网友在网站投入了很多情感，网站消逝意味着情感联系的中断。因此，网友记忆网站的情感如何被呈现，如何维系和转化，都是值得进一步探究的话题。

互联网记忆区别于电视记忆，例如电视记忆能够促进自我的形

---

① McLuhan, M., *Understanding Media: The Extensions of Man*, Cambridge: The MIT Press, 1994.

成,[1] 但是互联网记忆的这种功能并不明显。比较不同的媒介记忆,对于我们更好地理解媒介与人的关系具有启发作用。对于网友的互联网记忆,不同性别、[2] 不同地域的网友的记忆实践有别,后续研究可以发掘不同群体记忆互联网的实践,并结合对其数字生活和网络使用经验的考察,探讨互联网使用的社会效应及其与网友记忆实践的关联。未来的历史学家理解当今时代,需要研究互联网历史。[3] 在更为广泛的意义上,消逝的中国网站是中国互联网历史的组成部分。巴尔比(Balbi)、陈昌凤和吴靖呼吁,"召唤(新的)中国媒介历史"[4],互联网历史是主题之一。杨国斌明确提出,应当重视书写中国的互联网历史。[5] 因此,后续应当致力于推动中国互联网历史研究。

① Turnbull, S., & Hanson, S., "Affect, upset and the self: memories of television in Australia," *Media International Australia Incorporating Culture and Policy* (157), 2015, pp. 144 – 152.

② Hershatter, G., *The Gender of Memory: Rural Women and China's Collective Past*, Berkeley: University of California Press, 2011.

③ Brügger, N., "Website history and the website as an object of study," *New Media & Society*, Vol. 11, No. 1 & 2, 2009, pp. 115 – 132.

④ Balbi, G., Chen, C., & Wu, J., "Plea for a (new) Chinese media history," *Interactions: Studies in Communication and Culture*, Vol. 7, No. 3, 2016, pp. 239 – 246.

⑤ 杨国斌:《中国互联网的深度研究》,《新闻与传播评论》2017 年第 1 期。

第 七 章

QQ 记忆中的媒介、情感与社交关系

本章聚焦研究"QQ 一代"的 QQ 记忆，以发掘 QQ 使用的社会史。媒介使用可以成为一代人的身份标签，而随着不再使用 QQ 或不再沿用过去的方式使用 QQ，"QQ 一代"开始追忆 QQ，形成了一种有趣而重要的社会文化现象。本章从媒介记忆与技术怀旧视角出发，基于网友的 307 篇 QQ 记忆叙事，探究网友为何记忆 QQ，记忆主题为何以及如何记忆等问题。分析发现，话题、事件与比较可以激活 QQ 记忆，而网友之所以记忆 QQ 是希望重建与使用 QQ 的过去的联系，并缓解当下新媒介快速变迁所带来的焦虑，同时表达对媒介未来的期待。网友从媒介、情感和社交关系角度追忆 QQ，形成了记忆 QQ 的主题，QQ 记忆亦受到媒介再定义、情感与社交关系的影响。①

本章的研究还发现，"QQ 一代"的记忆伴随轻度的羞耻感，这主要是由网友的成长及其理解 QQ 的语境变迁带来的。不过，"QQ 一代"选择通过删除等自我保护机制消解羞耻感。同时，"QQ 一代"通过怀念 QQ 这一"技术怀旧"的方式，消解了"新媒体"急速变迁带来的焦虑。因此，对旧媒介的记忆既可以维系我们与过去的情感，延续我们当下与未来的媒介故事，而且可以重建我们与媒介的关系，并隐含地表达对新媒介生态的不满与期待。

---

① 本章部分内容和何雨潇发表于《现代传播》2021 年第 9 期（《媒介、情感与社交关系：网友的 QQ 记忆与技术怀旧》）。

第一节　问题的提出与研究设计

一　问题的提出

"你还在用 QQ 吗?"这是当下不少网友被追问的一个问题。随着更新的互联网应用（如微信、微博等）不断出现，QQ 的部分功能被取代，原来的 QQ 用户迁移至新平台。曾经黏度较高的一批 QQ 用户，使用 QQ 的频率开始下降。统计发现，从 2016 年开始，微信在即时通信使用率与常用率上超过了 QQ，微信朋友圈在社交应用的使用率上超过了 QQ 空间。[①] 随着不再使用 QQ 或者不再像过去那样使用 QQ，一些网友开始追忆曾经的 QQ。例如，知乎关于"QQ 有哪些让你怀念的地方?"的提问，有 300 个回答和超过 306915 万次的浏览（截至 2021 年 6 月 3 日）。[②] 这些记忆保存了网友使用 QQ 的经历、体验和故事，亦构成了有关 QQ 的媒介记忆。

网友对 QQ 的记忆是一种有趣的社会文化现象。QQ 并未死亡，但是，它引发了网友的记忆。网友因为不再使用 QQ，或者不再沿用过去的方式使用 QQ，而激活了 QQ 记忆。网友对于 QQ 的记忆与怀念，是一种"技术怀旧"，也是一种情感方式，体现了网友对于"旧媒介"或过时的媒介的情感。在技术急速变迁和新媒介快速变化的当下，人们如何记忆一般意义上的"旧媒介"或"过时的"媒介，是关于人与媒介之关系的重要命题，亦是媒介历史书写应当关注的问题。基于网友的 QQ 记忆叙事（307 篇记忆文本），本章从媒介记忆与技术怀旧角度，追问如下问题：一是网友为什么记忆 QQ 以及 QQ 记忆如何发生? 二是网友如何记忆 QQ? 三是有何记忆主题?

本章的研究具有如下意义：第一，通过研究 QQ 记忆，不仅有

[①]　中国互联网络信息中心：《2016 年中国社交应用用户行为研究报告》，2017 年 12 月 17 日，http://www.cnnic.cn/hlwfzyj/hlwxzbg/sqbg/201712/t20171227_70118.htm，最后浏览日期：2019 年 10 月 1 日。

[②]　《QQ 有哪些让你怀念的地方?》，知乎，2016 年 2 月 27 日，https://www.zhihu.com/question/39171059，最后浏览日期：2021 年 6 月 3 日。

助于我们理解网友使用 QQ 的情形与过程，而且可以增进我们对 QQ 之于"QQ 一代"的意义的认知，从而更好地理解 QQ 的社会效应，丰富我们对人与媒介的关系的理解。第二，网友在记忆叙事中诠释从记忆者视角对于 QQ 的整体性理解，有助于我们从媒介记忆角度重新理解新媒介与"旧媒介"，扩展我们对于"旧媒介"的认知。第三，本章基于对网友 QQ 记忆的研究，思考了媒介记忆如何发生，受到哪些因素影响等问题，有助于丰富媒介记忆的研究。

二 资料收集与分析方法

本章的资料收集与分析方法如下：首先，在 2018 年 9 月 22 日至 10 月 15 日集中收集样本，以"怀念/思念/想念/追忆/回忆/记忆 + QQ"等为关键词，于百度贴吧、天涯论坛、豆瓣小组、知乎、微博、微信公众号、今日头条等平台分别进行检索。后又于 2019 年 2 月 10 日、2020 年 2 月 6—7 日以同样的方式，进行补充检索。其次，对收集的样本进行筛选，将检索结果中主题相关、叙述较为完整、表达较为清晰的文本纳入分析范畴，将主题不相关、篇幅较短的文本剔除。最后，对照统计报告和媒体报道，对存疑的或有争议的资料进行三角求证，实在无法求证的样本则被舍弃。第一次检索获得 244 份记忆文本，补充检索获得 63 份记忆文本，最终的记忆文本共计 307 篇，主要包括网友的记忆和自媒体发布的纪念文章。本章把怀念与记忆等类型的文本统称为记忆文本，按照事先拟定的研究提纲和研究问题，通过反复阅读文本，对资料进行分析、解读与阐释。

第二节 媒介记忆、技术怀旧与 QQ 记忆

QQ 记忆是一种媒介记忆（有关媒介记忆的问题已在本书第一章讨论）。QQ 记忆在本质上是一种"媒介技术怀旧"。"技术怀旧"指

的是"对过时技术的美好回忆或向往"。① 在现代人的记忆实践中，
"技术"与"记忆"的关系是复杂的：一方面，技术（尤其是媒介技术）是记忆的载体，可以构建和调解现代人的记忆；另一方面，技术
是记忆对象，从"记忆的技术"到"技术的记忆"的新记忆实践正在
发生。② 媒介技术不仅是人们怀旧的载体，亦是怀旧的对象。在前一
种脉络中，媒体被认为是"怀旧的投射空间"，互联网就像一个巨大
的"阁楼"或"市场"，个人怀旧和集体怀旧在这里汇聚与传播。③ 在
后一种脉络中，人们追忆过时的或死亡的媒介。④ 本章沿着后一种脉
络，将 QQ 视为怀旧对象，关注网友对 QQ 的记忆与怀旧。

对旧技术或旧媒介的怀念与记忆是现代人的一种情感需要。怀旧
首先是一种情感，尽管它是私人的，并有着强烈的个人特征。但是，
怀旧也是一种深刻的社会情感。⑤ 刘于思将作为情感方式的技术怀旧
称为"旧媒体的挽歌与乡愁"，从本质上来看，怀旧自身就是一种对
过去的"情感性渴望"。⑥ 这意味着，在技术怀旧中的情感需要是重建
与技术的关系的渴望。一方面，随着新媒介技术的普及应用，越来越
多的人与越来越多的技术建立了关系。⑦ 对媒介技术的怀旧是尝试与
媒介重建联系的行为。例如，在对蒸汽朋克（怀念蒸汽、机械技术的
文化）的研究中，Onion 指出，蒸汽朋克们迷恋科技，相信科技可以

---

① 刘于思：《从"记忆的技术"到"技术的记忆"：技术怀旧的文化实践、情感方式与关系进路》，《南京社会科学》2018 年第 5 期。

② Heijden, T. V. D. , "Technostalgia of the present: From technologies of memory to a memory of technologies," *European Journal of Media Studies*, Vol. 4, No. 2, 2015, pp. 103 – 121.

③ Niemeyer, Katharina, *Media and Nostalgia: Yearning for The Past, Present and Future*, London: Palgrave Macmillan, 2014.

④ Hertz, Garnet, *A Collection of Many Problems* (*In Memory of the Dead Media Handbook*). Los Angeles: Telharmonium Press, 2009.09.01, http://www.conceptlab.com/problems/, 2020.06.01.

⑤ Fox, W. S. , Davis, F. , "Yearning for Yesterday: A Sociology of Nostalgia," *Social Forces*, Vol. 60, No. 2, 1981, p. 636.

⑥ 刘于思：《从"记忆的技术"到"技术的记忆"：技术怀旧的文化实践、情感方式与关系进路》，《南京社会科学》2018 年第 5 期。

⑦ Campopiano, J. , "Memory, Temporality, And Manifestations of Our Tech-nostalgia," *Preservation, Digital Technology & Culture*, Vol. 43, No. 3, 2014, pp. 75 – 85.

增加人与物质世界联系的能力。① 当人们缺乏或失去与物理媒体（physical media）的实际联系时，则会处于渴望与媒体技术建立实质性联系的状态。技术怀旧可以通过建立一个过去与现在共存的空间来维系人与媒介的联系，重建人与媒介的过去。另一方面，技术怀旧与"新技术"的出现和影响有关。沃尔夫冈·希弗尔布施指出，"旧的东西只有在新的技术宣告其终结的那一刻，才会表现出'诗意'来"②。面对新媒介技术的急速变迁，参与媒介技术怀旧，与人们处理挑战和适应媒介变化的能力有限有关③，对于媒介变化感到满意的个体一般不会参与媒介技术怀旧。相反，当媒介改变带来焦虑时，媒介技术怀旧成为保持个体情绪舒畅的途径。④ 当然，这一结论并不绝对。

　　在媒介技术怀旧中，如何区分媒体的新与旧，是一个有趣的问题。如何站在新媒介的立场，怀念与追忆旧媒介是一个因人而异的问题。网友对于"旧媒介"的划分存在从情感上进行判断的可能。媒介"新"与"旧"的划分标准，与人对媒介的态度、认知、情感密不可分。Carolyn Marvin 提出，"新媒介"如何变成"旧媒介"的历史，首先是个人和团体如何开始认为它是"旧媒介"的历史。⑤ 一般说来，人们倾向于认为"新媒介"与人的联结更紧密，是被更加频繁地使用的媒介；而不再被使用或被搁置的媒介则会被认为是"旧媒介"。因此，"旧媒介"的"旧"不是媒体的工件（artifacts）、技术（technologies）和体系（systems）⑥。也即是说，旧媒介或者媒介某些不再使用

① Onion, R., "Reclaiming the Machine: An Introductory Look at Steampunk in Everyday Practice," *Neo-Victorian Studies*, No. 1, 2008, pp. 138 – 163.

② ［德］沃尔夫冈·希弗尔布施：《铁道之旅：19 世纪空间与时间的工业化》，金毅译，上海人民出版社 2018 年版，第 256 页。

③ Sedikides, C, Wildschut, T, Routledge, C (et al.), "To nostalgize: mixing memory with affect and desire," *Advances in Experimental Social Psychology*, Vol. 51, No. 1, 2015, pp. 189 – 273.

④ Menke, M. , "Seeking Comfort in Past Media: Modeling Media Nostalgia as a Way of Coping With Media Change," *International Journal of Communication*, Vol. 11, 2017, pp. 626 – 646.

⑤ Carolyn Marvin, *When Old Technologies Were New: Thinking About Electric Communication in The Late-Nineteenth Century*, New York: Oxford University Press, 1990.

⑥ Natale, Simone, "There Are No Old Media," *Journal of Communication*, Vol. 66, No. 4, 2016, pp. 585 – 603.

的部分，不是从技术或者商业的角度把它们归为旧的、应该抛弃的，或者"废弃物"那么简单，我们有必要重新认识旧媒介，当然还有新媒介。本章从媒介记忆与技术怀旧视角出发，探究网友对 QQ 的记忆，追问网友为何记忆 QQ，如何记忆以及记忆主题为何等问题。

第三节　QQ 记忆的"激活"

基于收集的资料，本章发现，记忆 QQ 的网友绝大多数是使用 QQ 较多的，他们是 QQ 的深度用户，QQ 于他们而言是重要的媒介。那么，他们为什么追忆 QQ？这些记忆是如何发生的？本小节将回答这些问题。

一　网友为何记忆 QQ

QQ 并不是"死亡的媒介"，那么，网友为何记忆 QQ？基于收集的资料，本章发现，QQ 之所以被网友怀念，从媒介使用层面讲，是因为对网友而言其曾经定义和认识的 QQ 已经不再，从而导致网友与 QQ 的关系发生了变迁。QQ 从"使用中的媒介"变成了"记忆中的媒介"，网友从"使用者"变为了"闲人"或"怀念者"。

具体说来，一则是 QQ 自身发生了变化，其功能部分地被新媒介取代；二则是网友不再使用 QQ，或者使用的频率下降；三则是网友及其所处的社会语境发生了变化，年轻的网友成长了，他们使用 QQ 的语境与社会关系发生了变化。从根本上讲，网友与社会关系、使用语境的变化是关键要素。

从媒介技术怀旧的层面讲，网友在新的媒介语境中怀念 QQ，是他们处理与新媒介关系的一种策略。Menke 指出，当人们面对新媒介技术的快速变迁时，媒介技术怀旧可以成为现代人消解"新媒介"焦虑的一种方式，人们可以选择利用媒介技术怀旧来应对媒介变化带来的压力。[①] 在此意义上，网友怀念 QQ 是由新媒介及其带来的焦虑与压力

----

① Menke, M., "Seeking Comfort in Past Media: Modeling Media Nostalgia as a Way of Coping With Media Change," *International Journal of Communication*, Vol. 11, 2017, pp. 626–646..

促成的，是一种保护策略。

从记忆者的层面讲，网友的 QQ 怀旧是"QQ 一代"希望重建与 QQ 的联系的一个"通道"，更是"QQ 一代"希望重建与自己的过去的联系，并通过缅怀自己的过去来建构自我与认同。

二　QQ 记忆的唤醒

网友记忆 QQ 的行为是自发的，但是发生于不同的语境，网友记忆需要语境来唤醒。基于收集的资料发现，主要有如下三种语境：

一是"话题型"记忆。它指的是由某一网友发布了"怀念/记忆 QQ"的话题，进而激发了更多的网友参与其中。例如，"知乎"2016 年发起的一则关于 QQ 的提问帖"QQ 有哪些让你怀念的地方？"吸引了 300 名网友参与讨论。[①]

二是"事件型"记忆。当 QQ 自身出现一些较大的变动或者开办纪念活动时，例如"QQ 号注销功能开放""QQ 18 周年/20 周年""QQ 宠物停运""QQ 音速退市"等，则会引发一些网友的怀念与记忆。例如，在 2018 年一篇名为《"QQ 宠物"停运，又将成为一代人的回忆！》的文章中，网友 chen 说道："曾经的青春就这样不复返了，曾经的自己陪着 QQ 宠物吃喝玩乐，后来因为忙碌了也就忘了，然而现在的我自己只能和她说一声再见，说一声道别了，但是很感谢她那些年陪我一起度过的快乐时光。"[②]

三是"比较式"记忆。新媒介的出现会触发网友对作为"旧媒介"的 QQ 的记忆，并通过新旧媒介的比较表达出来。例如，网友"心做 ss"在比较微信和 QQ 时表达了自己对 QQ 的怀念，"我 80 后，之所以玩微信是因为周围的人都在用微信，你不用不行，但是 QQ 依然保留，因为 QQ 有许多功能是微信不具备的，比如说相册功能，还是会把照片放在 QQ 空间里。而且现在的微商也着实让人讨厌，根本

---

① 《QQ 有哪些让你怀念的地方？》，知乎，2016 年 1 月 5 日，https://www.zhihu.com/question/39171059，最后浏览日期：2021 年 5 月 1 日。

② 《"QQ 宠物"停运，又将成为一代人的回忆！》，钰翔数码，2018 年 7 月 2 日，https://www.toutiao.com/a6573283276528555040，最后浏览日期：2019 年 10 月 2 日。

不是聊天和抒发情感的地方"。① "心做 ss"把 QQ 戏称为"老婆",而把微信戏称为"小三",以此来表达对二者的不同情感。

从记忆者的角度看,不同程度的 QQ 使用者,即不同"Q 龄"的网友的记忆呈现差异。使用 QQ 时间越长的网友,在回忆中表达了更多的"惋惜"与"珍惜",并且回忆文本的篇幅更长,内容更丰富。例如,拥有 10 年"Q 龄"的网友称要将 QQ"留给儿子":

> Q 龄一不小心就十年了,现在的 QQ 等级是三个太阳加一个月亮,不明觉厉。当初想也不敢想的太阳如今拥有了三个,就像当初想也不敢想的电脑现在也变成了日常工具,我再也不用拜托别人帮我挂 Q,我也不再在乎那些等级、头像、皮肤、签名,QQ 被打入冷宫,微信后来居上。有个段子这样说的:将来我老了,要把我的 QQ 留给我儿子,等级很高很值钱。②

总之,作为中国互联网的重要应用形态,QQ 曾经取得了令人瞩目的成绩。2010 年,QQ 最高同时在线用户数量突破 1 亿,2014 年突破了 2 亿。③ 大量的用户创造了丰富的使用体验,亦可能形成 QQ 的"记忆海洋"。QQ 是记忆者使用互联网的"纪念碑"。当 QQ 时代不再"鲜活"之后,QQ 就作为"记忆之场"出现了,网友的 QQ 记忆被激活。

第四节　网友记忆的 QQ

本章发现,网友在记忆中谈论了诸多对于 QQ 的理解,形成了界

---

① 心做 ss:《怀念 QQ,陪伴了我的青春岁月》,2018 年 1 月 30 日,https：//tieba. baidu. com/p/5533928527？red_tag＝2481375008,最后浏览日期：2020 年 2 月 14 日。

② 黄金甲,《QQ 有哪些让你怀念的地方》,2016 年 8 月 31 日,https：//www. zhihu. com/ question/39171059/answer/119918238、https：//www. zhihu. com/question/39171059,最后浏览日期：2019 年 10 月 2 日。

③ 《发展历程》,腾讯官方网站,2018 年 11 月 14 日,https：//www. tencent. com/zh－cn/ company. html,最后浏览日期：2019 年 10 月 2 日。

定 QQ 的记忆主题。QQ 自身以及网友使用的变化，促使网友在记忆中重新认识 QQ。这也是网友对于 QQ 的一种反思。

一　并不是"旧媒介"

与我们的预料相反，在网友的记忆中，QQ 并没有被作为旧媒介或过时的媒介被追忆。例如，知乎网友"Minrui"写道：

> 在上网比较贵、时间（被家长控制所以）比较少的少年时代，QQ 等级的星星月亮太阳很值得炫耀有木有！还蛮有趣的。个人很怀念 QQ 窗口的设计，长长一条，停靠在桌面右上角可以缩进去……mac 端的 QQ 根本不是 QQ 好嘛。总是难免要拿微信和 QQ 对比，但是本质上因为诞生平台不同所以产品特征/用户群/期待/习惯必然不同嘛。呐，再怎么怀念也过了用 QQ 的年龄，没了用 QQ 的圈子了。①

在"Minrui"的记忆中，QQ 并不是旧媒介。即便是在与微信的比较中，该网友也强调的是二者的不同。如果说 QQ 存在被弃用的危险，那么在该网友看来，主要是因为自己过了"使用 QQ 的年龄"，以及没有了"用 QQ 的圈子"。

网友从比较的层面追忆 QQ，但并不是为了凸显 QQ 的劣势。例如，有网友在记忆中把 QQ 与新的应用进行比较，但并不苛责 QQ 的劣势，甚至把劣势视为一种"美好"所在：

> 以前的手机上网很慢，ta 的头像很丑，手 Q 的界面很蠢，可是 ta 头像亮了，心也亮了，ta 头像动了，心越跳越快。现在用智能机，有了 4G，手 Q 功能强大了好多，你的头像仿佛总是亮着，可是那些功能，我再也不可能和在跟你聊天的时候

---

① Minrui：《QQ 有哪些让你怀念的地方》，2018 年 2 月 4 日，https：//www.zhihu.com/question/39171059/answer/311013019，最后浏览日期：2020 年 2 月 12 日。

用到了。①

曾经的 QQ 和现在的手机 QQ 相比，技术落后、界面和功能差，但是却让人怀念，在网友的记忆中也不失"美好"。

按照 Carolyn Marvin 的解释，新旧媒介的区隔是技术发展意义上的，也是使用形态上的，亦是人们观念上的。② 网友在记忆中并没有从技术意义上的"新"与"旧"来定义 QQ，而是从"使用的圈子"的角度，即社会关系的角度来阐释。在网友的观念中，QQ 虽然存在不足，但不失美好，并不是旧媒介。

二　"拟人化"的 QQ

Reeves 和同事指出，人们会将计算机、电视和新媒介视为真实的"人和地方"。例如，人们会对计算机讲礼貌，会区别对待女性声音与男性声音的计算机等。③ 在网友的记忆中，他们把 QQ 拟人化，认为 QQ 是与自己一起成长的"忠实密友"。网友"躺倒鸭"写道：

> 若是让大家把自己的说说从后往前翻一遍，估计百分之九十的人都会说：这是我写的吗？太幼稚啦没错，QQ 就是这样一个见证了我们各种过往的地方……常常觉得，那只企鹅就像一个陪伴我们长大的忠实密友，即使联系少了，依然静静地在一旁目睹我们的成长，依然不离不弃。④

QQ 在记忆中还是和网友从小一起长大的"玩伴"。有网友写道：

---

① 匿名用户：《QQ 有哪些让你怀念的地方》，2016 年 2 月 20 日，https：//www. zhihu. com/question/39171059/answer/86600735，最后浏览日期：2020 年 1 月 20 日。

② Carolyn Marvin, *When Old Technologies Were New：Thinking About Electric Communication in The Late-Nineteenth Century*, New York：Oxford University Press, 1990.

③ Reeves, Byron, and Clifford Ivar Nass, *The Media Equation：How People Treat Computers, Television, and New Media Like Real People and Places*, London：Cambridge university press, 1996.

④ 躺倒鸭：《你一定用 QQ 做过这些事，回忆杀!》，2017 年 2 月 11 日，https：//www. toutiao. com/a6385649376081740033/，最后浏览日期：2020 年 2 月 6 日。

相册里，好多张青春杀马特的照片，贼烂贼烂的手机画质，放大也看不清人脸，衣服发型，360 度无死角全方位展现土，但当时觉得潮流到爆啊。那是再也回不去的青春。只会恨太匆匆，但绝不悔梦归处。或许我们现在已经不会频繁地打开 QQ，对 QQ 的"咚咚"上线声也变得陌生，说说更新停留在了 4 年前，日志也都转为了私密，头像和昵称 6 年来没再换过。甚至有些人嫌弃占用手机内存已经卸载很久了。就像从小一起长大的玩伴，长大之后难免也会各奔东西……①

从中可见，QQ 的网友记忆中的"密友"和"玩伴"，是"人格化"的，而不是"技术物"。

QQ 曾经开发了多种应用，网友透过这些应用形成了丰富的使用体验。在记忆中网友把 QQ 中的部分应用拟人化，建立了自己跟这些应用之间的亲密关系。其中，网友记忆提到较多的是 QQ 宠物。有网友将自己视为 QQ 宠物的亲人，自称"当妈的"：

养了只企鹅，我写作业给它挂学习，学的比我都多。我上小学，它都中学毕业了，毕业考卷还让我作答。当妈的只能各种百度！写着作业时不时考虑它饿了没，洗澡不，可别死了没元宝买还魂丹！这个企鹅越长越大，神奇的是体积都变大了，有事没事卖个萌。大到该结婚了，当妈的也是一百个不放心，虽然最后还是稀里糊涂找个网友结婚、生蛋。可悲的是越往上越难升级。可能是怕企鹅大到冲破屏幕。那时候还有粉钻，贵族。当妈的一直很低调不能过度宠溺企鹅，小孩子心疼十块钱。忘了为啥后来不玩了，上个月偶然点开企鹅，胖企鹅还是眨眼，卖萌，说一些主人长主人短，艾玛，我的童年啊。②

---

① 哈尔滨全接触：《QQ 号能永久注销了，对不起，这功能我用不着!》，2018 年 4 月 5 日，http：//www.sohu.com/a/227381052_400100，最后浏览日期：2021 年 7 月 2 日。

② 理想国 w：《QQ 有哪些让你怀念的地方》，2016 年 2 月 21 日，https：//www.zhihu.com/question/39171059/answer/87390951，最后浏览日期：2019 年 10 月 2 日。

该网友在回忆中把 QQ 宠物视作"自己的孩子",回忆的内容是自己养育这个"孩子"(QQ 宠物)的心路历程。宠物等级上升的过程,是"孩子"成长的过程,而自己是一个"操心的父母"。

总之,网友记忆中的 QQ 是有生命的,而不是冷冰冰的技术或工具。网友跟这些人格化的对象,形成了多种关系,构成了使用 QQ 的特殊体验和记忆主题。

三　"符号化"的 QQ

在网友记忆中,QQ 跟"时光""青春""一个时代"联系在一起。这体现在不少记忆文章的标题中,例如《离开 QQ 的 90 后是什么意思 QQ 是满满的青春回忆》① 《QQ 号怎会注销,因为青春不死》② 《那些年我们发过的 QQ 说说,里面全是青春的样子》③ 等。网友"梓乎"写道:

> 这个 QQ 时代仅仅也只是用来怀念的。QQ 本身只是一个载体,"90 后"那批人的产物。我怀念的其实是使用 QQ 的那段时光。任何社交软件都不能取代 QQ 在我心中的地位。那段 QQ 时光是我一生里最天真无邪的深情流露。④

这表明,QQ 在网友记忆中是超越了技术与工具的符号。基于收集的资料发现,QQ 在记忆中经常被当作"青春"的符号。例如,

---

① 欢欢:《离开 QQ 的 90 后是什么意思 QQ 是满满的青春回忆》,2018 年 1 月 10 日,http://www.wed114.cn/jiehun/shenghuo/20180110228382.html,最后浏览日期:2020 年 2 月 13 日。

② 七小姨:《QQ 号怎会注销,因为青春不死》,2018 年 3 月 21 日,http://dy.163.com/v2/article/detail/DDF1NGDK0525KMTC.html,最后浏览日期:2019 年 10 月 2 日。

③ 有束光:《那些年我们发过的 QQ 说说,里面全是青春的样子》,2018 年 3 月 29 日,http://www.sohu.com/a/226716947_693548,最后浏览日期:2020 年 1 月 16 日。

④ 梓乎:《QQ 有哪些让你怀念的地方》,2017 年 11 月 24 日,https://www.zhihu.com/question/39171059/answer/265027828、https://www.zhihu.com/question/39171059,最后浏览日期:2019 年 10 月 2 日。

初中三年我用 QQ 最频繁，那时候因为没有手机，只能周末做完作业在妈妈允许后用电脑登录。有充过 Q 币，大概不超过 500。最多一次充了 80，为了买炫舞的衣服……瞒着家里用零花钱。因为初中很流行互踩空间，所以对空间留言板印象最深。玩游戏认识了很多网友，现在还有一部分网友保持联系。快乐的回忆和伤心甚至痛苦的回忆都有。现在 QQ 号可以注销了，我也不会注销，毕竟见证了我的青春，以后也会见证我的剩余人生。以后老了可能会把 QQ 托付给专门的公司保管，不会给下一代，因为里面是我的秘密天地。[①]

从中可见，在网友的记忆中，QQ 是一个具体的人格化的存在，是社交对象，也是一个象征符号。网友记忆的不是琐碎的 QQ 使用，而是一个具有社会意义的 QQ。记忆中的 QQ 或已过时，但在 QQ 中的体验与经历是实在的，令人难忘。

总的来看，网友在回忆中对 QQ 的定义具有反思性，通过重新界定 QQ，赋予了 QQ 丰富的意涵。这是将 QQ 记忆合理化的一种努力，丰富了 QQ 记忆。网友从技术比较的角度记忆 QQ，但又不把 QQ 视为技术，而是把 QQ 视为人格化的所在，是自己的一个交往对象。这表明，技术迭代与技术发展对于网友来说不是线性的发展或转换，而是界限模糊的、缠绕在一起的复合过程。网友的 QQ 记忆超越了技术与使用的角度，进入了精神与交往的层面，重新阐释了 QQ 与网友的复杂关系。网友之所以在记忆中把 QQ 去技术化、人格化和符号化，是因为他们不希望 QQ 被简单化，也不希望 QQ 被遗忘。

第五节　网友记忆中的"羞耻感"及其纾解

QQ 给网友提供了情感支持，网友在记忆中讲述了自己使用

[①] Epoch 非虚构故事：《你会注销你的 QQ 号吗?》，2018 年 4 月 4 日，http://www.sohu.com/a/227317608_355115，最后浏览日期：2019 年 10 月 02 日。

QQ 的多种情感，包括悸动、感激、愉快、羞耻、嫉妒、悲伤等，形成了情感记忆。对 QQ 的情感激活了网友的记忆，其中以羞耻感的记忆最有意味。基于收集的资料，本章发现，网友有时会使用"羞耻""没羞没臊"等话语来追忆自己曾经的 QQ 使用行为。例如，

> 这完全是一个充满"羞耻"的难为情环节，回想自己的网名，简直是把"没羞没臊"当个性。这辈子都不可能再这么浪了："XX 男孩""XXgirl"，"快乐 XX""小 X""X 色 XX""贵族""天使""不哭""眼泪""水晶"。这些都是基本款，更多的网名则是撩骚至极，堆砌各种生僻字，符号越多越好，毕生文采的高光时刻就是起第一个网名的那瞬间。①

这表明，网友在当下回忆自己曾经的 QQ 经历时，产生了"羞耻感"。曾经在 QQ 上流行的"火星文"等"非主流的"网络文化符号，在网友的记忆中和"羞耻"联系在一起。这种"羞耻感"是网友基于回忆时的语境界定的，是网友成长后对过去的 QQ 使用的反应。

在回忆者对"羞耻感"的记忆中，伴随自我保护行为，例如删掉相关记录、进行自我调侃等。前者是逃避"他者"的审视，后者是与过去的"自我"划清界限。网友"村霸"讲述了自己对那些带来"羞耻感"的痕迹的删除，

> 当年数着 QQ 等级有几个太阳，现在我们都老了。当年一直看着那个喜欢的人的头像，看他什么时候在线什么时候下线，然而现在我用微信了。那些隐身过的日子，但我现在用微信了。那些在空间送的生日礼物，现在看卧槽这是什么怂鬼？当年发的非

---

① 《QQ 号现在能注销了！你会选择"886"，还是把它当作"传家宝"？》，大豫网，2018年3月29日，http://www.sohu.com/a/226716134_163044，最后浏览日期：2019年10月4日。

主流说说和图片，现在都被我删了。往事不再来，但我现在想起来，我当初怎么那么幼稚啊！①

在"村霸"看来，过去自己发布在QQ中的"非主流说说和图片"，是幼稚的，所以自己选择了删除。有的网友为这种"删除"行为，赋予了"成长"的含义。例如：

那时候傻傻的，花很多时间换皮肤装扮QQ空间，让这专属于我们的小空间变得与众不同，只为最想的那个人能发现自己的一点小心思。突然有一天长大了，不知怎地就醒悟了，把曾经那些矫情的日志、说说全都删除，现在回想起又觉得有点可惜，毕竟也是我们年轻过的回忆②

不过，QQ记忆所产生的"羞耻感"是轻微的，伴随的是"尴尬"而不是痛苦。由于违背"内在化他者"眼光的是"过去的"自己，而不是"此时此刻的"自己，因而这些羞耻感是可以纾解的。网友"好姑娘老妖"将"羞耻的言行"解释为"少女情怀"：

QQ日志记录着我的"青春疼痛"，有个段子是："快速击溃一个成年人的方式，就是把他绑在凳子上，大声地朗读他曾经QQ空间里的日志。"想起来还蛮羞耻的，但那些羞耻的记忆，也诠释了那句：少女情怀总是诗。年少朦朦胧胧的喜欢总是找不到出口，索性我们还有空间日志。小心翼翼磕磕巴巴地写下来，又如释重负地设成仅自己可见，矛盾的只等有一天他能发现。那会应该是表达欲最旺盛的时期，哪怕他今天回了一下头，都可以全权当成是爱意的回馈。QQ空间日志的文字幼稚可笑是真的，但年

① 村霸：《QQ有哪些让你怀念的地方?》，2016年2月19日，https://www.zhihu.com/question/39171059/answer/87108442，最后浏览日期：2020年1月19日。

② 咖喱gay gay：《谨以此文，悼念我埋葬在QQ空间里的中二时光!》，2018年4月2日，https://mp.weixin.qq.com/s/hfgW-lfEnhXNuL0aOhOX_Q，最后浏览日期：2020年2月17日。

少时候感情真挚纯洁也是真的。①

这意味着，网友回忆 QQ 时的自我价值冲突并不强烈。"羞耻感"可以用"年轻"的名义被合理化。

在情感社会学看来，"羞耻"的本质是自我意识中的价值冲突，是"想象中的想象性他者的眼光"审视的结果，而"他者"所代表的是一种真实的社会期待。② 网友在当下记忆自己曾经的 QQ 言行，有关"正确的"互联网文化和网络行为的标准已然改变，"情感规则"也随之变化。因而，很多在当时看起来符合"情感规则"的行为，从现在的网络文化和"情感规则"去看，是不符合"想象性他者"的目光的。羞耻的社会根源在于共同体价值与权力的不平等。③ QQ 记忆中羞耻的制造者和感受者是"同一的"网民，但是，由于网友处于当下的"网民"群体之中，而记忆中的"自我"与当下的共同体发生了价值冲突，羞耻感由是产生。不过，QQ 记忆者在意识到权力丧失或处于不利位置时，"羞耻感"可以作为一种"自我保护机制"出现，帮助记忆者减少当下的情感规则与集体认同的冲击。这意味着，回忆 QQ 的过程可以在一定程度上纾解"羞耻感"。而通过 QQ 记忆纾解"羞耻感"的过程，是网友与自我、社会情感规则、集体价值"和解"的过程。

关于羞耻感的记忆，是记忆者站在今天的立场看待自己曾经的 QQ 使用行为的结果，是现在对过去的拷问。网友之所以在记忆中产生"羞耻感"，主要是因为网友自身的变化与社会语境的变化。从记忆者的角度看，"羞耻感"的产生与纾解是记忆者成长的结果。网友在曾经年少的 QQ 使用中有诸多幼稚的言行，后来随着年龄的增长，

---

① 好姑娘老妖：《QQ 有哪些让你怀念的地方？》，2018 年 9 月 28 日，https：//www.zhihu.com/question/39171059/answer/499736956，最后浏览日期：2019 年 12 月 20 日。

② ［英］伯纳德·威廉斯：《羞耻与必然性》，吴天岳译，北京大学出版社 2014 年版，第 90 页。

③ 王佳鹏：《羞耻、伤害与尊严——一种情感社会学的探析》，《道德与文明》2017 年第 3 期。

他们逐渐认识到曾经的行为是"羞耻的"。从社会语境的角度看，羞耻感是社会的产物。网友把过去那些可能给自己带来"羞耻感"的QQ活动界定为"非主流"，正是从当下的"主流"出发作出的界定。这表明，羞耻感受到记忆者和社会语境的影响。在此意义上，QQ使用与记忆具有世代分层和年代分层的意味。

第六节 QQ 中介的社交记忆与交流文化

QQ 作为一个社交媒介，可以建立、维系与转换人与人之间的交往关系，是社会交往的"新媒介"。基于收集的资料发现，网友在记忆中讲述 QQ 中介的社交关系，既包括对真实的社会关系的维系，也包括对陌生人社交的塑造，形成了社交记忆。

一 现实社交在 QQ 中延伸

基于收集的资料发现，"同学""朋友"是网友记忆最多的社交对象，"家人"则出现得较少，例如：

> 1996 年出生，我的小学同学，中学同学，部分大学同学都在这里。即便我们可能很久没联系，甚至毕业后就失去联系，他们的头像一直是灰的。但是那都曾经存在过。①

网友追忆的 QQ 中介的社交关系以友情和爱情最多，映射着网友的现实社交网络。有的网友追忆在 QQ 中收获的友情。例如，有网友写道：

> 与其说关于 QQ 的快乐回忆，还是更多的在于跟谁聊天时所处的快乐氛围吧！我在 QQ 上交过网友，一个经常打 QQ 游戏

---

① 芝士：《QQ 有哪些让你怀念的地方？》，2016 年 10 月 29 日，https://www.zhihu.com/question/39171059/answer/128866435，最后浏览日期：2018 年 12 月 25 日。

的小哥哥，那个时候还互认兄妹，后来呢联系就这么莫名地断了，现在想想也是一次有趣的经历吧!①

追忆 QQ 与爱情相关的故事，是不少网友的共通话题。网友"一把吉他远远欣赏"深情地讲述了自己在 QQ 中发生的"爱恋"：

> 大学时代可以说是我们"90 后"用 QQ 最疯狂的时代……那个时候，我们接近一个人最好的方式就是通过空间状态默默地关注 TA。后来，我谈了男朋友，每次我在 QQ 上听歌，他就跟着我后面听，他把 QQ 头像由一个人换成了一对情侣，我们开通了情侣空间，恋爱时大部分的甜言蜜语也是在空间里通过评论或留言来倾诉和记录。朋友们会看着我们撒狗粮，会捂脸送上祝福或者不屑地撇一撇嘴。QQ 空间记录了我和初恋从相识，相知，到相恋，甚至到后来分手的过程。那里有甜蜜，也有心伤。②

从中可见，QQ 社交是网友情感社会化的重要场所。在网友的记忆中，"友情""爱情"等社交关系都得以通过 QQ 社交发展与延伸，是网友社交生活的组成部分。从记忆叙事来看，不少记忆者当时是青少年，他们把 QQ 作为发展、维系爱情关系的重要手段。此种意义上的 QQ 是网友逃避社会机制（例如父母和老师等）监控的工具，是青少年社交生活的重要媒介。

二　QQ 催生陌生人社交

QQ 所连接的不仅是线下的社会交往，而且催生了线上的陌生人社交。与陌生人网聊是不少网友津津乐道的话题。从网友的记忆可见，当时不少网友热衷于添加陌生人为 QQ 好友，对于和陌生人的社交感

---

① 晓通：《你会注销你的 QQ 号吗?》，2018 年 4 月 4 日，http：//www. sohu. com/a/227317608_355115，最后浏览日期：2020 年 1 月 19 日。

② 林语凝：《QQ 号可以注销了，你舍得和青春说再见吗》，2018 年 3 月 26 日，https：//www.meiwen. com.cn/subject/ijidcftx.html，最后浏览日期：2020 年 2 月 8 日。

到"兴奋"。例如，有网友写道：

> 初三刚拥有了自己的 QQ，那个时候还是半夜 12 点放出一点
> QQ 号大家抢的时代，让同学帮我弄了一个，那个兴奋啊，加了
> 400 多人，看着谁在线就跟谁聊。①

不少网友通过 QQ 聊天和陌生人成为朋友，这是网友社交的一部分，也是记忆深刻的过往。例如：

> 我高一的时候 QQ 认识了一个妹子，她帮我开通了 QQ 空间，
> 我从此开始了写文，她总是很快就来看来评论；后来我读上美术
> 班，我又把画传上相册，她也是很快的来看来评论。她在我 QQ
> 列表里的几乎每一天我都会和她聊天。②

陌生人社交产生的"网恋"，是 QQ 时代的一道独特景观，也是网友津津乐道的故事。例如：

> 当时有个玩法是通过年龄、性别限制来搜网友。同事就是这
> 样搜到了自己的第一个网友……心仪的男孩也是打 QQ 堂时认识
> 的："我们四次被随机分到了同一个房间，你说有缘不有缘？"后
> 来她主动加那个男孩 QQ，网恋了两年，到现在她还能背出他的
> QQ 号。那大概是我们最容易信任别人，最愿意敞开自己的时
> 候吧。③

---

① 匿名用户：《QQ 有哪些让你怀念的地方？》，2016 年 2 月 21 日，https：//www. zhihu. com/question/39171059/answer/87365954，最后浏览日期：2019 年 12 月 20 日。
② MANSUN：《知乎用户 QQ 有哪些让你怀念的地方》，2016 年 2 月 22 日，https：//www. zhihu. com/question/39171059/answer/87521929，最后浏览日期：2020 年 2 月 15 日。
③ 世相君：《离开 QQ 的 90 后：从无话不说到无话可说的 19 年》，2018 年 1 月 5 日，ht-tps：//www. douban. com/note/652062839/，最后浏览日期：2020 年 2 月 12 日。

在网友记忆的陌生人社交中，有不少打破现实中的社交规则的经历，例如，有网友追忆向陌生人倾诉和宣泄情感的经历：

> 有一个小号发泄加一些跟现实无关的网友聊天相互诉苦。因此小号和正号等级差不多。小号保留了我好多中二黑历史。①

这表明，QQ 为网友提供了避开真实社会关系的情感交换方式。

从网友的回忆可以发现，QQ 为网友提供了社会支持，因而社交关系成为记忆主题。QQ 构建的是一种新型的交往关系，形成了新的交流文化。一是 QQ 维系与发展了现实中的社交关系，例如友情和爱情。QQ 在线社交为发展友情和爱情创造了新条件，使它们能够突破现实社交的障碍，比如距离的障碍、父母和老师等社会机制的监控等。二是创设了一套属于 QQ 用户的交流符号，例如"火星文"等。这些交流符号在一定程度上可以补偿身体的不在场和人格身份的缺席。例如，面部表情的缺席被"QQ 表情"填补，个性形象的缺席被"QQ 秀""QQ 空间"补偿，等等。这种填补不是替代，也存在不完美之处，但它使 QQ 不仅仅是载体，而且成为交往环节的一部分。三是催生了陌生人社交，这是"QQ 一代"的交流方式。陌生人社交扩大了"QQ 一代"的交际范围，形成了新的交流体验，亦是对现实社交不足的补偿。四是在网友记忆中，曾经的 QQ 社交从"今天的"眼光看是非主流的、另类的。但是，这种亚文化性质的 QQ 社交不乏抵抗的意味。总之，在网友的 QQ 记忆中，QQ 是一种重要的交往媒介，不少网友对其产生了依赖。后来因为不再使用或不像过去那样使用 QQ，激活了网友的 QQ 记忆。QQ 中介的社会关系不仅是现实社会关系在网络空间的延伸，而且还创造了新的网络社交关系。记忆中的 QQ 社交形成了 QQ 一代的交流体系与交流文化，它们是网友情感经历的一部分，也是影响网友记忆 QQ 的因素。

---

① 余子白：《QQ 有哪些让你怀念的地方？》，2016 年 7 月 2 日，https://www.zhihu.com/question/39171059/answer/109035228，最后浏览日期：2018 年 12 月 25 日。

第七节　有关"旧媒介"的媒介记忆

本章发现，网友从媒介、情感和社交关系角度追忆 QQ。在媒介角度，网友在记忆中反思和再定义 QQ。从网友的记忆中，我们可以探究人与旧媒介的关系。对于技术或商业来说，旧媒介是"过时的"，是不能盈利的被淘汰者。但是，对于作为使用者的网友来说，QQ 不是废弃物或剩余物，而是网友投注了很多情感的"鲜活的过去"，是网友互联网体验与经历的一部分。因此，网友记忆中的 QQ 并不是没有价值的"被淘汰者"，不应该被遗忘。

这启发我们重新审视新媒介与旧媒介及其与人的关系。从"新媒介"的概念被提出，历史学、社会学、传播学等领域的研究者不断发掘其内涵，形成了蔚为大观的论说。但是，学界对"旧媒介"的关注不够。[①] 如何理解新旧媒介及其相关关系，不仅涉及对媒介生态的理解，也关乎媒介记忆。从技术与使用的角度区分新旧媒介是一种路径，从情感角度是另一种路径，会激起不同的认知。例如，从情感的维度看，QQ 在网友记忆中从来都不是"旧媒介"。

在情感角度，情感是激活媒介记忆的要素，也是媒介记忆的内容。皮埃尔·诺拉认为，记忆的"奇妙的情感色彩"是区分"记忆"与"历史"的关键要素之一。[②] 经由媒介使用，人与媒介产生了情感关系，这种情感会给媒介记忆与社会文化带来影响。[③] 在网友的 QQ 记忆中，网友过去在 QQ 使用中所投入的情感激活了他们的 QQ 记忆。因而，情感是媒介记忆的重要维度与影响因素。在 QQ 记忆中，"情感"维度之所以重要，一则是因为媒介是现代人安放情感的"场所"，互

---

① Natale, Simone, "There Are No Old Media," *Journal of Communication*, Vol. 66, No. 4, 2016, pp. 585 - 603.

② ［法］皮埃尔·诺拉：《记忆之场——法国国民意识的文化社会史》，黄艳红等译，南京大学出版社 2015 年版，第 6 页。

③ 刘于思：《从"记忆的技术"到"技术的记忆"：技术怀旧的文化实践、情感方式与关系进路》，《南京社会科学》2018 年第 5 期。

联网是网友情感的载体。① QQ 激发与承载网友情感的手段多样，具有更多的情感属性。二则是因为网友从情感维度追忆 QQ 的过程，是向内发掘自己以建构自我认同的过程，对于网友具有不可忽视的意义。媒介记忆研究需要关注情感因素，包括人们在媒介使用过程中付出的情感与获得的情感，以及人对于媒介的情感。

在社交关系角度，网友记忆中的 QQ 帮助网友建立和维系既有的社交关系，并拓展了陌生人社交，扩大了网友的社会交往，因而是网友记忆的主题。QQ 形成了独特的交流关系与交流文化，即使用了属于 QQ 圈子的交流符号，是"非主流的"和具有文化抵抗意味，以及能够信任陌生人和发展陌生人社交关系，等等。网友从社交关系的角度记忆曾经的 QQ，实则是追忆基于 QQ 的交流关系。如今，网友不再使用 QQ 或减少了使用频率，而且"没有使用的圈子"了，交流关系或变迁，或难以为继。基于 QQ 产生的社交关系的改变，直接影响着网友的 QQ 使用，也形塑着网友的 QQ 记忆。这解释了"关系"对媒介使用的影响。中国社会对"关系"有独特的理解与实践，值得我们进一步讨论"关系"对媒介使用与媒介记忆的影响。

技术怀旧通过建立一个过去与现在共存的空间来建立、维系人与技术的关系，而 QQ 记忆开拓了一个网友与 QQ 重新建立联系并指向未来的媒介使用的社会性空间。技术的进步会对时间产生奴役和破坏②，从而带给人们紧张与焦虑，甚至是恐慌。面对新技术和新媒介带来的不确定性，"技术怀旧"以一种"安慰剂"的形式出现，帮助人们缓解"新媒介"急速变化所带来的焦虑。在 QQ 记忆中，网友希望回到比今天"更慢"的媒介使用中去，回到比今天连接更少的媒介使用中去。这是人们调整自己与媒介之间的关系的一种努力。通过怀旧 QQ，既维系"QQ 一代"与过去的情感，延续当下与未来的媒介故

---

① 袁光锋：《互联网空间中的"情感"与诠释社群——理解互联网中的"情感"政治》，《中国网络传播研究》2014 年第 8 期。

② 刘于思：《从"记忆的技术"到"技术的记忆"：技术怀旧的文化实践、情感方式与关系进路》，《南京社会科学》2018 年第 5 期。

事，又希望重建 QQ 一代与媒介的关系，并隐含地表达对新媒介生态的不满以及对媒介未来的期待。这体现了人们在记忆 QQ 中技术怀旧的现实意义。

随着新媒介的快速迭代和媒介生态的变迁，以及新媒介冲击传统大众媒介带来后者衰落或死亡（例如报纸的停刊或休刊）的现象不断出现，人们对媒介自身的记忆会呈现越来越丰富的样态。与此相对应，媒介记忆研究可以获得更多的研究契机和研究素材。我们追问：媒介记忆是如何发生和激活的？媒介记忆受到何种因素的建构？这是媒介记忆研究需要回应的理论问题。基于本章的研究，我们发现，网友之所以记忆 QQ 是希望通过追忆 QQ 来重建与使用 QQ 的过去的联系，并缓解当下由于新媒介快速变迁而带来的焦虑，同时指向了对媒介未来的期待。QQ 记忆有其独特性，网友因不再使用或不像过去那样使用 QQ 而生发了记忆，并不是因为 QQ 在严格意义上"消逝"而追忆它们。这是对媒介变迁的记忆，也是媒介记忆的重要类型。在此意义上，因应新媒体技术的快速迭代与新媒体使用模式的急剧变迁，媒介记忆需要关注人们对媒介变迁的记忆。由于媒介变迁是时代变迁的映射，因而媒介记忆需要关注时代、群体和个体。媒介记忆背后有其必然性，但其激活的语境具有偶然性。本章的研究发现，话题、事件与比较可以激活媒介记忆。如何反思媒介记忆的偶然性及其对媒介记忆的影响，尚且需要进一步探索。

本章发现，网友从媒介、情感和社交关系的角度追忆 QQ，形成了 QQ 记忆的主题。同时，媒介、情感和社交关系也是影响媒介记忆的因素。在媒介角度，主要涉及记忆者对媒介的再定义和反思；在情感角度，体现为记忆者如何看待人与媒介的情感，包括从媒介获得的情感与支出的情感；在社交关系角度，突出表现为社交关系的建立、维系与转换影响媒介记忆的发生与叙事。媒介、情感和社交关系因素受到了记忆者和记忆发生语境的影响。在此意义上，媒介记忆是个体的，更是群体的和社会的。我们追问：在多大程度上，媒介记忆的主题也是影响媒介记忆的因素？这需要后续研究进一步回答。

　　从网友的记忆可见，QQ 使用和记忆具有"世代"分层和年代分层的意义。每一代人都有属于他们的媒介使用的特征，媒介使用是一代人的身份标签，"媒介世代"由此形成。Bolin 提出，"媒介世代"是世代社会的重要组成部分①。在媒介化的历史进程中，"媒介世代"映射着不同世代的成长过程，也区隔着不同媒介所主导塑造的一代人的身份认同与价值认同。"QQ 一代"指的是把 QQ 作为主导性的媒介来使用的一代人，在这一代人的生命历程中，QQ 曾是其使用的主导性媒介。在 QQ 流行时期（一般认为是 21 世纪的第一个十年），"80后"和"90 后"中的不少网友曾把它作为主要的媒介来使用，他们即是典型的"QQ 一代"。"QQ 一代"频繁使用 QQ，形成了独特的 QQ 使用体验和经历，这些体验和经历构成了他们媒介使用的重要组成部分，也是他们生命历程的一部分。QQ 记忆在很大程度上是属于"QQ 一代"的，对于建构这一代人的自我认同和社会认同具有不可忽视的意义。"QQ 一代"具有一些共性，例如，热衷于使用 QQ 聊天开展社交，倾向于运用"非主流"文化符号开展文化抵抗，对 QQ 付出了诸多个人情感，通过网聊会信任陌生人，等等。时过境迁，"QQ 一代"追忆曾经的 QQ 使用，亦希望从中寻找情感的共鸣。

　　需要指出的是，网友对 QQ 的记忆从媒介、情感和社交关系的角度展开，并没有过多地从 QQ 使用的角度切入。基于本章收集的资料，网友对具体使用 QQ 的记忆较少。这主要是因为网友倾向于从精神与交往的层面记忆 QQ，并没有侧重从使用的层面开展。当然，不排除 QQ 的具体应用较多，网友的记忆比较零散，而且这部分记忆叙事难以通过关键词检索获取。因此，后续研究需要关注网友对 QQ 具体应用的记忆，并开展比较研究，从而更加深入地理解 QQ 使用的社会效应。记忆者影响着媒介记忆，在 QQ 记忆中，记忆者的成长带来了情感记忆的改变。媒介记忆需要更多地关注记忆者，后续研究可以从人

---

　　① Bolin, Goran, *Media generations*: *experience*, *identity and mediatised social change*, London & New York: Routledge, 2016.

口统计学变量出发，讨论记忆者对媒介记忆的影响。此外，作为新媒介使用者，对新媒介的使用在总体上可以理解为一段完整的历史。那么，如何看待使用 QQ 这一段历史？媒介记忆提供了一个切入点。后续研究需要进一步从媒介记忆角度挖掘 QQ 的历史以及网友使用新媒介的历史，并结合总体的互联网历史进行探讨。

第 八 章

中国互联网历史研究及其想象

本章是全书的总结，阐述了社会记忆视角对互联网历史研究的贡献，并从理论层面对互联网记忆与互联网历史研究进行了反思，指出了未来的研究方向及多种可能性。本章提出，推进中国互联网历史研究，既需要借鉴国外的理论与方法，又应当汲取我国史学研究的精华，并重视保存互联网档案与开展比较研究。

第一节 研究发现及其讨论

互联网历史是媒介历史与互联网研究的重要命题。本书追踪互联网历史研究的前沿话题，接续中国"以人为中心"的史学传统，尝试打破互联网技术史、互联网事件史与互联网企业史的"藩篱"，聚焦从社会记忆视角研究中国互联网的社会史。主要研究发现如下：

第一，从媒介记忆角度探究中国互联网的总体历史发现，在媒介记忆书写中国互联网总体历史时，10年记忆和20年记忆均以1994年作为开端，但2017年前后发生的记忆把中国互联网历史的开端修改为1987年，明确了中国互联网30年的历史，是对中国互联网历史起点的"再度发明"。媒体以隐喻的方式追忆了时间维度上的"多个中国互联网"，呈现了中国互联网发展演变的复杂性与丰富性，也反映出人们对互联网认识的不断深化。媒体记忆的互联网历史具有选择性，重在呈现创业英雄及其创业史，而网民多以模糊的群体形象出现。媒体记忆凸显了互联网发展史及技术进步史、互联网商业发展史、互联网使用史，形成了自身记忆中国互联网历史的框架与线索，正在发明中国互联网历史的"传统"，但可能遮蔽了其他的历史线索。

第二，本书基于 CNNIC 于 1997—2018 年发布的 43 份《中国互联网络发展状况统计报告》，结合国家统计局与世界银行公布的相关数据，探究中国网民的群体特征及其发展演变的历史发现，早期的中国网民大多是"70 后"城镇男性居民，学历与收入较高，聚集于计算机、科研教育、商业等行业。后来随着互联网的扩散，"80 后"与"90 后"成为互联网使用的主要人群，更多的女性、农村居民、较低学历和较低收入群体开始接触和使用互联网，网民的职业也变得更为多元。从网民规模上看，2007 年是我国网民快速增长的"历史节点"。从发展趋势上看，农村人口、高龄群体是未来中国网民的增长点。从理论上看，我国网民的年龄与互联网的扩散之间存在一定的对应关系，这启发我们反思"创新扩散理论"之于互联网扩散的解释性。

从中国互联网扩散与社会互动的角度看，一方面互联网在中国的扩散受到政策、资本、地域（城市和农村）、学校、家庭的影响；另一方面，互联网常常以策略性的方式实现扩散。这些策略性的扩散在微观层面表现得尤为明显，以网吧的使用为例，未成年网友为了进入网吧上网，采取了翻墙、撒谎、放哨、偷身份证等策略性行为，以绕过家长、老师和警察等社会机制设置的障碍。这些"艰难的"上网经历给网友留下了深刻的印象，也折射着中国互联网扩散的复杂过程。

第三，以网络自传作为研究资料和研究方法，探究个体使用互联网的历史过程发现，网络自传不仅再现了互联网发展的进程与网民的个人成长史，以及网民的生活变迁与转向的历史，还折射着家庭史与社会变迁的过程。因此，网络自传具有公共书写的意义，可以用来洞察个人与社会的网络历史，以及中国互联网的技术史、社会史与文化史，乃至当下中国社会转型发展的历史。在此意义上，网络自传既是互联网历史和记忆研究中不可忽视的内容，也是一种值得推广的研究方法。

结合本书的研究，纵观网友使用互联网的过程可见，网友对中国互联网进行了诸多创新性的使用，形成了"中国特色"。例如，网友把 BBS 视为"朋友",将其作为参与公共讨论的重要平台,这跟 BBS 设计的初衷存在"偏差",也不同于其他国家或地区的 BBS 使用。这意味着,互联网为公众创新提供了可能性。这些创新性使用改变了 BBS 的样貌,塑造着中国互联网的"面孔"。

网友在互联网记忆中结合自己使用互联网的体验、经历与情感,通过比较新的与旧的(过时的)互联网应用,从中怀念旧的/过时的互联网应用,表达了对过去的"依恋"。同时,这些互联网记忆指向现在和未来,网友借记忆叙事表达对当下互联网发展的批判,以及对未来互联网发展的期待与想象。这是互联网记忆所连接的过去、现在与未来。

第四,通过研究网友的 BBS 记忆发现,网友从自下而上的视角追溯中国 BBS 的文化与遗产。网友的 BBS 记忆从个体与社会两个层面展开。在个体层面,网友追忆个人与 BBS 的交往以及 BBS 所中介的社交、从中获得的帮助与成长等,倾诉、社交、友谊等是记忆的主题。在社会层面,网友记忆借由 BBS 的公共表达与公共参与,BBS 的精神与遗产是记忆的主题。网友注重追忆 BBS 的精神性,而不是 BBS 的物质性或者技术性。网友记忆再现与诠释了中国 BBS 的三种文化,即乐于助人、开放与包容、关注公共事务和服务公共利益。这些文化是 BBS 重要的精神遗产,体现了中国 BBS 的独特性及其社会功能。网友追忆这些 BBS 文化,把它们珍视为重要的精神遗产,并寄望于保护与传承它们。

网友在记忆中以"朋友"隐喻 BBS。BBS 是可以倾诉的朋友,乐于助人的朋友,精神上的朋友,天下为公的和仗义执言的朋友。对于 BBS 这位朋友的"死亡"或离去,网友作为"朋友"有责任去悼念 BBS。"朋友"的隐喻与悼念 BBS 的责任可以从中国人的友谊观,以及德里达的"友谊法则"中得到解释。本研究从网友记忆角度考察 BBS 的历史与文化,能够丰富 BBS 历史研究,并为早期中国互联网历史研究积累史料、提供线索。

第五,透过消逝的网站研究网站历史与网站记忆发现,消逝的网站在网友记忆中是有生命的,而不仅仅是媒体或技术平台。网友在记忆中为消逝的网站立传，也以自传式记忆的方式回忆个人的网络生活、友谊与青春。网友在回忆中追忆变迁的时代，怀念中国互联网的"黄金时代"，并表达对当下互联网发展的批判与期待。这些发现说明，在中国关于互联网的技术想象，并非是乌托邦的空想，而是建立在个体实践经验之上的、对现实有批判、对未来有希望的"乌托邦现实主义"。

第六，通过研究网友的 QQ 记忆发现，话题、事件与比较可以激活 QQ 记忆，"QQ 一代"从媒介、情感和社交关系角度追忆 QQ，形成了记忆 QQ 的主题，同时 QQ 记忆亦受到媒介再定义、情感与社交关系的影响。在"QQ 一代"的记忆中，QQ 是拟人化与符号化的存在，并不是"旧媒介"。这超越了日常生活中的媒介使用，以及从技术和工具维度对 QQ 的认知。情感是 QQ 记忆的重要维度与影响因素，QQ 在记忆中是网友投注了很多情感的"鲜活的过去"，也是网友互联网使用体验与经历的一部分。"QQ 一代"的记忆伴随轻度的羞耻感，这主要是由"QQ 一代"的成长及其理解 QQ 的语境变迁带来的。不过，"QQ 一代"通过删除等自我保护机制消解了羞耻感。"QQ 一代"追忆 QQ 中介的社交关系，既包括对真实的社会关系的介入，也包括对陌生人社交的塑造，形成了社交记忆。这些社交记忆是"QQ 一代"情感经历的一部分，也是影响"QQ 一代"记忆 QQ 的因素。

"QQ 一代"通过怀念 QQ 这一技术怀旧的方式，消解了"新媒体"急速变迁带来的焦虑。因此，对"旧媒介"的记忆既可以维系我们与过去的情感，延续我们当下与未来的媒介故事，又可以重建我们与媒介的关系，并隐含地表达对新媒介生态的不满与期待。

第七，虽然互联网是数字化的和无形的，但是在网友的互联网记忆中，网友倾向于把互联网想象成为"实体的"或"有形的"存在，是拟人化的、有"生命"的、有"肉身"的存在。这意味着，网友在记忆中把互联网置于和自己、和人类平等的地位，互联网超越了技术、工具和平台，而成为可以对话的、可以追忆的"对象"与"本体"。

第八，在很大程度上，中国互联网历史是一部"社会史"。中国互联网持续与社会、政治、经济互动，折射着中国的历史—社会转型，也被打上了中国社会的烙印，成为"中国互联网"。在这个意义上，研究互联网历史，就是研究中国的当代社会史，而不仅仅是媒介史或互联网历史。

那么，基于本书的研究，社会记忆呈现了何种互联网历史和互联网文化？一是记忆者在记忆中倾向于重新定义互联网，通过赋予互联网新的定义而建构自己过去的经历和经验的意义，并带有反思性。在此意义上，互联网记忆是建构自我和个人认同的手段与"媒介"。

二是记忆者作为阐释社群，他们在互联网记忆中追忆自己所经历的互联网时代，形成了独特的记忆表达与记忆文化。这是集体记忆的形成机制及其产物，有助于建构基于互联网使用的代际认同。同时，这一记忆的过程也重新界定了一个个"互联网时代"。

三是网民记忆的互联网历史，既是互联网的社会史，又是个人与互联网互动的过程以及互联网扩散的历史。它们能够再现网民使用互联网的经历、体验与情感，以及互联网使用的转换与迁移过程。因此，互联网记忆的意义不容忽视。透过互联网记忆，可以看到互联网对于网民的意义和价值。互联网使用不仅是网民重要的媒介使用经验，而且塑造着他们的精神世界。

互联网记忆与遗忘相对应，那么，互联网记忆遗忘了什么？为何遗忘？这是需要探讨的命题。基于本书的研究可见，失败的互联网技术、应用、企业与企业家、用户（包括游戏玩家等）容易被遗忘。反思本书的研究，由于采取的关键词检索等检索方法的限制，以及互联网平台的偏向（包括阻止检索或抓取数据等）也会造成部分记忆资料的可获取性差，从而成为"被遗忘的"互联网历史。这需要我们保持警惕和反思。

本书的理论创新与学术价值主要体现在：①基于跨学科的理论视野，本书能够丰富中国互联网历史的研究视角，提供新的解释框架，并利用翔实的资料发掘有关互联网历史、互联网记忆的新观点，丰富和发展与之相关的理论点。②从学理层面考察互联网与权力、经济、文化、技术、网民等的互动，能够搭建考察中国互联网使用与社会变迁之关系的解释框架。③侧重从网民视角研究中国互联网历史，强调互联网历史研究回归对人的研究，给互联网历史研究提供新的阐释视角，有助于摆脱互联网技术史、互联网企业史或网络事件史的局限。此外，本书主张利用网络自传研究互联网历史，具有方法论上的意义。

在实践层面，本书的意义体现在：①本书有助于我们理解中国互联网的发展过程，以及网民的使用行为，从而更好地理解当下的互联网（包括 5G、智能媒体、未来媒体等）及其趋势，理解互联网与人、技术与人的关系，从而更加深入地把握网民的特征及其网络行为。特别是，由于西方世界存在诸多对中国互联网的误读乃至歪曲，因此，研究中国互联网历史是重构中国互联网历史话语体系的尝试，有助于消除或减少西方世界对中国互联网的误解。②网友在记忆中隐含地表达了对当下中国互联网发展的看法，以及对未来互联网发展的期待与想象，这有助于我们了解网民对中国互联网的看法，从而更好地把握网民的需求。③历史研究离不开史料。如何保存、检索与利用作为史料的网络档案，是互联网历史研究亟须解决的问题。本书的研究过程，也是保存互联网史料的过程，能够为保存互联网历史档案提供参考与借鉴。

第二节　关于互联网记忆的理论反思

本书以社会记忆作为视角研究中国互联网历史，研究的过程是研究者、社会记忆视角与经验资料反复"对话"的过程。笔者在本部分基于对社会记忆、媒介记忆和互联网记忆理论的运用，以及对中国经验资料的分析，尝试对互联网记忆理论作出如下思考：

一是互联网记忆的生产与表达问题。媒介历史也是个人、社会和时代的历史，它勾连起私人体验与公共生活，其意义超越了人们日常的习惯性媒介使用。[1] 网友的互联网记忆是个体的，更是集体的、社会的和时代的。网友的互联网记忆是个体的，但其一经公开表达，就具有社会记忆的属性。从本书的分析可见，网友的互联网记忆不仅关乎自己，也关乎集体、社会与时代。互联网记忆建立了个体与群体、

---

[1]　方惠、刘海龙：《2018 年中国的传播学研究》，《国际新闻界》2019 年第 1 期。

个体与社会、虚拟与现实、历史与未来的关联。因此，这些记忆不仅
反映个体的生命历程，而且记录了群体（如家庭、"迷群"等）的历
史，以及时代的变迁过程。

个体的互联网使用受到转型社会中的必然性因素的影响，也受到
一些偶然事件的影响。例如，2002年6月16日的北京蓝极速网吧大火
事件，导致相关部门出台管理网吧的规定，直接影响了网吧的经营与
网友的使用。当然，偶然事件背后有必然性因素的推动。这意味着，
网友的互联网使用不断与复杂的中国社会互动，这一互动的过程形塑
着网友的网络行为、中国互联网的样貌以及网络社会，影响着网友互
联网记忆的生成、表达与传播。这要求研究者结合时代背景、社会语
境和网民群体来研究互联网记忆。

网友是时代变迁的参与者与见证者，透过网友的互联网记忆可以
认识和理解当下的时代。例如，网友通过参与新媒体事件，推动事件
的解决以及社会公共治理作出反应。个体在网络空间中创建的博客、
个人网页、发布社交媒体信息，形成了丰富的行为数据，记录自己，
也记录时代变迁。在这个意义上，网友的互联网记忆是时代变迁的
"扫描仪"与"记录器"。我们在时代语境中研究互联网历史，也通过
互联网历史研究来认知与理解我们的时代。

考察互联网记忆的生产与表达机制，需要在时代背景、社会语境、网
民群体与网民个体的相互作用之中展开。一方面，网民的互联网记忆受到
时代背景与社会语境的规制；另一方面网民可以能动性地与结构性因素进
行互动以开展记忆实践。互联网记忆研究需要结合这两个方面开展。

二是互联网记忆能够重新定义和认知中国互联网。阿巴特（Ab-
bate）呼吁从技术、使用与地方性经验的维度重新定义互联网，把互
联网视为一个"形容词"而不是一个名词，采用"互联网的历史"
（"Internet histories"）取代"互联网历史"（"histories of the Inter-
net"），从而为开启新的互联网历史研究提供概念工具。[1] 基于互联网

---

① Abbate, J., "What and Where Is the Internet? (Re) defining Internet Histories," *Internet Histories*, Vol. 1, No. 1 – 2, 2017, pp. 8 – 14.

记忆的研究，我们可以看到，网民在记忆中再生产了互联网的定义。例如，在网民的记忆中，互联网是"有生命的"存在，而不是冷冰冰的技术或工具，这有助于丰富我们对于互联网的理解。网民在使用中对互联网产生了各种各样的情感，而作为"情感对象"的互联网能够激活网友的记忆。从记忆与情感相互联结的角度，我们可以理解互联网对于人类情感的影响，并从情感的视角再定义互联网。网民是分散而多元的，他们带来的网民记忆可以形成"多元互联网"的想象。这有助于我们从差异化的视角而不是统一性的角度去理解互联网。

三是从比较的视角研究媒介记忆与互联网记忆。融合的媒介生态为媒介记忆的比较研究提供了可能，不同的媒介之间以及同一媒介内部都可以开展媒介记忆的比较研究。例如，电视记忆与互联网记忆的比较，不同的互联网应用形态的记忆（例如网站记忆、BBS 记忆、QQ 记忆、搜索引擎记忆、个人网页记忆、博客记忆、社交媒体记忆等）的比较，通过比较可以发掘新的研究问题与理论问题。这是本书后续的方向。

四是透过互联网记忆研究丰富媒介记忆理论。互联网的互动性、参与性、社交性、开放性等特征，区别于电视、报纸的媒介属性。同时，互联网记忆主要在网络空间中生产、表达和传播，具有网络平台的"烙印"。这使互联网记忆区别于电视记忆与报纸记忆，因而，互联网记忆研究能够丰富媒介记忆理论。

还需要指出的是，任何一种研究视角在能够帮助我们"瞥见"世界之一角的同时，也可能遮蔽其他的面向。这需要我们对所采取的研究视角保持警醒。拷问记忆路径下中国互联网历史研究，我们需要追问记忆的属性及其可能带来的问题。一是记忆的真实性与准确性。记忆是社会建构的产物，它是否"美化"历史，这是历史研究的"记忆转向"面临的挑战。记忆的准确性受到时间影响，对于新近的对象或事物的记忆往往比久远的事物更加准确，[①] 但"我们的记忆正是通过

---

① [德] 阿莱达·阿斯曼：《回忆空间：文化记忆的形式和变迁》，潘璐译，北京大学出版社 2016 年版。

展现与我们的距离之远才表达其真实性的"。①

不过，当我们讨论记忆时，讨论的不是真实的历史，而是记忆所呈现的历史。记忆所呈现的可能是真实的历史，也可能是不真实的历史。记忆具有选择性，可能遮蔽真相与细节。但是，这是记忆的属性，并不影响记忆研究。它反映了过去的经历和体验对人们的影响，以及人们基于当下的语境与过去的经验与体验的互动。哪些内容（或真实的内容）会被记住，哪些会被遗忘或被遮蔽、被美化，这本身是一个问题，需要记忆研究拷问。互联网历史如何在"记忆—距离"的框架中保障记忆的准确性，并对抗记忆的易变性（不稳定性），是需要继续探索的议题。

二是记忆具有选择性，可能遮蔽其他的历史线索与历史维度，我们需要警惕记忆的"手电筒效应"。

三是记忆的合法性与认同如何建构，值得反复追问。

四是记忆具有多种类型，不同的记忆主体（例如民间与官方）之间相互争夺与协商，塑造了"多个版本"的中国互联网历史。那么，总体的中国互联网历史何在？不同主体的记忆的"聚合"，能否浮现互联网历史的总体面貌？这尚需要辨别、考证、融合不同的记忆主体的记忆，并引入更加丰富的资料与证据进行佐证或补充论证，甚至使用其他路径的研究结果来相互验证。

五是记忆者的属性，以及记忆发生的语境，都会影响记忆的生产与表达。但是，互联网历史研究考察作为记忆者的网民的属性较为困难，具体分析网民记忆发生的语境亦非易事，这可谓是研究网民记忆的缺憾，也需要后续研究继续探索。同时，多元记忆者之间的冲突与协商，以及记忆者的目的性（出发点），也需要纳入考察。

六是互联网记忆具有流动性和社交性。流动性指的是互联网记忆可以跨平台传播；社交性指的是互联网记忆具有交往属性，有利于形成集体记忆。互联网记忆研究需要关注它的这些属性，讨论其独特性

① ［法］皮埃尔·诺拉:《记忆之场:法国国民意识的文化社会史》，黄艳红等译，南京大学出版社 2015 年版，第 20 页。

带给记忆机制的影响。

七是记忆资料的保存与利用问题。在当前这样一个记忆加速的时代，既要防止记忆资料丢失，从而造成历史的缺失，也要防止记忆资料被扭曲或篡改，造成对记忆与历史的异化。这意味着，对记忆资料的辨伪存真是一项值得关注的工作。

八是记忆与互联网历史的问题。记忆不是历史，关于记忆与历史的关系，是一个宏大的命题，也饱受争议。但不容否定的是，记忆既可以提供史料，又是书写历史的一种方式。基于本书的研究，社会记忆书写了媒体、公共记忆与网民等记忆主体所呈现与建构的互联网历史，尤其是网民与互联网互动的历史过程。这不仅提供了一种记忆者的视角，而且使互联网历史书写和研究回归到了"网民"的视角。

数字时代的社会记忆正在发生新的转向，需要我们重新思考数字时代的社会记忆问题。这种转向体现在：一是机构化的社会记忆与个体化的记忆共存，记忆主体更加多元，成为一种"融合的记忆"。二是记忆的叙事方式出现了个人化的倾向。不仅来自网民的、自下而上的微观视角参与社会记忆的建构过程，而且常人化的叙事内容较多的出现。机构化的新闻媒体一度青睐采用"私人化"的话语策略，讲述重要人物的记忆故事。① 但是，它并没有关注"常人"。而常人化叙事以常人为主角，围绕日常生活展开记忆叙事。微观的记忆视角和常人化的叙事内容，使数字时代的社会记忆更为丰富，并且生活化程度更高。三是在数字时代，媒介记忆的外延得到扩充，"不存在"的记忆能够纳入媒介记忆的范畴。四是以数字记忆形态生成与扩散的社会记忆面临着收集、保存、获取与利用的挑战。五是数字记忆检索与使用的伦理问题，是一个越来越受重视的问题。六是总的来说，数字记忆在网络空间中生产与扩散，具有文本性。但是，还有不少记忆者只是"围观"（即网络用语中的"飘过"）而不参与实质性的文

---

① Kitch, C. , Pages from the past: History and memory in American magazines, Univ. of North Carolina Press, 2006.

本记忆书写。① 毫无疑问，这种非书写性的记忆不容忽视。那么，如何收集、保存和研究这些非书写性记忆，是更大的挑战。七是数字记忆具有更强的社交与交流属性，需要进一步讨论这些交流记忆的形成机制及其社会影响。在数字时代考察社会记忆，需要把握其转向，在研究和阐释时保持警惕，并积极解决这些问题。

本书以社会记忆作为视角，结合资料的可获得性，主要研究了网站记忆、BBS 记忆和 QQ 记忆，后续可以继续开展搜索引擎记忆、博客记忆、社交媒体记忆等的研究，进而开展比较分析。后续研究需要关注记忆者是谁，记忆者如何记忆的问题。本书在阐述中试图阐述互联网记忆者的问题，但由于网络记忆文本的匿名性，很遗憾未能展开深入分析。如能通过调查问卷、深度访谈等方法获取互联网记忆者的人口统计学数据，有助于开展记忆者与记忆内容以及如何记忆的相关分析，并阐释记忆的发生机制。互联网记忆存在两个维度，一个是叙事记忆，另一个是物质性记忆。本书主要考察的是叙事记忆，后续研究还需要关注物质性记忆。

第三节　如何推进中国互联网历史研究？

目前，陆续有不少研究者关注中国的互联网历史，相关研究在近年增多。不过，相较于中国互联网的快速发展，中国互联网历史研究显得远远不够。当前，亟须推进中国互联网历史研究。

鉴于中国互联网的丰富性与复杂性，使不同的"记忆之所"与研究视角中存在"复数的中国互联网"。正如皮埃尔·诺拉指出"复数的法兰西"那样，② 因此，我们只有"放宽历史的视域"，③ 方能发掘中国互联网的复杂面向，从而无限接近其"本相"。本书认为，可从

① 闫岩、张皖疆：《数字化记忆的双重书写——百度贴吧中"克拉玛依大火"的记忆结构之变迁》，《新闻与传播研究》2020 年第 5 期。

② ［法］皮埃尔·诺拉：《记忆之场：法国国民意识的文化社会史》，黄艳红等译，南京大学出版社 2015 年版，第 77—79 页。

③ 黄仁宇：《放宽历史的视界》，生活·读书·新知三联书店 2007 年版。

以下诸方面推进中国互联网研究。

其一，可从国际学界的研究中汲取养分。例如，借鉴媒介物质性的研究，关注互联网的物质性层面，注重阐释"媒介（物质）实践关系"，以突破中国新闻传播史与媒介史研究的文本阐释传统。① 再如，借鉴媒介考古学的研究，打破线性历史发展观与历史观的局限，在复杂中国的语境中发掘中国互联网历史的复杂性、丰富性与多元性。复如，引入比较传播学研究的理论与方法，弥补中国互联网历史研究缺少比较研究的缺憾。

其二，中国互联网历史研究应当吸收与利用中国丰富的史学传统、理论资源、方法论。② 中国对历史与修史立传的重视，在世界文明中是独一无二的。梁启超认为，中国"惟史学为最发达"，史官最晚至殷商时代就出现了，③ 形成了著史立传的悠久传统。史学传统中的精华，对中国互联网历史研究富有启发意义。例如，中国的史学传统注重"以人为中心"，通过人物来呈现历史事件，强调人物在事件与历史中的作用，这是《史记》所开创的传统。当然，这一传统所描写的人，主要是大人物，对小人物的关注虽有不少，但比起大人物来还是不够。

接续"以人为中心"的中国史学传统，互联网历史研究应当避免"见物不见人"的问题，并且需要关注普通网民。"以人为中心"的研究取向，有助于形成互联网历史研究的中国视角，对全球互联网历史研究是一种贡献，亦是发展公众史学的努力。同时，可以融合"亚洲或中国作为方法"的思路，④ 以中国的互联网历史作为"方法"来理解全球互联网历史。一方面，基于中国经验提供中国视角，为互联网历史的全球比较研究提供素材。通过发掘中国赋予互联网的气质，推

---

① 《中国社会科学报》：《媒介考古学与中国传播研究的变革》2019 年 7 月 23 日第 5 版。

② 吴世文、何屹然：《中国互联网历史的媒介记忆与多元想象——基于媒介十年"节点记忆"的考察》，《新闻与传播研究》2019 年第 9 期。

③ 梁启超：《中国历史研究法》，中华书局 2009 年版。

④ ［日］沟口雄三：《作为方法的中国》，孙军悦译，生活・读书・新知三联书店 2011 年版。

动我们理解互联网与特定社会相互塑造的过程，回答"中国互联网"
何以成为"中国互联网"以及"向何处去"的问题。例如，中国作为
世界上的网民大国，而且网民具有城乡结构差异，① 网民发展演变史如
何体现互联网的扩散过程，家庭与集体主义要素如何影响互联网的扩散
与使用，中国的文化传统（例如消费习惯）对中国人互联网使用行为的
影响为何，中国现实的政策环境与社会形态如何形塑互联网发展的趋
势，等等。另一方面，基于中国语境提出中国互联网历史研究的新问
题，引发全球研究者回答。中国互联网历史具有丰富的研究主题，我们
需要基于这些主题和中国语境，以自主的问题意识提出立足中国、带有
普遍性的新问题，进而引发全球学者回答，而"不再是西方人提问题中
国人回答"。② 生产理论成果是贡献，生产"新问题"同样是贡献。

　　其三，互联网历史是媒介历史的一部分，其研究可以从中国媒介
历史的既有研究中（尤其是反思和新进展中）获得启发。③ 例如，从
中国新闻传播史或报刊史的研究发掘经验。之所以可以借鉴新闻传播
史或报刊史的研究，主要是因为：一是这些研究发掘报刊等媒介与中国
社会相互建构的过程的方法，以及所取得的反映媒介与中国社会特定时
期的政治、经济与文化相互作用和相互影响的成果，对我们思考互联网
与中国社会的相互建构具有启发意义。二是中国互联网与报刊等传统媒
体存在承继关系，互联网的发展过程是不断嵌入传统媒体所开启的媒介
生态与媒介空间之中的过程，其历史与传统媒介的变迁历史有着割裂不
开的联系。那么，可从中国新闻传播史或报刊史的研究中借鉴哪些经验
呢？关于中国新闻传播史或报刊史的研究，黄旦认为，中国新闻史研
究应当摆脱"编年史"的思维定式，④ 他提倡以媒介为重点、以媒介

---

① 吴世文、章姚莉：《中国网民"群像"及其变迁——基于创新扩散理论的互联网历史》，
《新闻记者》2019 年第 10 期。

② 尹吉男、缑梦媛：《从开放的艺术史到世界的艺术史——对话尹吉男》，2017 年 7 月 25
日，http://mp.weixin.qq.com/s/3X2LD6ChdJAAAUPHNIQ2Ww，最后浏览日期：2021 年 5 月 1
日。

③ 吴世文：《互联网历史学的理路及其中国进路》，《新闻记者》2020 年第 6 期。

④ 黄旦、瞿轶羿：《从"编年史"思维定式中走出来——对共和国新闻史的一点想法》，
《国际新闻界》2010 年第 3 期。

实践为叙述进路的"新报刊史书写"，期望以此来变更研究范式。① 最近，黄旦提出，一种新媒介最终形成"制度性媒介"的新格局，是影响思想知识与社会变迁的重要因素。② 李彬和刘宪阁论及，基于新闻社会史的路径可以结合新闻与历史，既采取"自下而上"的视角，又开展"自上而下"的考察，实现对中国新闻史的双向认知与评价，从"各方面、多角度、全方位、立体地呈现中国新闻史的复杂性"。③ 卞冬磊指出，关注"阅读/读者"的报刊阅读史研究，可以开辟中国新闻史研究的另一面向。④ 这些反思正在推动中国新闻史研究的转向，包括关注媒介实践、引入自下而上的视角、注重阅读史研究等，对研究不同类型的、多维度的、多层次的互联网历史富有启发意义。当然，网络档案是新史料，研究互联网历史应当在理论上多下功夫，如果延续旧的史料考据和解释方法去解读网络档案，恐怕难以深入。

其四，在互联网时代，"人人都有麦克风，人人都是互联网历史学家"，因此需要鼓励公众参与互联网历史的书写。互联网历史是个人史、家族史和社区史的一部分，网民可以而且有必要共享互联网历史的话语权。通过公众参与书写，可以解决互联网历史与普通人的关联性的问题，回归和强化互联网历史研究的公共属性。这也是"以人为中心"的史观的体现，亦是公众史学或"草根史学"的应有之义。不过，个人的互联网历史书写需要对抗遗忘与琐碎化，注重实现"融合"而不是简单的叠加。个人的互联网历史书写如何成为公共历史，成为具有历史意义的书写，是一个问题。其中，群体历史书写是个可能的解决方案。例如，粉丝群体的历史，黑客群体的历史等，都需要这些群体主动来记录与书写。

其五，不断扩展中国互联网历史的研究主题与研究范畴。互联网

---

① 黄旦：《新报刊（媒介）史书写：范式的变更》，《新闻与传播研究》2015 年第 12 期。

② 黄旦：《媒介变革视野中的近代中国知识转型》，《中国社会科学》2019 年第 1 期。

③ 李彬、刘宪阁：《新闻社会史：1949 年以后中国新闻史研究的一种可能》，《国际新闻界》2010 年第 3 期。

④ 卞冬磊：《从报刊史到报刊阅读史：中国新闻史的另一种视角》，《国际新闻界》2015 年第 1 期。

跟技术发展、个体与群体的社会实践相关，也跟它们所形成的多种多样的历史相关。因此，互联网历史的研究范畴不能囿于某一方面的历史。① 从"大历史观"出发，互联网历史包括技术、文化、使用、政策等多维度的历史。在宏观上，互联网历史是一部社会史、技术（社会）史与文化史，也具有经济史和政治史的意涵。在微观上，互联网历史包括计算（机）的历史、电信设施发展的历史以及治理的历史。② 此外，还包括互联网的"史前史"（pre-internet）。③《维多利亚时期的互联网》、④ From counterculture to cyberculture：StewartBrand，the Whole Earth Network，and the Rise of Digital Utopianism、⑤《从莎草纸到互联网：社交媒体 2000 年》⑥ 等致力于发掘互联网的"史前史"以及当下的互联网与"过去"的历史关联，可以成为我们放宽互联网历史研究的视界的参考。

即便是单个网络应用形态的历史，也不能限于其自身的发展演变过程。以博客为例，有研究指出，博客的历史是媒介生态的产物。博客不仅仅是技术，而是平台、风格以及影响（platform，genre，and influence）。⑦ 因为博主不仅发布博文，还阅读其他博文和来自其他媒介

---

① Goggin，G.，& McLelland，M.，"*The outledge Companion to Global Internet Histories*," New York：Routledge，2017，p. 18.

② Goggin，G.，& McLelland，M.，"Introduction：Global Coordinates of Internet Histories," In Goggin，G.，& McLelland，M.（Eds.），*The Routledge Companion to Global Internet Histories*，London：Routledge，2017，pp. 1 – 20.

③ Jones，R.，"Porn Shock for Dons"（and Other Stories from WelshPre-Web History），In Goggin，G.，& McLelland，M.，*The Routledge Companion to Global Internet Histories*，London：Routledge，2017，pp. 256 – 268.

④ ［英］汤姆·斯丹迪奇：《维多利亚时代的互联网》，多绥婷译，江西人民出版社 2017 年版。

⑤ Barley，S. R.，"From counterculture to cyberculture：Stewart Brand，the Whole Earth Network，and the Rise of Digital Utopianism," *Administrative Science Quarterly*，Vol. 52，No. 3，2017，pp. 486 – 488.

⑥ ［英］汤姆·斯丹迪奇：《从莎草纸到互联网：社交媒体 2000 年》，林华译，中信出版社 2015 年版。

⑦ Tamura，T.，"Talking about Ourselves on the Japanese Digital Network," In Goggin，G.，& McLelland，M.（eds.），*The Routledge Companion to Global Internet Histories*，London：Routledge，2017，pp. 331 – 342.

的信息，然后在博客平台上发起评论、转发等传播行为。① 如此一来，博客的历史就构成了更大范围的媒介历史的一部分。

历史由事件构成，中国互联网历史与现实社会的历史一样，由一系列事件"串联"而成。这些事件被称为"新媒体事件"（有时也被称为"网络事件"），是多元行动者针对由现实社会或网络社会引发的、指向社会问题和公共利益的议题，基于利益的、情感的或道德的诉求而利用网络媒体和传统媒体作为话语表达平台与工具，运用多种话语实践和话语互动手段共同参与建构的公众事件。② 自 1995 年"朱令铊中毒"事件诞生以来，中国发生了一系列新媒体事件，并形成了异于全球的景观，引起了广泛的关注。③④⑤ 这些新媒体事件是中国互联网历史的一部分，折射着互联网与中国社会的互动，既需要将它们纳入互联网历史的研究范畴，又需要给这些事件的研究植入历史性。

新媒体事件是当前中国社会一种重要的"数字形构"，构成了互联网的历史和当下中国的社会史。从新媒体事件的角度看，它们各个不同，各有各的发生语境、发生过程与结果。如果从各个事件（"案例"）的角度看，我们在不少时候会局限于事件，或者按照"刺激—反应"的逻辑被动地将事件作为网络舆情应对，积重难返。当前的新媒体事件研究在某种程度上限于困顿，是从事件角度"观看"新媒体事件的结果。

当下，我们需要把历史性引入新媒体事件研究。从"长时段"和"大历史"的角度看，不少新媒体事件是相互关联的，相互之间形成

① Tamura, T., "Talking about Ourselves on the Japanese Digital Network," In Goggin, G., & McLelland, M. (eds.), *The Routledge Companion to Global Internet Histories*, London: Routledge, 2017, pp. 331 – 342.

② 吴世文：《新媒体事件：框架建构与话语分析》，山东教育出版社 2014 年版。

③ Jiang, M., "Chinese Internet events," In Esarey, A., & Kluver, R. (eds.), *The Internet in China: Cultural, political, and social dimensions (1980—2000s)*, Great Barrington, MA: Berkshire Publishing, 2014, pp. 211 – 218.

④ 杨国斌：《悲情与戏谑：网络事件中的情感动员》，《传播与社会学刊》2009 年（总）第 9 期。

⑤ Yang, G., "Killing emotions softly: Thecivilizing process of online emotional mobilization," *Communication & Society*, Vol. 40, 2017, pp. 75 – 104.

了"事件动力学"。赋予事件以历史性,既从历史的视角研究事件及其相互关联,又以新媒体事件作为路径研究事件与中国社会的互动。如此一来,我们可以重新描述事件,也可以再诠释并重新"发现"这些事件。沿此脉络,我们可以考察如下问题:一是考古、还原单个的新媒体事件发生的历史;二是新媒体事件总体演进与变迁的历史;三是新媒体事件与中国社会互动的历史。

其六,注重从"当下的现场"进入,实时收集与保存网络档案,为中国互联网历史研究积累史料。例如,2019年底,新型冠状肺炎疫情暴发,截至2021年12月底尚未结束,是一起重大突发公共卫生事件。互联网不可避免地参与其中,既建构着事件,也被该事件塑造和改变。该事件是中国互联网历史的一部分,未来的历史学家研究这段历史,不可能回避此间的互联网。基于疫情目前的情况来看,该事件集中体现了中国的互联网文化,是中国互联网文化的一次集中操演,网民个体表达("封城"日记)、网络求助与救助、网络捐赠、网络哀悼、网络反腐、网络抗议、网络谣言与辟谣等现象集中出现,并把2003年"非典"时期的互联网与互联网记忆拉入了"现场"。从互联网历史研究的角度看,这些都是互联网历史研究的史料,也形成了丰富的研究话题。从"当下的"现场进入,我们有必要实时地、仔细地收集、保存与该事件相关的网络档案,为书写新型冠状肺炎疫情积累研究素材。这不仅是公共机构和研究者的责任,也是每个历经该事件的公民的责任。当前,需要警惕互联网历史成为"不可见的"或被遗忘的历史。

其七,中国互联网历史研究应当注重开展比较研究与全球合作研究。互联网是一种全球范围的媒介形态与文化形式,互联网历史研究是全球性的研究运动,拥有不少高根和麦克利兰所论及的"全球议题"。[①]中国互联网历史研究有必要基于这些议题开展全球比较研究与合作研究,关注互联网规则、互联网经济和互联网文化的全球流通。在方法

---

① Goggin, G., & McLelland, M., "Introduction: Global Coordinates of Internet Histories," In Goggin, G., & McLelland, M. (eds.), *The Routledge Companion to Global Internet Histories*, London: Routledge, 2017, p.18.

上可以效仿"亚洲或中国作为方法"，① 以中国的互联网历史作为方法来理解全球互联网历史，并通过比较研究与合作研究来丰富中国互联网历史研究。

　　研究中国互联网历史，也是对全球互联网历史研究的一个贡献。这源于中国互联网的发展及其影响。当前，迫切需要越来越多的研究者以自觉的历史意识加入中国互联网历史研究的共同体之中，以共同回答如下命题：中国互联网何以发展至今？中国互联网产生了何种社会效应？中国互联网与政治、社会、文化、网民的互动有何历史过程？中国互联网的发展有何经验教训？如何从历史角度认识与反思中国互联网发展面临的问题？如何看待中国互联网的发展趋势？总之，推进中国互联网历史研究，从历史角度回应中国互联网发展中的问题与挑战，解决中国互联网向何处去的问题。这是互联网历史研究的出发点，亦是旨归。

---

① ［日］沟口雄三：《作为方法的中国》，孙军悦译，生活·读书·新知三联书店 2011年版。

参考文献

中文图书

［1］胡泳：《众声喧哗：网络时代的个人表达与公共讨论》，广西师范大学出版社 2008 年版。

［2］梁启超：《中国历史研究法》，中华书局 2009 年版。

［3］刘华芹：《天涯虚拟社区：互联网上基于文本的社会互动研究》，民族出版社 2005 年版。

［4］鲁忠义、杜建政：《记忆心理学》，人民教育出版社 2005 年版。

［5］彭兰：《中国网络媒体的第一个十年》，清华大学出版社 2005 年版。

［6］孙江：《事件·记忆·叙述》，浙江人民出版社 2004 年版。

［7］孙江主编：《新史学（第 8 卷）：历史与记忆》，中华书局 2014 年版。

［8］吴世文：《新媒体事件的框架建构与话语分析》，山东教育出版社 2014 年版。

［9］徐贲：《人以什么理由来记忆》，中央编译出版社 2016 年版。

［10］赵静蓉：《文化记忆与身份认同》，生活·读书·新知三联书店 2015 年版。

［11］周海燕：《记忆的政治：大生产运动再发现》，中国发展出版社 2013 年版。

［12］［德］阿莱达·阿斯曼：《回忆空间：文化记忆的形式和变迁》，潘璐译，北京大学出版社 2016 年版。

［13］［德］阿莱达·阿斯曼：《记忆中的历史：从个人经历到公共演示》，袁斯乔译，南京大学出版社 2017 年版。

［14］［德］阿斯特莉特·埃尔：《文化记忆理论读本》，冯亚琳主编，北京大学出版社 2012 年版。

［15］［以］阿维夏伊·玛格丽特：《记忆的伦理》，贺海仁译，清华大学出版社 2015 年版。

［16］［美］埃弗雷特·M.罗杰斯：《创新的扩散》，辛欣译，中央编译出版社 2002 年版。

［17］［美］保罗·康纳顿：《社会如何记忆》，纳日碧力戈译，上海人民出版社 2000 年版。

［18］［美］丹尼尔·夏克特：《找寻逝去的自我——大脑、心灵和往事的记忆》，高申春译，吉林人民出版社 2010 年版。

［19］［荷］杜威·德拉爱马斯：《记忆的隐喻：心灵的观念史》，乔修峰译，花城出版社 2009 年版。

［20］［英］E.霍布斯鲍姆、T.兰格：《传统的发明》，顾杭、庞冠群译，译林出版社 2004 年版。

［21］［法］亨利·伯格森：《材料与记忆》，肖聿译，译林出版社 2011 年版。

［22］［美］卡尔·贝克尔：《人人都是他自己的历史学家》，马万利译，北京大学出版社 2013 年版。

［23］［法］勒高夫：《历史与记忆》，方仁杰、倪复生译，中国人民大学出版社 2010 年版。

［24］李红涛、黄顺铭：《记忆的纹理：媒介、创伤与南京大屠杀》，中国人民大学出版社 2017 年版。

［25］［法］莫里斯·哈布瓦赫：《论集体记忆》，毕然、郭金华译，上海人民出版社 2002 年版。

［26］［美］尼古拉·尼葛洛庞帝：《数字化生存》，胡泳、范海燕译，电子工业出版社 2017 年版。

［27］［法］皮埃尔·诺拉主编：《记忆之场：法国国民意识的文化社会史》，黄艳红等译，南京大学出版社 2015 年版。

［28］［美］斯维特兰娜·博伊姆：《怀旧的未来》，杨德友译，译林出版社 2010 年版。

［29］［英］汤姆·斯丹迪奇：《维多利亚时代的互联网》，多绥婷译，江西人民出版社 2017 年版。

［30］［英］亚历山大·门罗：《纸影寻踪：旷世发明的传奇之旅》，史先涛译，生活·读书·新知三联书店 2018 年版。

［31］［德］扬·阿斯曼：《文化记忆：早期高级文化中的文字、回忆和政治身份》，金寿福、黄晓晨译，北京大学出版社 2015 年版。

中文期刊

［1］埃米里奥·马丁内斯·古铁雷斯：《无场所的记忆》，冯黛梅译，《国际社会科学杂志（中文版）》2012 年第 3 期。

［2］白红义：《新闻权威、职业偶像与集体记忆的建构：报人江艺平退休的纪念话语研究》，《国际新闻界》2014 年第 6 期。

［3］卜卫：《计算机不仅是给儿子买的》，《少年儿童研究》1998 年第 3 期。

［4］陈楚洁：《媒体记忆中的边界区分，职业怀旧与文化权威——以央视原台长杨伟光逝世的纪念话语为例》，《国际新闻界》2015 年第 12 期。

［5］陈蕴茜：《纪念空间与社会记忆》，《学术月刊》2012 年第 7 期。

［6］陈振华：《集体记忆研究的传播学取向》，《国际新闻界》2016 年第 4 期。

［7］方惠、刘海龙：《2018 年中国的传播学研究》，《国际新闻界》2019 年第 1 期。

［8］方兴东、陈帅、钟祥铭：《中国互联网 25 年》，《现代传播》2019 年第 4 期。

［9］方兴东、潘可武、李志敏、张静：《中国互联网 20 年：三次浪潮和三大创新》，《新闻记者》2014 年第 4 期。

［10］方兴东、钟祥铭、彭筱军：《草根的力量："互联网"（Internet）概念演进历程及其中国命运——互联网思想史的梳理》，《新闻

与传播研究》2019 年第 8 期。

[11] 方兴东、钟祥铭、彭筱军：《全球互联网 50 年：发展阶段与演进逻辑》，《新闻记者》2019 年第 7 期。

[12] 郭恩强：《多元阐释的"话语社群"：〈大公报〉与当代中国新闻界集体记忆——以 2002 年〈大公报〉百年纪念活动为讨论中心》，《新闻大学》2014 年第 3 期。

[13] 黄旦：《媒介变革视野中的近代中国知识转型》，《中国社会科学》2019 年第 1 期。

[14] 黄旦：《新报刊（媒介）史书写：范式的变更》，《新闻与传播研究》2015 年第 12 期。

[15] 黄旦、瞿轶羿：《从"编年史"思维定势中走出来——对共和国新闻史的一点想法》，《国际新闻界》2010 年第 3 期。

[16] 黄顺铭：《以数字标识"记忆之所"——对南京大屠杀纪念馆的个案研究》，《新闻与传播研究》2017 年第 8 期。

[17] 黄顺铭、李红涛：《在线集体记忆的协作性书写》，《新闻与传播研究》2015 年第 1 期。

[18] 黄顺铭、刘娜：《逝后的性别差异：一个"资本"视角——〈人民日报〉讣闻报道的内容分析》，《国际新闻界》2016 年第 7 期。

[19] 李红涛：《点燃理想的日子"——新闻界怀旧中的"黄金时代"神话》，《国际新闻界》2016 年第 5 期。

[20] 李红涛：《新闻生产即记忆实践——媒体记忆领域的边界与批判性议题》，《新闻记者》2015 年第 7 期。

[21] 李红涛：《昨天的历史　今天的新闻——媒体记忆、集体认同与文化权威》，《当代传播》2013 年第 5 期。

[22] 李红涛、黄顺铭：《"耻化"叙事与文化创伤的建构：〈人民日报〉南京大屠杀纪念文章（1949—2012）的内容分析》，《新闻与传播研究》2014 年第 1 期。

[23] 李红涛、黄顺铭：《传统再造与模范重塑——记者节话语中的历史书写与集体记忆》，《国际新闻界》2015 年第 12 期。

[24] 李明：《从"谷歌效应"透视互联网对记忆的影响》，《国际新

闻界》2014 年第 5 期。

[25] 刘璐、潘玉:《中国互联网二十年发展历程回顾》,《新媒体与社
会》2015 年第 2 期。

[26] 刘霓:《信息新技术与性别问题初探》,《国外社会科学》2001
年第 5 期。

[27] 刘少杰:《中国网络社会的发展历程与时空扩展》,《江苏社会科
学》2018 年第 6 期。

[28] 罗昕、黄靖雯、蔡雨婷:《从网民结构看网络民意与真实民意的
偏差》,《当代传播》2017 年第 6 期。

[29] 彭刚:《历史记忆与历史书写——史学理论视野下的"记忆的转
向"》,《史学史研究》2014 年第 2 期。

[30] 彭兰:《现阶段中国网民典型特征研究》,《上海师范大学学报》
(哲学社会科学版) 2008 年第 6 期。

[31] 邵鹏:《媒介记忆与历史记忆协同互动的新路径》,《新闻大学》
2012 年第 5 期。

[32] 苏涛、彭兰:《技术载动社会:中国互联网接入二十年》,《南京
邮电大学学报》(社会科学版) 2014 年第 3 期。

[33] 陶东风:《记忆是一种文化建构——哈布瓦赫〈论集体记忆〉》,
《中国图书评论》2010 年第 9 期。

[34] 王蜜:《文化记忆:兴起逻辑、基本维度和媒介制约》,《国外理
论动态》2016 年第 6 期。

[35] 吴世文:《互联网历史学的前沿问题、理论面向与研究路径——
宾夕法尼亚大学杨国斌教授访谈》,《国际新闻界》2018 年第
8 期。

[36] 吴世文:《互联网历史学的理路及其中国进路》,《新闻记者》
2020 年第 6 期。

[37] 吴世文、何屹然:《中国互联网历史的媒介记忆与多元想象——
基于媒介十年"节点记忆"的考察》,《新闻与传播研究》2019
年第 9 期。

[38] 吴世文、杨国斌:《"我是网民":网络自传、生命故事与互联网

历史》，《国际新闻界》2019 年第 9 期。

［39］吴世文、杨国斌：《追忆消逝的网站：互联网记忆、媒介传记与网站历史》，《国际新闻界》2018 年第 4 期。

［40］吴世文、章姚莉：《中国网民"群像"及其变迁——基于创新扩散理论的互联网历史》，《新闻记者》2019 年第 10 期。

［41］武志勇、赵蓓红：《二十年来的中国互联网新闻政策变迁》，《现代传播》2016 年第 2 期。

［42］［德］扬·阿斯曼：《集体记忆与文化身份》，陶东风译，《文化研究》2011 年第 11 辑。

［43］杨国斌：《中国互联网的深度研究》，《新闻与传播评论》2017 年第 1 期。

［44］杨俊建：《集体记忆中的"生成性记忆"和"固化形式记忆"》，《武汉科技大学学报》（社会科学版）2017 年第 3 期。

［45］岳广鹏、张小驰：《海外华文媒体对华人集体记忆的重构》，《现代传播》2013 年第 6 期。

［46］张志安、甘晨：《作为社会史与新闻史双重叙事者的阐释社群——中国新闻界对孙志刚事件的集体记忆研究》，《新闻与传播研究》2014 年第 1 期。

［47］赵云泽、付冰清：《当下中国网络话语权的社会阶层结构分析》，《国际新闻界》2010 年第 5 期。

［48］钟智锦、林淑金、刘学燕、杨雅：《集体记忆中的新媒体事件（2002—2014）：情绪分析的视角》，《传播与社会学刊》2017 年第 40 期。

［49］周葆华、陈振华：《"新媒体事件"的集体记忆——以上海市大学生群体为例的经验研究》，《新闻界》2013 年第 14 期。

［50］周俊、毛湛文、任惟：《筑坝与通渠：中国互联网内容管理二十年（1994—2013）》，《新闻界》2014 年第 5 期。

［51］周颖：《对抗遗忘：媒介记忆研究的现状、困境与未来趋势》，《浙江学刊》2017 年第 5 期。

其他中文文献

[1] 郭良：《2003 年中国 12 城市互联网使用状况及影响调查报告》，中国社会科学院社会发展研究中心，2003 年 9 月。

[2] 柯惠新、范欣珩、郑春丽：《互联网使用及网民形态的变迁——2000—2005 年中国五城市互联网发展趋势探析》，《2006 年亚洲传媒论坛论文集》，2006 年。

[3] 刘于思：《互联网与数字化时代中国网民的集体记忆变迁》，清华大学博士学位论文，2013 年。

[4] 邵鹏：《媒介作为人类记忆的研究——以媒介记忆理论为视角》，浙江大学博士学位论文，2014 年。

[5] 吴世文：《媒介记忆路径下中国互联网历史的书写》，《中国社会科学报》2018 年 10 月 15 日，http：//www.cssn.cn/skjj/skjj_jjgl/skjj_xmcg/201810/t20181015_4704639.shtml.

[6] ［德］扬·阿斯曼：《"文化记忆"理论的形成和建构》，《光明日报》2016 年 3 月 26 日，第 11 版。

[7] 周雅：《媒介记忆中的"广播传奇"，人民广播的怀旧叙事与集体记忆》，媒介、记忆与历史工作坊，武汉，2018 年。

英文书籍

[1] Alexander, J., Eyerman, R., & Giesen, B., *Cultural Trauma and Collective Identity*, Berkeley：University of California Press, 2004.

[2] Assmann, A., *Cultural Memory and Western Civilization*：*Functions, Media and Archives*, Cambridge：Cambridge University Press, 2012.

[3] Assmann, J., & Livingstone, R., *Religion and Cultural Memory*：*Ten Studies*, California：Stanford University Press, 2006.

[4] Boym, S., *The Future of Nostalgia*, New York：Basic Books, 2008.

[5] Briggs, A., & Burke, P., *Social History of the Media*：*From Gutenberg to the Internet*, Cambridge：Polity Press, 2010.

[6] Brügger, N., & Schroeder, R. (eds.), *The Web as History*：*Using*

Web Archives to Understand the Past and the Present, London: UCL Press, 2017.

[7] Castells, M., *Communication Power*, Oxford: Oxford University Press, 2009.

[8] Curran, J. P., Freedman, D., & Fenton, N., *Misunderstanding the Internet*, New York: Routledge, 2012.

[9] Darian-Smith, K., & Turnbull, S. (eds.), *Remembering Television: Histories, Technologies, Memories*, Cambridge Scholars Publishing: Newcastle Upon Tyne, 2012.

[10] Dayan, D., & Katz, E., *Media Events: The Live Broadcasting of History*, Harvard: Harvard University Press, 1992.

[11] Fowler, B., *The Obituary as Collective Memory*, New York: Routledge, 2007.

[12] Halbwachs, M., *On Collective Memory*, Chicago: University of Chicago Press, 1992.

[13] Hauben, M., & Hauben, R., *Netizens: On the History and Impact of Usenet and the Internet*, C. A.: Los Alamitos, 1997.

[14] Huhtamo, E., & Parikka, J., *Media Archaeology: Approaches, Applications, and Implications*, Berkeley: University of California Press, 2011.

[15] Hume, J., *Obituaries in American Culture*, Jackson: University Press of Mississippi, 2000.

[16] Jing, J., *The Temple of Memories: History, Power and Morality in a Chinese Village*, California: Stanford University Press, 1996.

[17] Liu, F., *Urban Youth in China: Modernity, the Internet and the Self*, New York and Abingdon: Routledge, 2010.

[18] Morley, D., *Television, Audiences, and Cultural Studies*, London: Routledge, 1992.

[19] Neiger, M., Meyers, O., & Zandberg, E. (eds.), *On Media Memory: Collective Memory in a New Media Age*, Basingstoke: Pal-

grave Macmillan, 2011.

[20] Sinanan, J., *Social Media in Trinidad*, London: UCL Press, 2017.

[21] Sturken, M., *Tangled Memories: The Vietnam War, the AIDS Epidemic, and the Politics of Remembering*, Berkeley: University of California Press, 1997.

[22] Volkmer, I. (ed.), *News in Public Memory: An International Study of Media Memories Across Generations*, New York: Peter Lang, 2006.

[23] Wertsch, J. V., *Voices of Collective Remembering*, Cambridge: Cambridge University Press, 2012.

[24] Zelizer, B., *Covering the Body: The Kennedy Assassination, the Media, and the Shaping of Collective Memory*, Chicago: University of Chicago Press, 1998.

英文期刊

[1] Alberts, G., Went, M., & Jansma, R., "Archaeology of the Amsterdam digital city; why digital data are dynamic and should be treated accordingly," *Internet Histories*, Vol. 1, No. 1 – 2, 2017, pp. 146 – 159.

[2] Allen, M., "What was Web 2.0? Versions as the dominant mode of internet history," *New Media & Society*, Vol. 15, No. 2, 2012, pp. 260 – 275.

[3] Ankerson, M. S., "Writing web histories with an eye on the analog past," *New Media and Society*, Vol. 14, No. 3, 2012, pp. 384 – 400.

[4] Arthur, P. L., "Material Memory and the Digital," *Life Writing*, Vol. 2, 2015, pp. 189 – 200.

[5] Bahroun, A., "Rewriting the history of computerized media in China, 1990s – today," *Interactions Studies in Communication & Culture*, Vol. 7, No. 3, 2016, pp. 327 – 343.

[6] Balbi, G., "Doing media history in 2050," *Westminster Papers in Communication and Culture*, Vol. 8, No. 2, 2011, pp. 133 – 157.

[7] Ben-David, A., "What does the Web remember of its deleted past? An archival reconstruction of the former Yugoslav top-level domain," *New Media & Society*, Vol. 18, No. 7, 2016, pp. 1103 – 1119.

[8] Ben-David, A., & Huurdeman, H., "Web Archive Search as Research: Methodological and Theoretical Implications," *Alexandria*, Vol. 25, No. 1, 2014, pp. 93 – 111.

[9] Bourdon, J., "Detextualizing: How to write a history of audiences," *European Journal of Communication*, Vol. 30, No. 1, 2015, pp. 7 – 21.

[10] Bourdon, J., "Some sense of time: remembering television," *History & Memory*, Vol. 15, No. 2, 2003, pp. 5 – 35.

[11] Bourdon, J., & Kligler-Vilenchik, N., "Together, nevertheless? Television memories in mainstream Jewish Israel," *European Journal of Communication*, Vol. 26, No. 1, 2011, pp. 33 – 47.

[12] Britten, B., "Putting Memory in its Place," *Journalism Studies*, Vol. 14, No. 4, 2013, pp. 602 – 617.

[13] Brügger, N., "The Archived Website and Website Philology A New Type of Historical Document?" *Nordicom Review*, Vol. 29, No. 2, 2008, pp. 155 – 175.

[14] Brügger, N., "Website history and the website as an object of study," *New Media & Society*, Vol. 11, No. 1 – 2, 2009, pp. 115 – 132.

[15] Brügger, N., "Australian Internet Histories, Past, Present and Future: An Afterword," *Media International Australia*, Vol. 143, No. 1, 2012, pp. 159 – 165.

[16] Brügger, N., "Introduction: The Web's first 25 years," *New Media & Society*, Vol. 18, No. 7, 2016, pp. 1059 – 1065.

[17] Campbell, M., & Garcia, D., "The history of the internet: the missing narratives," *Journal of Information Technology*, Vol. 28, No. 1, 2013, pp. 18 – 33.

[18] Chen, Y. F. , & Katz, J. E. , "Extending family to school life: College students' use of the mobile phone," *International Journal of Human-Computer Studies*, Vol. 67, No. 2, 2009, pp. 179 – 191.

[19] Chib, A. , Malik, S. , Aricat, R. G. , & Kadir, S. Z. , "Migrant mothering and mobile phones: Negotiations of transnational identity," *Mobile Media & Communication*, Vol. 2, No. 1, 2014, pp. 73 – 93.

[20] Collie, H. , " 'It's just so hard to bring it to mind' : The significance of 'wallpaper' in the gendering of television memory work," *Journal of European Television History & Culture*, Vol. 3, No. 2, 2012, pp. 13 – 20.

[21] Conway, M. A. , "Memory and the self," *Journal of Memory & Language*, Vol. 53, No. 4, 2005, pp. 594 – 628.

[22] Cooper, J. , "The digital divide: the special case of gender," *Journal of Computer Assisted Learning*, Vol. 22, No. 5, 2006, pp. 320 – 334.

[23] Dan, M. A. , "Personality, Modernity, and the Storied Self: A Contemporary Framework for Studying Persons," *Psychological Inquiry*, Vol. 7, No. 4, 1996, pp. 295 – 321.

[24] Davis, S. , "Set your Mood to Patriotic: History as Televised Special Event," *Radical History Event*, Vol. 42, 1998, pp. 122 – 43.

[25] Dhoest, A. , "Audience retrospection as a source of historiography: Oral history interviews on early television experiences," *European Journal of Communication*, Vol. 30, No. 1, 2015, pp. 64 – 78.

[26] Edgerton, G. , "Television as historian: an introduction," *Film & History*, Vol. 30, No. 1, 2000, pp. 7 – 12.

[27] Etkind, A. , "Hard and Soft in Cultural Memory: Political Mourning in Russia and Germany," *Grey Room*, Vol. 16, 2004, pp. 36 – 59.

[28] Foster, M. , "Online and Plugged in?: Public History and Historians in the Digital Age," *Public History Review*, Vol. 21, 2014, pp. 1 – 19.

[29] Gehl, R. W. , "Power/Freedom on the Dark Web: A Digital Ethnography of the Dark Web Social Network," *Social Science Electronic Publishing*, Vol. 18, No. 7, 2014, pp. 1219 – 1235.

[30] Golan, G. J. , & Stettner, U. , "From Theology to Technology: A Cross-National Analysis of the Determinants of Internet Diffusion," *Journal of Website Promotion*, Vol. 2, No. 3 – 4, 2006, pp. 63 – 75.

[31] Han, R. , "Defending the authoritarian regime online: China's "Voluntary Fifty-cent Army," *The China Quarterly*, Vol. 224, 2015, pp. 1006 – 1025.

[32] Hand, M. , "Persistent traces, Potential memories: smartphones and the negotiation of visual, locative, and textual data in personal life," *Convergence: The International Journal of Research into New Media Technologies*, Vol. 22, No. 3, 2016, pp. 269 – 286.

[33] Hendy, D. , "Biography and the emotions as a missing 'narrative' in media history," *Media History*, Vol. 18, No. 3 – 4, 2012, pp. 361 – 378.

[34] Horbinski, A. , "Talking by letter: the hidden history of female media fans on the 1990s internet", *Internet Histories*, Vol. 2, No. 3 – 4, 2018, pp. 247 – 263.

[35] Hoskins, A. , "Media, memory, metaphor: remembering and the connective turn," *Parallax*, Vol. 17, No. 4, 2011, pp. 19 – 31.

[36] Kansteiner, W. , "Finding Meaning in Memory: a Methodological Critique of Collective Memory Studies," *History & Theory*, Vol. 41, No. 2, 2002, pp. 179 – 197.

[37] Kitch, C. , "Anniversary Journalism, Collective Memory, and the Cultural Authority to Tell the Story of the American Past," *Journal of Popular Culture*, Vol. 36, No. 1, 2010, pp. 44 – 67.

[38] Kortti, J. , & Mähönen, T. A. , "Reminiscing Television: Media Ethnography, Oral History and Finnish Third Generation Media History," *European Journal of Communication*, Vol. 24, No. 1, 2009,

pp. 49 – 67.

[39] Lakoff, G., & Johnson, M., "Metaphors we live by," *Ethics*, Vol. 19, No. 2, 1980, pp. 426 – 435.

[40] Lepp, A., & Pantti, M., "Window to the west: memories of watching Finnish television in Estonia during the Soviet period," *Journal of European Television History & Culture*, Vol. 3, No. 2, 2012, pp. 76 – 86.

[41] Lesage, F., "Cultural biographies and excavations of media: Context and process," *Journal of Broadcasting & Electronic Media*, Vol. 57, No. 1, 2013, pp. 81 – 96.

[42] Lingel, J., "The case for many Internets," *Communication and the Public*, Vol. 1, No. 4, 2016, pp. 486 – 488.

[43] Matthews, D., "Media Memories: The First Cable/VCR Generation Recalls Their Childhood and Adolescent Media Viewing," *Mass Communication and Society*, Vol. 6, No. 3, 2003, pp. 219 – 241.

[44] Meyers, O., "Memory in Journalism and the Memory of Journalism: Israeli Journalists and the Constructed Legacy of *Haolam Hazeh*," *Journal of Communication*, Vol. 57, No. 4, 2007, p. 20.

[45] Natalie, S., "Unveiling the biographies of media: On the role of narratives, anecdotes, and storytelling in the construction of new media's histories," *Communication Theory*, Vol. 26, 2016, pp. 431 – 449.

[46] Nora, P., "Between memory and history: Les Lieux de Mémoire," *Representation*, Vol. 26, 1989, pp. 7 – 24.

[47] Olick, J. K., "Collective Memory: Two Cultures," *Sociological Theory*, Vol. 17, No. 3, 1999, pp. 333 – 348.

[48] Penati, C., "Remembering our first TV set," *Journal of European Television History & Culture*, Vol. 3, No. 2, 2012, pp. 4 – 12.

[49] Ribak, R., & Rosenthal, M., "From the field phone to the mobile phone: a cultural biography of the telephone in Kibbutz Y," *New Media & Society*, Vol. 8, No. 4, 2006, pp. 551 – 572.

[50] Robinson, S. , " 'If you had been with us' : mainstream press and citizen journalists jockey for authority over the collective memory of Hurricane Katrina," *New Media & Society*, Vol. 11, No. 5, 2009, pp. 795 – 814.

[51] Rogers, R. , "Doing Web history with the Internet Archive: screen-cast documentaries," *Internet Histories*, 2017, Vol. 1, No. 1 – 2, pp. 160 – 172.

[52] Rosenzweig, R. , "Wizards, Bureaucrats, Warriors, and Hackers: Writing the History of the Internet," *The American Historical Review*, Vol. 103, No. 5, 1998, pp. 1530 – 1552.

[53] Smit, R. , Heinrich, A. , & Broersma, M. , "Witnessing in the new memory ecology: Memory construction of the Syrian conflict on You-Tube," *New Media & Society*, 2017, Vol. 19, No. 2, pp. 289 – 307.

[54] Stevenson, M. , "The cybercultural moment and the new media field," *New Media & Society*, Vol. 18, No. 7, 2016, pp. 1088 – 1102.

[55] Sturken, M. , "Memory, consumerism and media: Reflections on the emergence of the field," *Memory Studies*, Vol. 1, No. 1, 2008, pp. 73 – 78.

[56] Ho Tai, H. T. , "Remembered realms: Pierre Nora and France National Memory," *The American Historical Review*, Vol. 106, No. 3, 2001, pp. 906 – 922.

[57] Thomsen, D. K. , Jensen, T. , Holm, T. , Olesen, M. H. , Schnieber, A. , & Tonnesvang, J. , "A 3. 5 year diary study: Re-membering and life story importance are predicted by different event characteristics," *Consciousness and Cognition*, Vol. 36, 2015, pp. 180 – 195.

[58] Thomsen, D. K. , Olesen, M. H. , Schnieber, A. , Jensen, T. , & Tonnesvang, J. , "What characterizes life story memories? A diary study of Freshmen's first term," *Consciousness and Cognition*, Vol. 21, No. 1, 2012, pp. 366 – 382.

[59] Turnbull, S., & Hanson, S., "Affect, upset and the self: memories of television in Australia." *Media International Australia Incorporating Culture and Policy*, Vol. 157, No. 1, 2015, pp. 144 – 152.

[60] Van Dijck, J., "From shoebox to performative agent: the computer as personal memory machine," *New Media & Society*, Vol. 7, No. 3, 2005, pp. 311 – 332.

[61] Van House, N., & Churchill, E. F., "Technologies of memory: Key issues and critical perspectives," *Memory Studies*, Vol. 1, No. 3, 2008, pp. 295 – 310.

[62] Wachtel, N., "Memory and History: Introduction," *History and Anthropology*, Vol. 12, No. 2, 1986, pp. 207 – 224.

[63] Wagner-Pacifici, R., "Memories in the making: The shapes of things that went," *Qualitative Sociology*, Vol. 19, No. 3, 1996, pp. 301 – 321.

[64] Wagner-Pacifici, R., & Schwartz, B., "The Vietnam Veterans memorial: Commemorating a difficult past," *American Journal of Sociology*, Vol. 97, No. 2, 1991, pp. 376 – 420.

[65] Yang, G., "A Chinese Internet? History, practice, and globalization," *Chinese Journal of Communication*, Vol. 5, No. 1, 2012, pp. 49 – 54.

[66] Yang, G., "China's Zhiqing Generation: Nostalgia, Identity, and Cultural Resistance in the 1990s," *Modern China*, Vol. 29, No. 3, 2003, pp. 267 – 296.

[67] Yang, G., "Killing emotions softly: The civilizing process of online emotional mobilization," *Communication & Society*, Vol. 40, 2017, pp. 75 – 104.

[68] Zandberg, E., "'Ketchup Is the Auschwitz of Tomatoes': Humor and the Collective Memory of Traumatic Events," *Communication, Culture & Critique*, Vol. 8, No. 1, 2014, pp. 108 – 123.

[69] Zelizer, B., "Competing memories: reading the past against the

grain: the shape of memory studies," *Critical Studies in Mass Communication*, Vol. 12, 1995, pp. 213 – 239.

[70] Zelizer, B., Glick, M., Gross, L., Sankar, P., Schudson, M., & R. Snyder, "Reading the Past Against the Grain: The Shape of Memory Studies," *Critical Studies in Mass Communication*, Vol. 12, No. 2, 1995, pp. 214 – 239.

[71] Zhang. K., & Chen, G. M., "The Impact of Identity Style on Internet Usage Motives of Chinese Netizens," *China Media Research*, Vol. 12, No. 3, 2016, pp. 99 – 106.

[72] Zhao, J. Q., Hao, X. M., & Banerjee, I., "The Diffusion of the Internet and Rural Development," *Convergence*, Vol. 12, No. 3, 2006, pp. 293 – 305.

[73] Zheng, J., & Pan, Z., "Differential modes of engagement in the Internet era: a latent class analysis of citizen participation and its stratification in China," *Asian Journal of Communication*, Vol. 26, No. 2, 2016, pp. 95 – 113.

其他英文文献

[1] Andén-Papadopoulos, K., "Journalism, memory and the 'crowdsourced' video revolution," In: Zelizer, B., & Tenenboim, K. (eds.), *Journalism and Memory*, *Basingstoke*, New York: Palgrave MacMillan, 2014, pp. 148 – 163.

[2] Anderson, C., & Curtin, M., "Writing cultural history: The challenge of radio and television," In: Brügger, N., & Kolstrup, S. eds., *Media History: Theories*, *Methods*, *Analysis*, Aarhus: Aarhus University Press, 2002, pp. 15 – 32.

[3] Han, Le., "Tweet to Remember: Moments of Crisis as Instantaneous Past in Chinese Microblogosphere," Paper presented at ICA 2013 Conference, London, UK, June 14, 2013, pp. 1 – 27.

[4] Hung, C. L., "Income, Education, Location and the Internet—The

Digital Divide in China." Paper presented at the annual meeting of the International Communication Association, San Diego, California, American Online, 2003, pp. 1 – 28. http: //search. ebscohost. com/ login. aspx? direct = true&db = ufh&AN = 16028086&site = ehost – live.

[5] Perrin, A. , & Duggan, M. , "Americans' Internet Access: 2000— 2015," Washington, D. C. : Pew Research Center, June 26, 2015.

[6] Samar, T. , Huurdeman, H. C. , Ben-David, A. , Kamps, J. , & de Vries, A. , "Uncovering the unarchived web," Paper presented at International ACM SIGIR Conference on Research & Development in Information Retrieval, 2014, pp. 1199 – 1202.

后　记

　　写后记是种仪式，回顾、致谢和"疗伤"（在书稿写作的过程中，作者的身心往往都会落下或可见、或难以名状的"伤"）是程式，也是意义。

　　2001 年，我从鄂西北的一个县高毕业，进入海滨城市大连读大学，当时距离"大连金州没有眼泪"这篇 BBS"雄文"的发表过去了 4 个多年头。彼时的 BBS 发展迅猛，校园 BBS 盛极一时，将其命名为"BBS 时代"也许不为过。大学期间和同窗好友一起办校园文学杂志（好友动作极快，杂志缺稿他可以换个笔名就补缺），由于征稿和宣传杂志，我们在学校 BBS 上比较活跃。"灌水"之余，盯着自己的文章（新诗、散文、杂文、武侠小说、乡村小说都写过）是否上了"十大"，是否被"置顶"和"加精"，是一件费心费力而又激动不已的事情。看到文章的人气上升，以及有人回复，都会获得满足感，乃至成就感（"拍砖"一类的回复除外）。在 BBS 中结交了不少朋友（有朋友往宿舍打电话以网名找我，室友一概回复"查无此人"），"版聚"时还不忘拼凑几句格律或捣鼓几行新诗，营造些"以文会友"的气氛……如今，母校网站的首页已无 BBS 连接，昨日无踪，激动人心的、青春悸动的、南腔北调的的、荒诞不经的都已是往事。"BBS 时代"和大学时代注定都无法回去。

　　这是一段个人的"互联网历史"，不过在 70 后和 80 后的眼中，BBS 是青春时期或大学时代的"标配"，是集体记忆的所向。于我，对 BBS 的念想与追忆，是大学生活和青春时期的重要线索。这也是我写作小书的兴趣起点和动力所在。

这本小书最直接的起点，源于2015－2016年在宾夕法尼亚大学安纳伯格传播学院的访学，以及与杨国斌教授的合作研究。杨老师是一位纯粹的学者，他以文学的才情、社会学的视野和传播学的关怀研究真问题，既温和又敏锐，既连接传统又秉持创新，既关注中美又面向世界，早已令国际国内同行叹服。无论是前沿话题，还是"平常话题"，杨老师的诸多研究都能以他的风格带来独到的思考和耳目一新的结论，不时让读者遐思。这让人联想起技艺精湛的"厨师"，总是烹调出美味（"学术菜肴"），而他自己可能会说这不过是学术日常的"一日三餐"。杨老师是一位儒雅温和的长者，他真心实意地阅读、推介中国新闻传播学者的作品，关注年轻研究者的研究与成长。他接纳我成为访问学者，给了我无私的指导和新的学术启蒙，也在平等的学术合作中帮助我、提携我。于我，跟着杨老师做访问学者，非常幸运。

研究的开展和小书的完成，得益于诸多师长和朋友的帮助！感谢我的硕士和博士导师石义彬教授的栽培、指导和关爱！感谢武汉大学新闻与传播学院强月新教授、单波教授、冉华教授等诸位师长的指导和帮助！感谢博士后合作导师李纲教授和傅才武教授的悉心指导！感谢武汉大学新闻与传播学院彭彪老师的指导和帮助！感谢中南民族大学郝永华、华中师范大学陈科、湖北大学芦何秋、武汉大学杜华随时提供的学术讨论和帮助！

在研究的过程中，我曾利用多位专家学者受邀来武汉大学媒体发展研究中心、新闻与传播学院讲学的机会求教，也曾在参加学术会议时请教过多位老师，感谢李金铨教授、黄旦教授、潘忠党教授、吴予敏教授、夏倩芳教授、邱林川教授、刘海龙教授、胡翼青教授、马中红教授、史安斌教授、白红义教授、李红涛教授、黄顺铭教授、郭恩强教授、许建教授（澳大利亚迪肯大学），你们的点拨给了我诸多鼓励和学术滋养。

小书中部分内容的初稿曾参加"数字形态与中国经验"：传播与公共性国际学术会议、浙江大学国际前沿传播理论与研究方法高级研修班论文工作坊、"数字时代的新闻传播与信息生态"：第二届启皓新媒体青年学者论坛、"媒介、历史与记忆"工作坊、比较传播国际研讨会等，点评嘉宾给我提出了宝贵的建议，感谢这些会议的组织者和点评嘉宾！

这本小书得以面世，感谢社会科学出版社喻苗主任的督促和帮助！感谢张彦武（燕舞）兄的鼓励！很荣幸小书能够被收入单波教授主编的《新闻传播学：问题与方法》丛书。小书的研究得到了教育部后期资助课题的支持，全额的出版费用来自该课题的项目经费。谢谢杨国斌教授同意和授权将合作的两篇论文的部分内容放入书中，也谢谢合作者何屹然、章姚莉、何雨潇、于点等（在具体章节已写明）。感谢参加武汉大学新闻与传播学院 2020 年优秀大学生夏令营的同学，你们的反馈给我提供了不少灵感。

互联网在全球社会的扩散与发展也许超出了多数人的想象和预期，它已不仅仅是媒介，也不止是工具、界面与平台，而是基础设施、社会环境和生活方式。研究互联网历史，发掘其来路，理解其在当下的发展（包括必要的反思和行动），预测其趋势，是必要的，也是有意义的。但是，互联网历史的丰富性和复杂性，决定了互联网历史研究是一项工程。小书的研究前后历时不短，但只是中国互联网历史之一瞥，还存在诸多不足，而且困惑我的不少问题仍然没有解决。我在博士论文阶段研究新媒体事件，这些事件是互联网历史的构件，当时是从新媒介事件角度开展研究的，能否从互联网历史视角重访这些事件，仍然困惑着我。进入历史研究的兴趣、激情，以及恐慌，使得我在研究的过程中不断质疑自己，也努力寻找把自己"拽出来""甩出去"的方法，探索仍在路上。希望后记是归零，也是引子。

是为记。

吴世文

2022 年 3 月于珞珈山